工业产品

设计手绘实例教程

（第3版）

李远生　编著

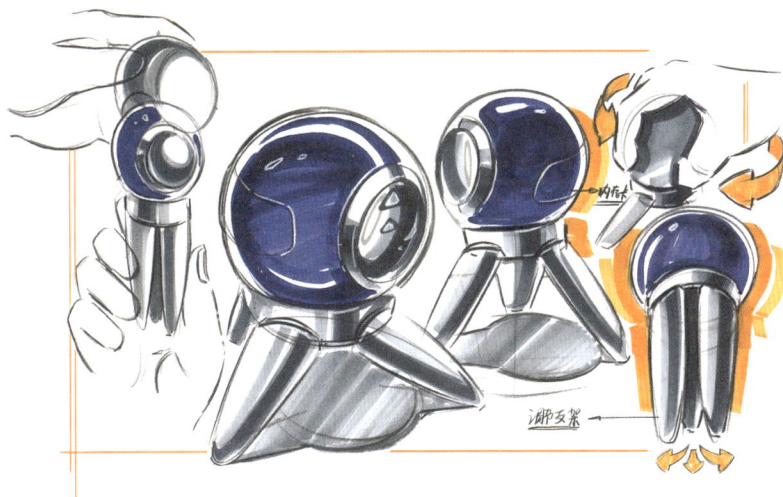

人民邮电出版社

北京

图书在版编目（CIP）数据

工业产品设计手绘实例教程 / 李远生编著. -- 3版
-- 北京 : 人民邮电出版社，2022.2（2024.1重印）
ISBN 978-7-115-57987-4

Ⅰ．①工… Ⅱ．①李… Ⅲ．①工业产品－产品设计－
绘画技法－教材 Ⅳ．①TB472

中国版本图书馆CIP数据核字(2021)第236469号

内 容 提 要

本书共 11 章，整体分为两大部分。第 1～5 章是手绘技法教学，主要讲解基础工具和线条绘制、透视基础、形体塑造与光影表达、马克笔和色粉笔的运用技巧。第 6～11 章是案例实战，通过不同类型产品的手绘案例和学员作品展示，增强读者对工业产品设计手绘的理解和应用能力。

本书适合工业设计专业的学生及想要提高手绘表达能力的职业手绘者阅读，也可以作为工业设计手绘教学的教材。同时，为满足教学需求，本书还配有教学视频和课件。

- ◆ 编　　著　李远生
　　责任编辑　张丹阳
　　责任印制　马振武
- ◆ 人民邮电出版社出版发行　　北京市丰台区成寿寺路 11 号
　　邮编　100164　电子邮件　315@ptpress.com.cn
　　网址　https://www.ptpress.com.cn
　　北京九天鸿程印刷有限责任公司印刷
- ◆ 开本：880×1230　1/20
　　印张：10.2　　　　　　　　　2022 年 2 月第 3 版
　　字数：315 千字　　　　　　　2024 年 1 月北京第 5 次印刷

定价：79.80 元

读者服务热线：(010)81055410　印装质量热线：(010)81055316
反盗版热线：(010)81055315
广告经营许可证：京东市监广登字 20170147 号

Preface

■ 前言

手绘作为一种传统的表现技法，一直沿用至今。即使在Photoshop、 Rhino、3ds Max等效果图软件发展迅猛的今天，它也一直保持着自己独特的优势和地位，并以极强的艺术感染力，向人们传递着设计师的创作理念和情感。在追求完美形式、提高艺术修养、强化设计语言的同时，设计师越来越青睐手绘。

手绘效果图是指在产品设计的过程中，通过手绘直观而形象地表达设计师的构思意图和设计目标的表现性绘画。手绘效果图不但能传递设计语言，而且它的每一根线条、每一个色块、每一个结构构成元素，都能在很大程度上反映出设计师的专业素质、人文修养和审美能力。手绘的优势是快捷、简明、方便，能随时记录和表达设计师的灵感。

基于以上观念，从我国高等艺术设计教学的需要出发，根据多年的实践经验，笔者第2次升级了这本实例教程。本书共11章，综合研究并系统讲解产品设计手绘效果图表现技法的基本理论、表现基础与训练方法等，包括手绘所需的绘画工具、形体基础绘制技法、不同类型产品设计效果图案例讲解等内容。本书内容丰富翔实、系统性强、适用面广，适合工业产品设计相关行业的从业人员学习使用，也可作为工业设计专业的教材。

Resources and Support

资源与支持

本书由"数艺设"出品，"数艺设"社区平台（www.shuyishe.com）为您提供后续服务。

配套资源

书中案例的手绘效果图绘制过程演示视频。
PPT教学课件。

资源获取请扫码　　　　**教学视频**

（提示：微信扫描二维码，点击页面下方的"兑"→"在线视频+资源下载"，输入51页左下角的5位数字，即可观看全部视频。）

"数艺设"社区平台，为艺术设计从业者提供专业的教育产品。

与我们联系

我们的联系邮箱是 szys@ptpress.com.cn。如果您对本书有任何疑问或建议，请您发邮件给我们，并请在邮件标题中注明本书书名及ISBN，以便我们更高效地做出反馈。

如果您有兴趣出版图书、录制教学课程，或者参与技术审校等工作，可以发邮件给我们。如果学校、培训机构或企业想批量购买本书或"数艺设"出版的其他图书，也可以发邮件联系我们。

如果您在网上发现针对"数艺设"出品图书的各种形式的盗版行为，包括对图书全部或部分内容的非授权传播，请您将怀疑有侵权行为的链接通过邮件发给我们。您的这一举动是对作者权益的保护，也是我们持续为您提供有价值的内容的动力之源。

关于"数艺设"

人民邮电出版社有限公司旗下品牌"数艺设"，专注于专业艺术设计类图书出版，为艺术设计从业者提供专业的图书、视频电子书、课程等教育产品。出版领域涉及平面、三维、影视、摄影与后期等数字艺术门类，字体设计、品牌设计、色彩设计等设计理论与应用门类，UI设计、电商设计、新媒体设计、游戏设计、交互设计、原型设计等互联网设计门类，环艺设计手绘、插画设计手绘、工业设计手绘等设计手绘门类。更多服务请访问"数艺设"社区平台www.shuyishe.com，我们将提供及时、准确、专业的学习服务。

目录 Contents

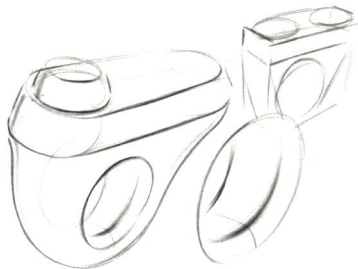

第 ④ 章 形体光影的表达

第 ⑤ 章 马克笔、色粉笔运用技巧

第 ⑥ 章 电子类产品绘制案例

第 ⑦ 章 家电类产品绘制案例

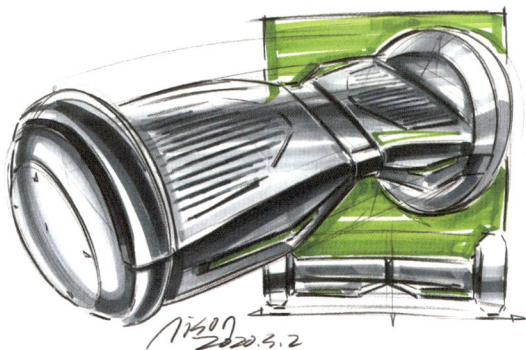

第 8 章 通信类产品绘制案例

第 10 章 交通类产品绘制案例

第 9 章 生活用品类产品绘制案例

第 11 章 学员作品

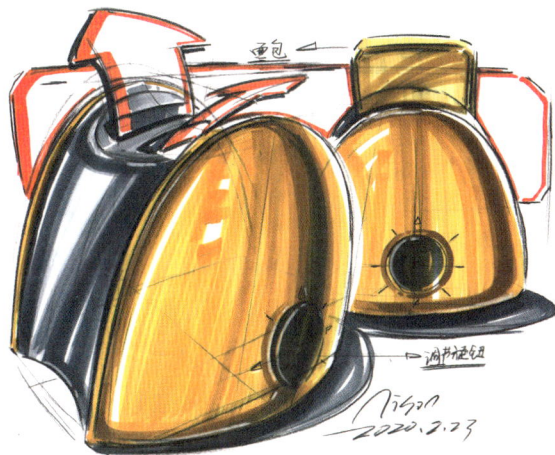

第 **1** 章.

基础工具和线条绘制训练

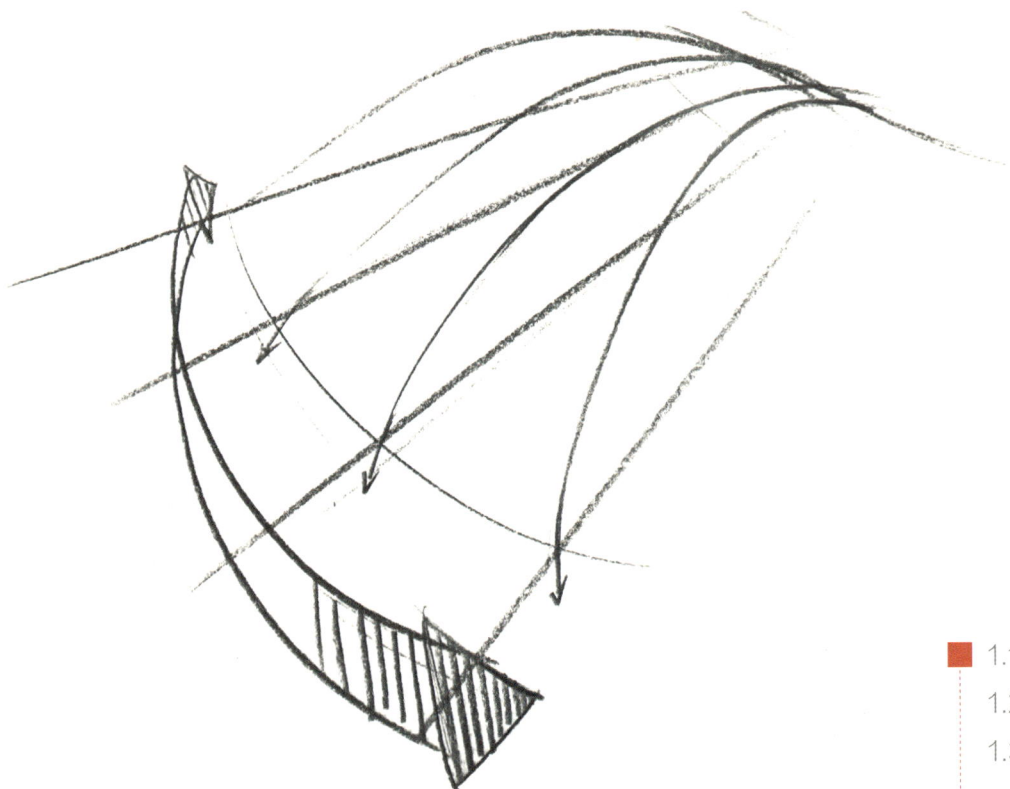

1.1 手绘工具

设计草图与效果图是产品设计中创意的基本表现形式。手绘工具是表现画面的主要工具,任何手绘形式都离不开工具。因此,熟练掌握和运用手绘工具,是画好设计草图与效果图的关键。

铅笔

一般选择辉柏嘉彩色铅笔,这种铅笔分油性与水性两种。画产品手绘线稿时多用黑色铅笔。

马克笔

马克笔常用来快速表达设计构思,绘制设计效果图。马克笔能快速表达效果,是当前的主要绘图工具之一,有单头和双头之分。现阶段使用较多的是油性双头马克笔和酒精双头马克笔,常见的品牌有 COPIC、FINECOLOUR、SANFORD、STA、TOUCH、POTENTATE。建议初学者选择 STA、FINECOLOUR 等比较经济实惠的马克笔进行手绘练习。

尺规

在绘制一些比较严谨的产品手绘效果图时,可以使用尺规,或者在绘制后期使用尺规矫正线条。尺规分为椭圆板、正圆板和曲线板。

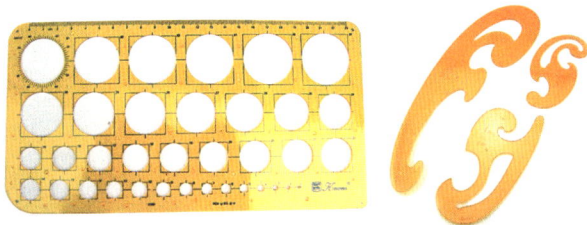

高光笔

高光笔有白色铅笔和水性笔两种。高光笔可用于绘制后期处理产品的高光部分,增强产品的光感与质感。

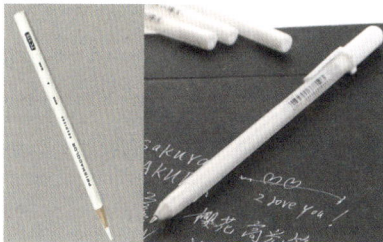

色粉笔

色粉笔与马克笔有着同样的功能——为草图上色。但是色粉笔在上色过渡方面比马克笔要均匀、自然很多,适合用于绘制产品曲面,缺点是容易弄脏画面。

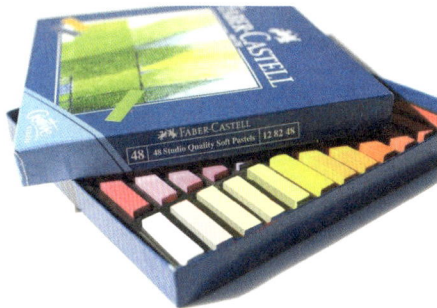

1.2 线条绘制训练

在练习手绘初期，线条绘制训练是最基础的一部分。产品的结构、透视、比例等都需要用线条塑造，所以线条是产品设计手绘表达最基本的语言。

1.2.1 直线

直线是最常用的一种线，多用于起稿草图和概括结构。手绘中常用的直线线型有3种，分别是中间重两头轻、头重尾轻和头尾等重。

❶ 中间重两头轻的直线

在纸上随意定两个点（两点间距离一般为7cm~10cm），然后用笔尖迅速画一条线，穿过两点。在绘制前，可以使笔尖悬空，通过笔的左右摆动寻找感觉，如下图所示。

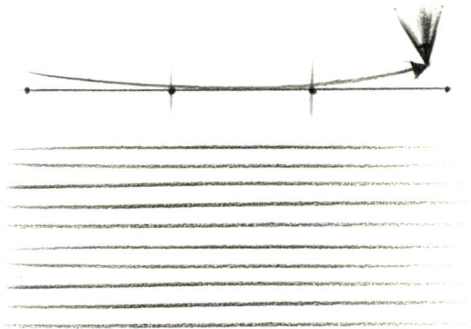

❷ 头重尾轻的直线

在纸上随意定两个点（两点间距离一般为7cm~10cm），先将笔尖定在起点位置，然后迅速画向终点，在笔尖即将到达终点时逐渐离开纸面，如下图所示。

中间重两头轻的直线

头重尾轻的直线

❸ 头尾等重的直线

在纸上随意定两个点（两点间距离一般为7cm~10cm），先将笔尖定在起点位置，然后迅速画向终点，笔尖到达终点时停止，如右图所示。

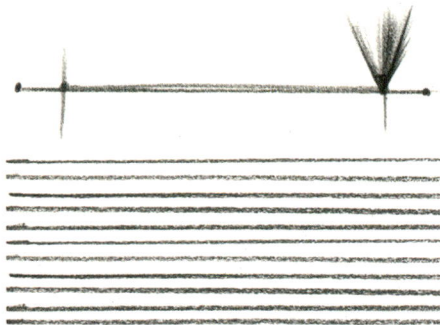

头尾等重的直线

❹ **不同类型直线的综合应用**

线条的绘制是绘画中最基础的部分。不同类型的直线可组合成不同的图形。

下图所示是移动硬盘绘制案例。　　　　　　　　　　　下图所示是充电宝绘制案例。

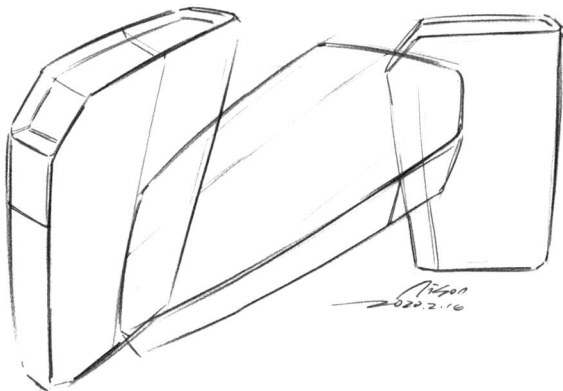

直线的综合应用1

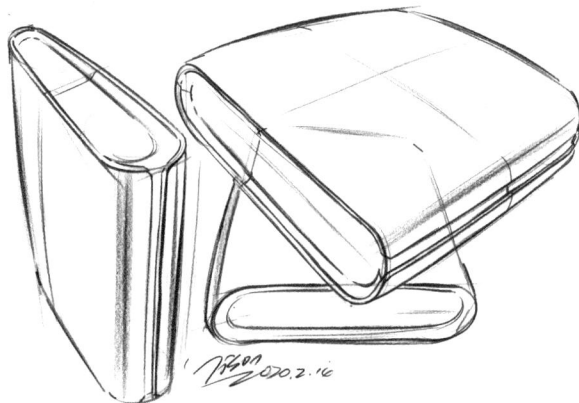

直线的综合应用2

下图所示是路由器绘制案例。

直线的综合应用3

1.2.2 曲线

曲线是点运动时方向发生变化所形成的线。在现代产品设计中，曲线设计语言被大量运用，如流线型设计、过渡曲面、圆形按钮、倒角形态等。

❶ 曲线的绘制方法

曲线绘制练习分为三点曲线练习和四点曲线练习，甚至更多点练习。练习时手要放松，笔尽量与纸面保持垂直。

三点曲线绘制练习

注意： 定3个不在同一直线上的点，然后用笔尖穿过3个点，画一条曲线。

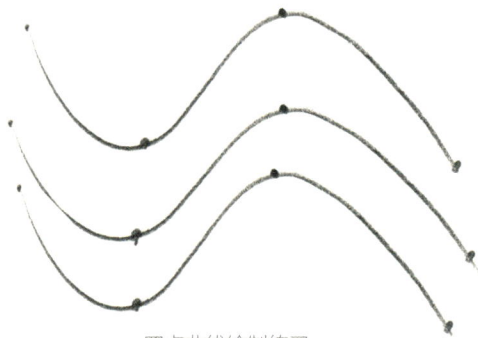

四点曲线绘制练习

注意： 定4个不在同一直线上的点，然后用笔尖穿过4个点，画一条曲线。

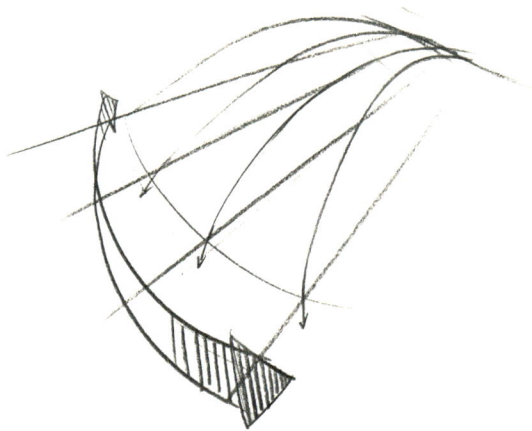

曲线绘制练习

注意： 先画出透视线，然后有规律地练习绘制曲线。运笔速度要快，注意透视关系。

❷ 曲线的综合应用

　　利用前面学习的曲线知识，用流畅的曲线画一些曲面产品。画之前先定好点，然后用流畅的曲线把它们连起来，最后衔接好曲线交接处。

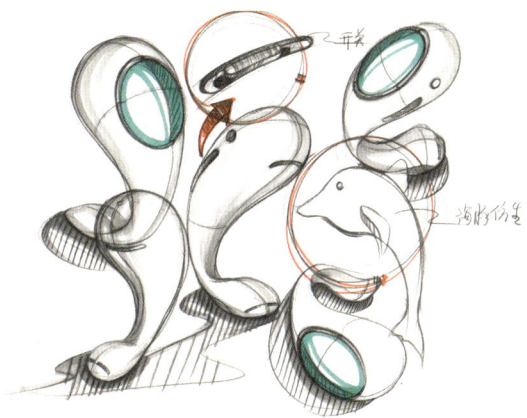

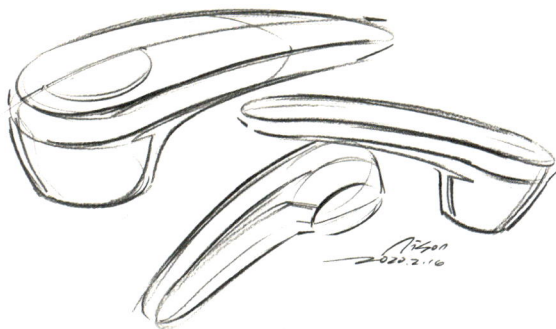

曲线的综合应用

1.2.3 圆

❶ 圆的绘制

　　圆是曲线的一种。在产品手绘中，经常用到圆。圆的绘制相对较难，有时需要根据透视关系绘制，如下图所示。

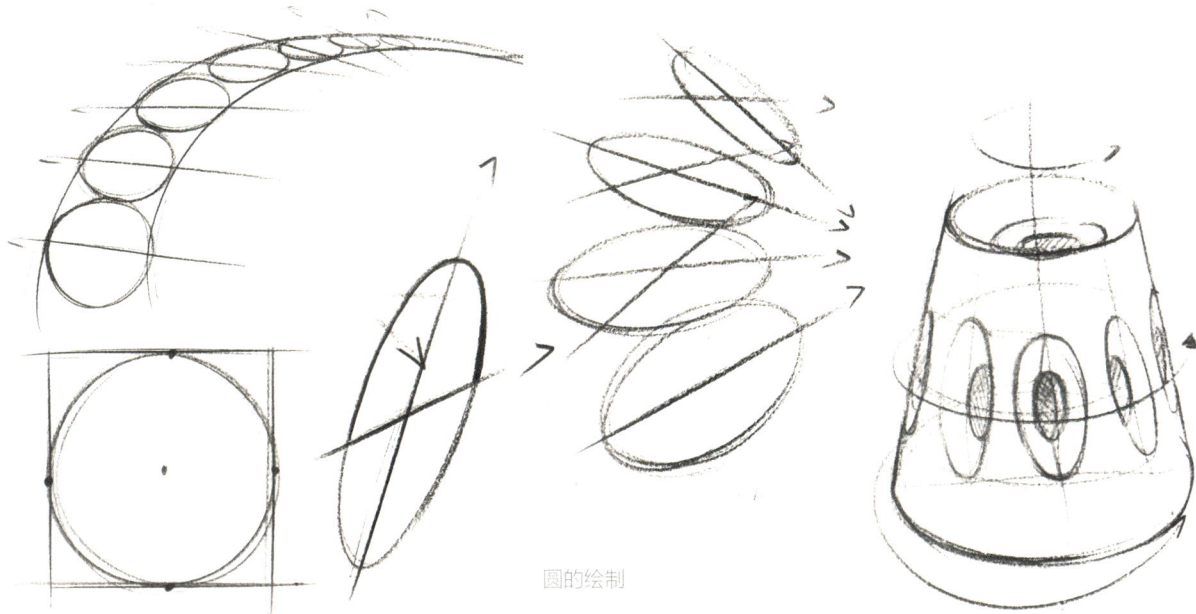

圆的绘制

❷ **圆的应用**

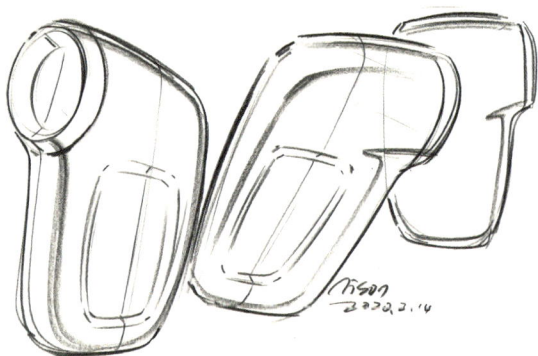

圆的应用1

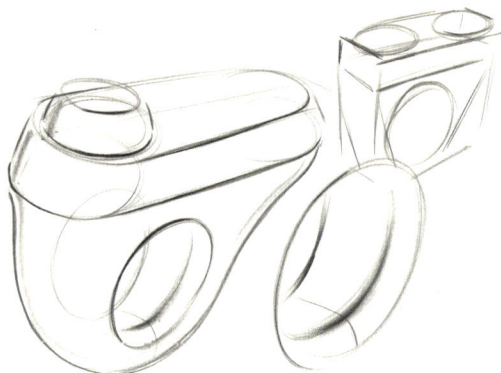

圆的应用2

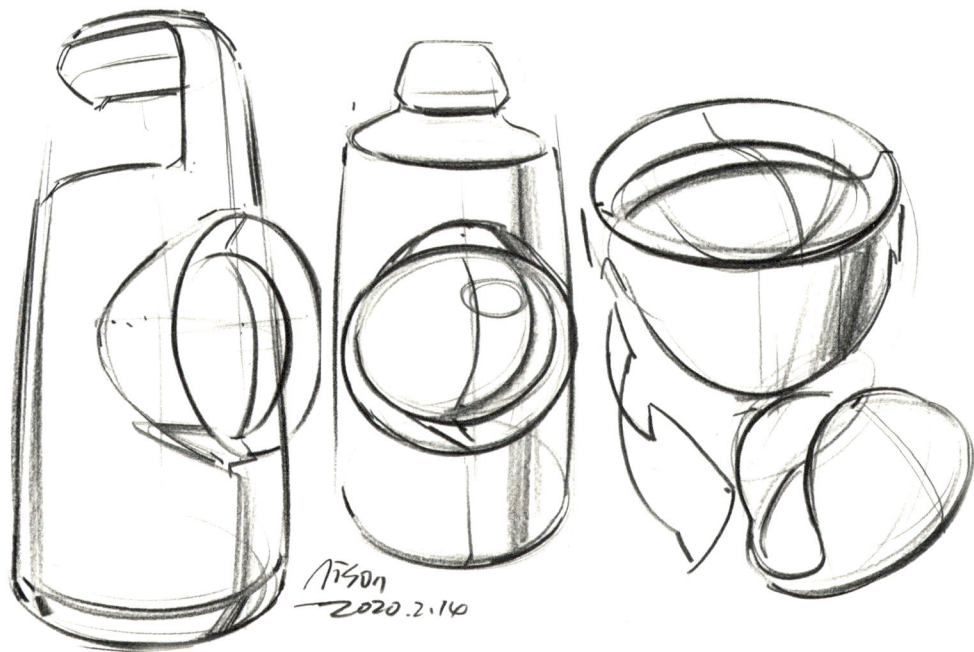

圆的应用3

1.3 练习任务

　　要求：参考本章的线条绘制练习和综合应用，分别练习直线和曲线的绘制，特别要练习圆的绘制。画满10张A3纸（基本功的练习量要大）。

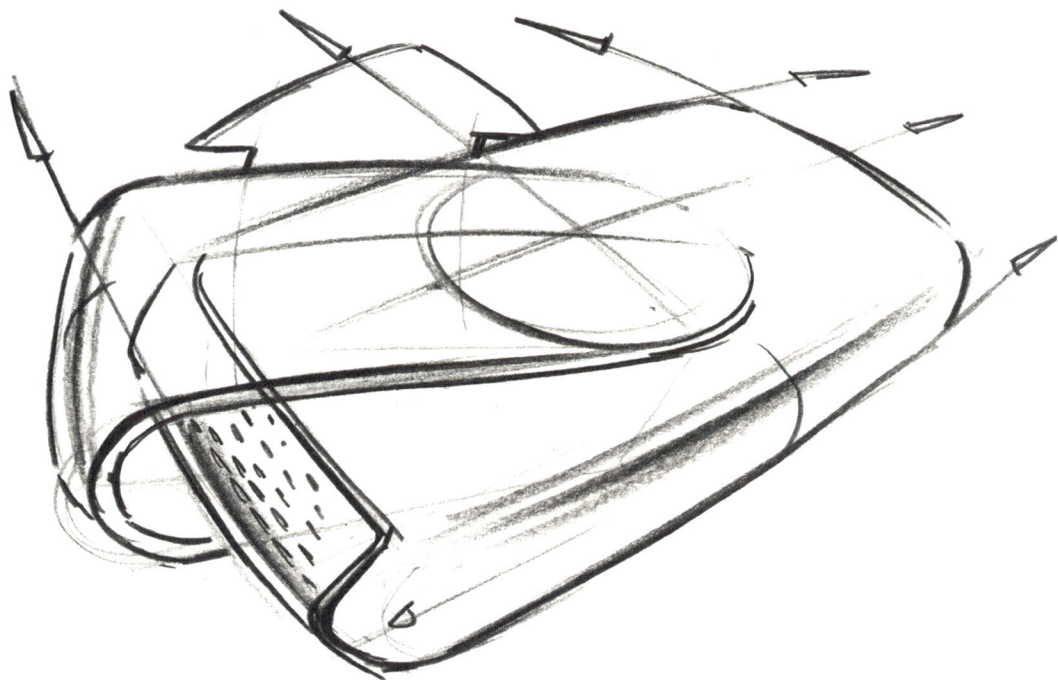

2.1 一点透视

一点透视又叫平行透视，以正方体为例，其在画面中只有一个消失点，而且消失点在视平线上。

2.1.1 一点透视画法

绘制时要注意的是，横向的线都要与水平线平行，竖向的线都要与水平线垂直，其余线条的延长线消失于同一个点，简单来说就是"横平竖直一点消失"。

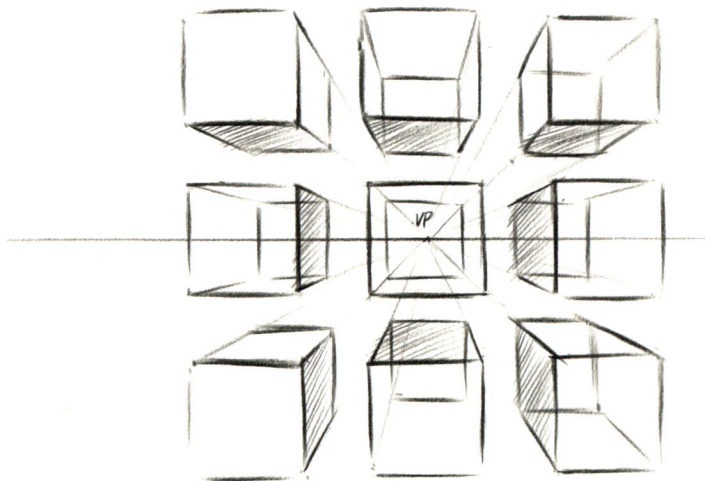

一点透视成像图

2.1.2 一点透视作图方法与应用

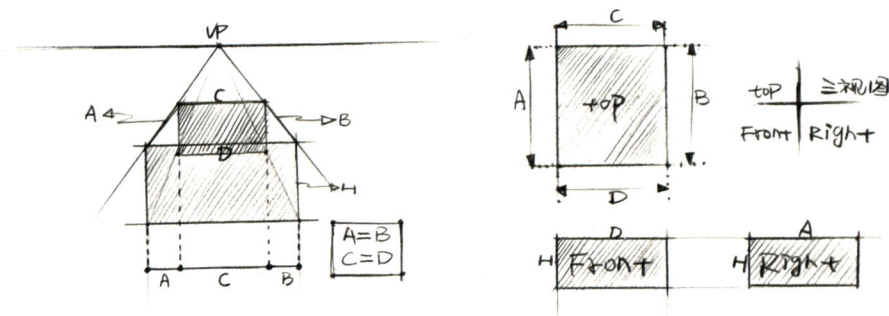

一点透视的作图方法

一点透视的应用1——望远镜　　　　　一点透视的应用2——吸尘器　　　　　一点透视的应用3——耳机盒

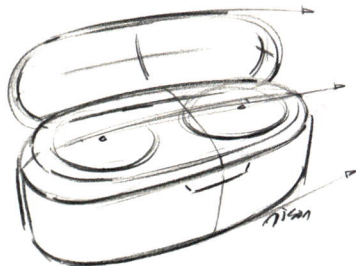

2.2　两点透视

两点透视又称成角透视，因物体在画面中有两个消失点而得名。两点透视是指观者从一个倾斜的角度，而不是从正面的角度来观察目标物，观者可以看到物体的两个或三个面。两点透视有两个消失点，且这两个消失点在同一水平线上。运用两点透视表现的物体更具立体感。

2.2.1　两点透视画法

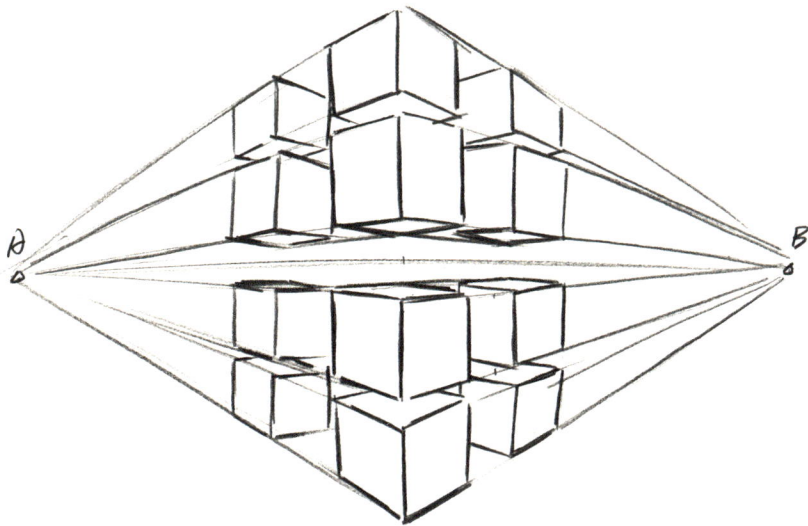

两点透视成像图

2.2.2 两点透视作图方法与应用

两点透视作图方法

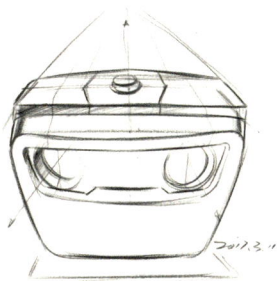

两点透视的应用1——游戏手柄

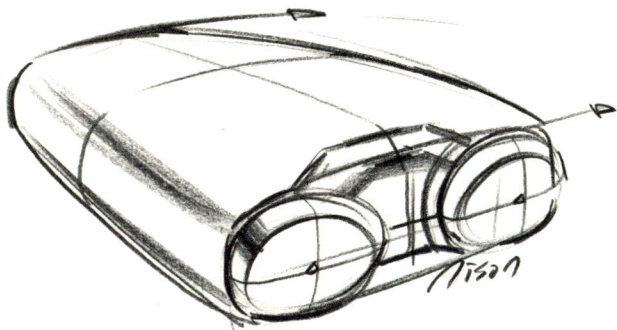

两点透视的应用2——剃须刀

2.3 练习任务

要求：参考本章的透视讲解，画出一点透视和两点透视的成像图，再选一个产品画出它的一点透视图和两点透视图。

第 **3** 章
产品形体塑造

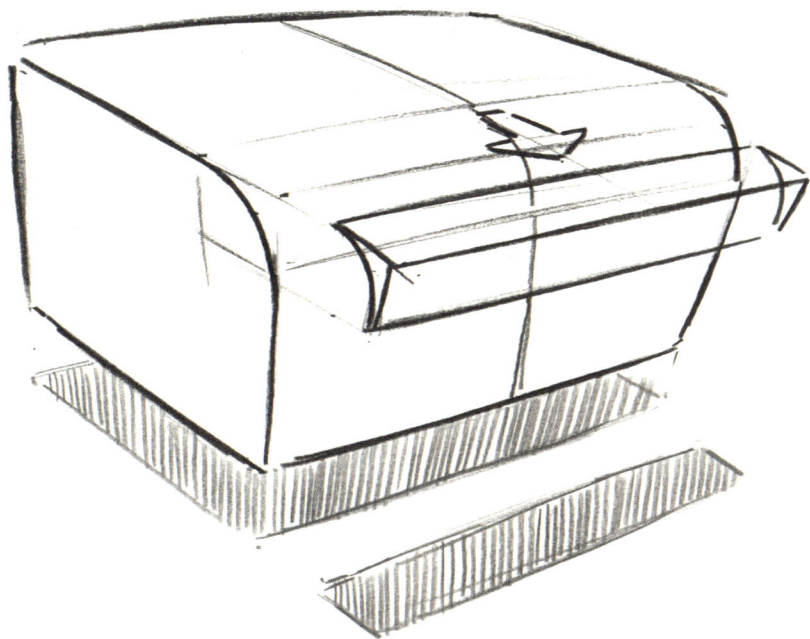

3.1 基本形体塑造技法

按照几何学的定义，体是面移动的轨迹。而在立体构成中，体不仅是面移动的轨迹，它还表现为面的围合、空间曲线、空间曲面等。占有空间或限定空间的形体统称为立体。在人们正常的视觉范围内，物体的具体形状具有多样性，大致可归纳为圆形、椭圆形、不规则圆形、正方形、长方形、梯形、等腰三角形、不规则三角形等。任何产品的设计都不能脱离这些基本形状去构想。组织与使用这些形状，作品就得以完成。形状的运用是有着内在的关联性和互动性的，这种关联性和互动性往往表现在设计者对形状的组织和运用上。

3.1.1 倒角练习

在练习倒角前，需要理解什么是倒角。在工业产品中，倒角是将产品的棱角切削成一定斜面的加工步骤。在工业产品设计手绘效果图中，用一个倾斜角度为45°（通常是45°，但不是固定的，要看产品本身需求）的小平面切在物体90°的棱上，物体剩余斜面即为倒角。

练习方法：先画个长方体，然后在相对面的相同角的两条边线上定点，用线条将点连接起来即可将角切出，如下图所示。

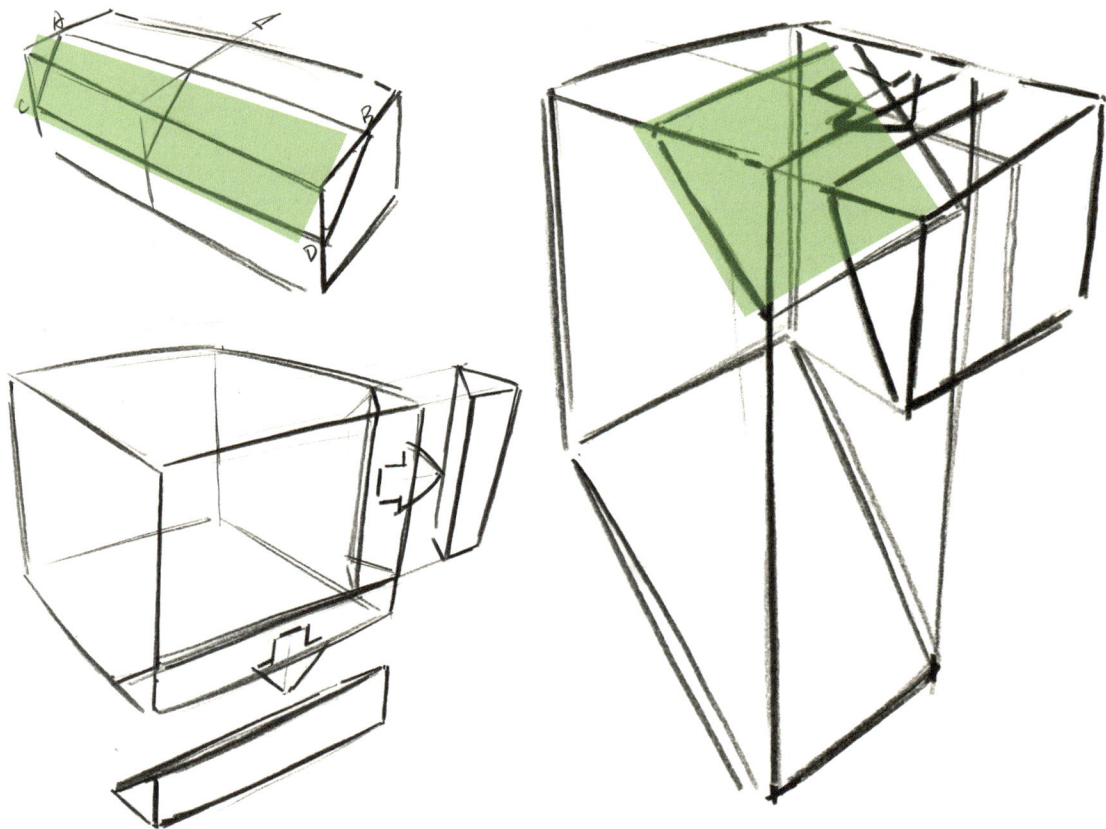

倒角练习

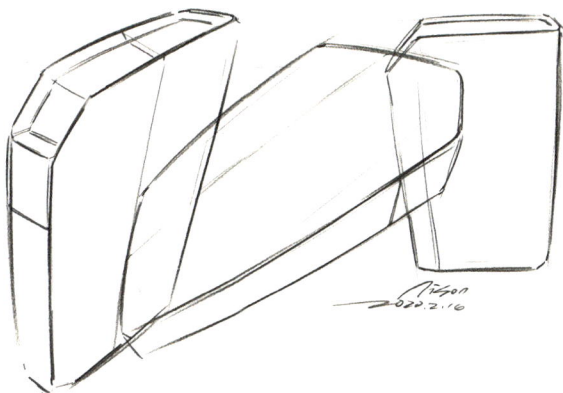

倒角应用1——移动硬盘

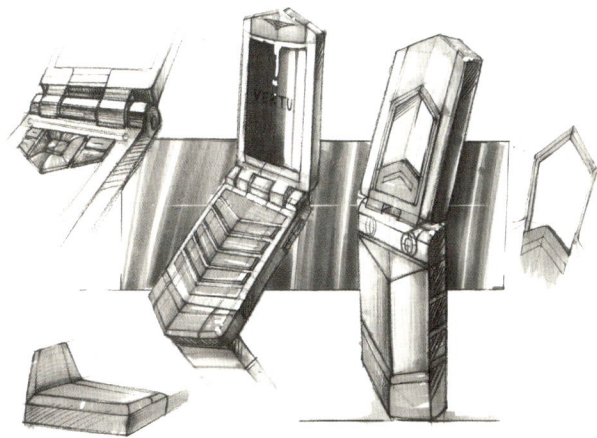

倒角应用2——翻盖手机

3.1.2　圆角练习

圆角是用一段圆弧与角的两边相切后得到的角，圆角的大小用圆弧的半径表示。

练习方法：先画个长方体，然后定点，大小不定，将点与点连起来得到小方形。在小方形里画出对角线，在对角线三分之一的位置上定点，再把这3个点用曲线连接，就得到了圆角，如下图所示。

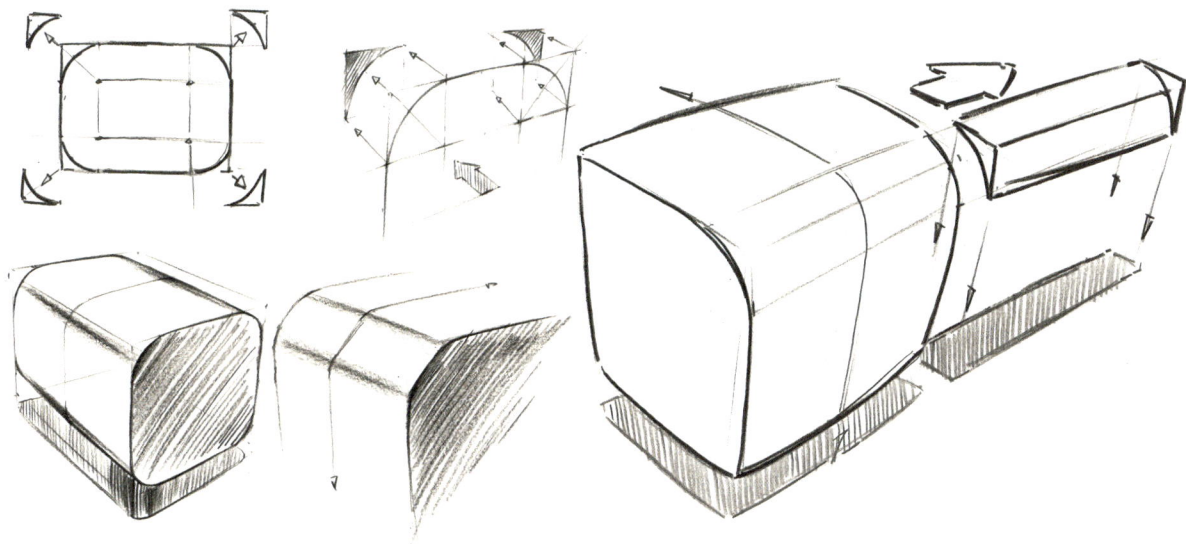

圆角练习1

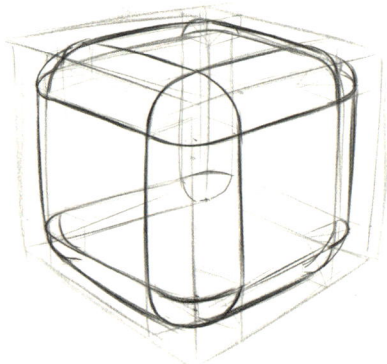

圆角练习2

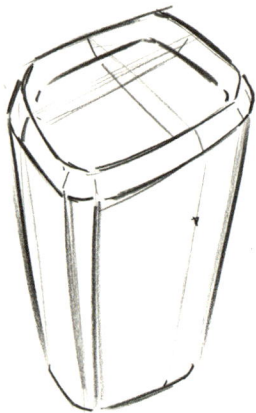

圆角应用

3.1.3 简单弧面练习

弧面是在平面的基础上向上凸或者向下凹而形成的面，很多产品造型会运用到弧面，例如鼠标、剃须刀等。

练习方法：先画一个四边形，在边线上定好点后连出辅助线。然后根据所需弧面大小在辅助线上定点，最后用曲线将点连起来即可，如下图所示。

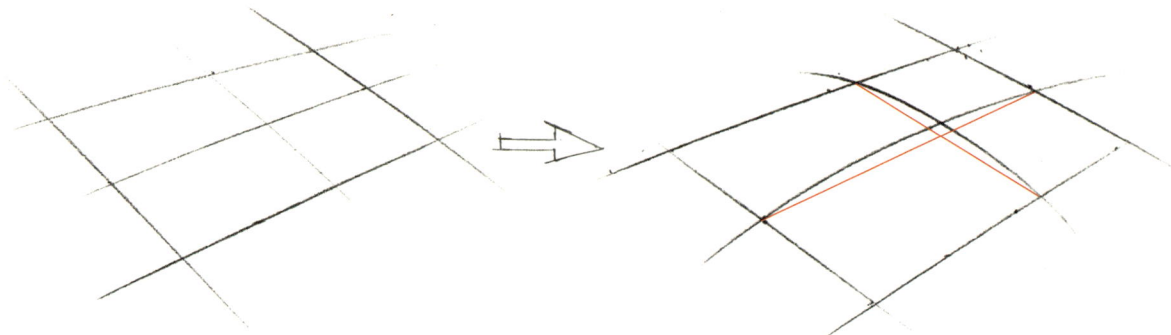

弧面练习1——向上凸

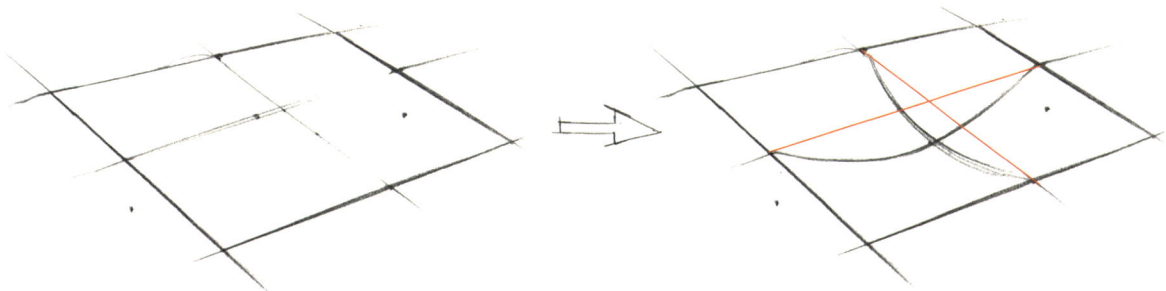

弧面练习2——向下凹

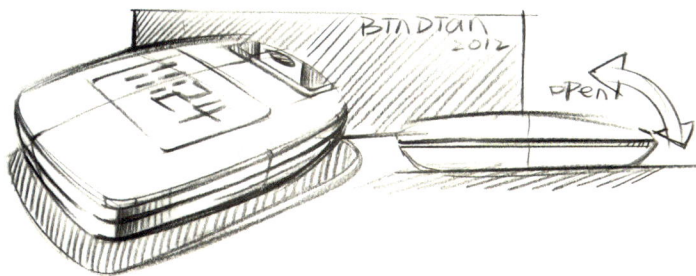

弧面应用1——时尚手机

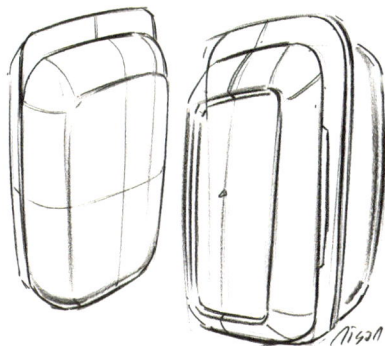

弧面应用2——空气净化器

3.2 绘制基本形体的注意事项

一般绘制产品的第一步就是先了解产品的结构，然后选取视角进行绘画。初学者可以先画基础几何体以便寻找产品的形，有一定基础的读者可以直接定点画。注意每画一个结构前都要先拿笔悬空滑动以寻找形的感觉，感觉对了才下笔，这样可以避免形不准。两条线的衔接处一定要衔接好，尽量衔接成一条流畅的线，如下图所示。

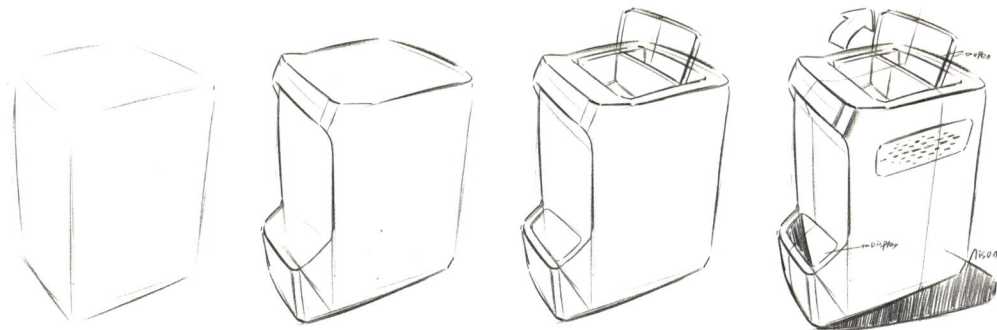

案例1——面包机

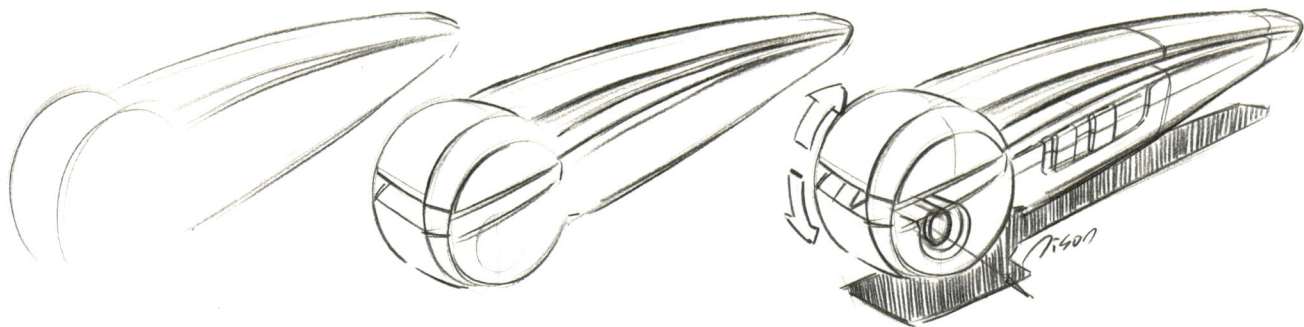

案例 2——卷发器

　　想要绘制一张优秀的产品设计效果图，其中的细节处理一定要到位。细节一般为物体的结构转折处或按键、屏幕等地方。下面是一些常见的曲面结构的细节处理方法。

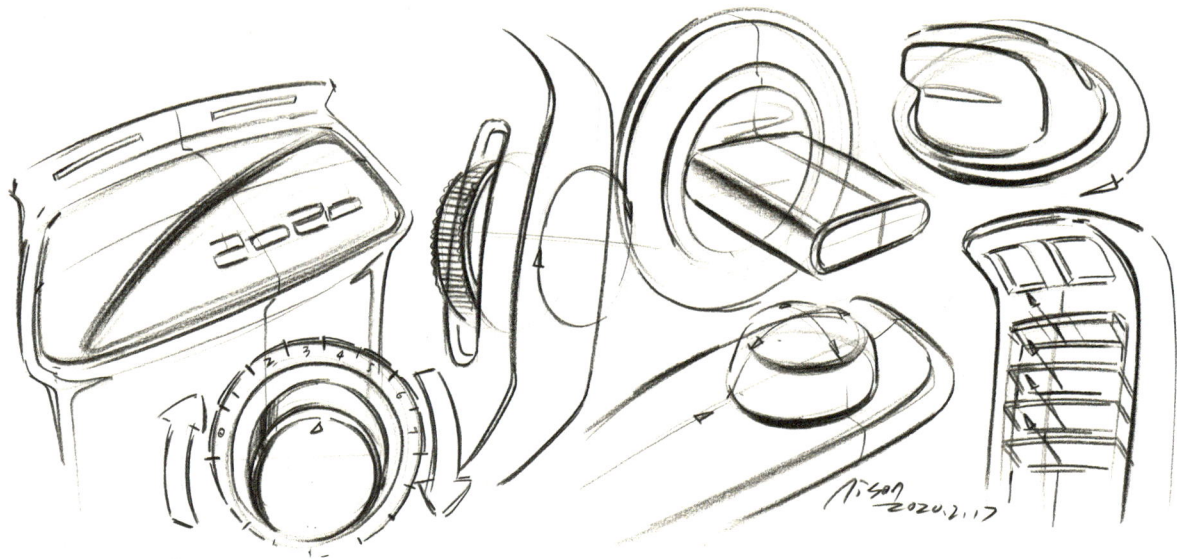

细节处理方法

3.3 练习任务

　　要求： 参考本章中倒角、圆角和弧面的绘制训练，练习绘制倒角、圆角和弧面。

第 **4** 章
形体光影的表达

4.1 明暗关系概述

　　任何一个不透明的物体，在光的照射下都会有明暗的变化。素描中常说的三大面——亮面、灰面、暗面，即物体受光后的明暗关系的大致分区，它们都代表颜色的深度。通常我们在画一个物体时，还要考虑光的反射，即由于反射光线作用到暗面的一部分而形成的"反光"。在绘画中具体的表现分别是：亮面、灰面、明暗交界线、暗面和反光。绘制好明暗关系是表现物体立体感最有效的方法，下面举几个例子进行解说。

　　下图讲解的是产品在单一光源下的明暗面区分。即使是一个面，也会有从暗到亮的微妙变化，投影也是如此。

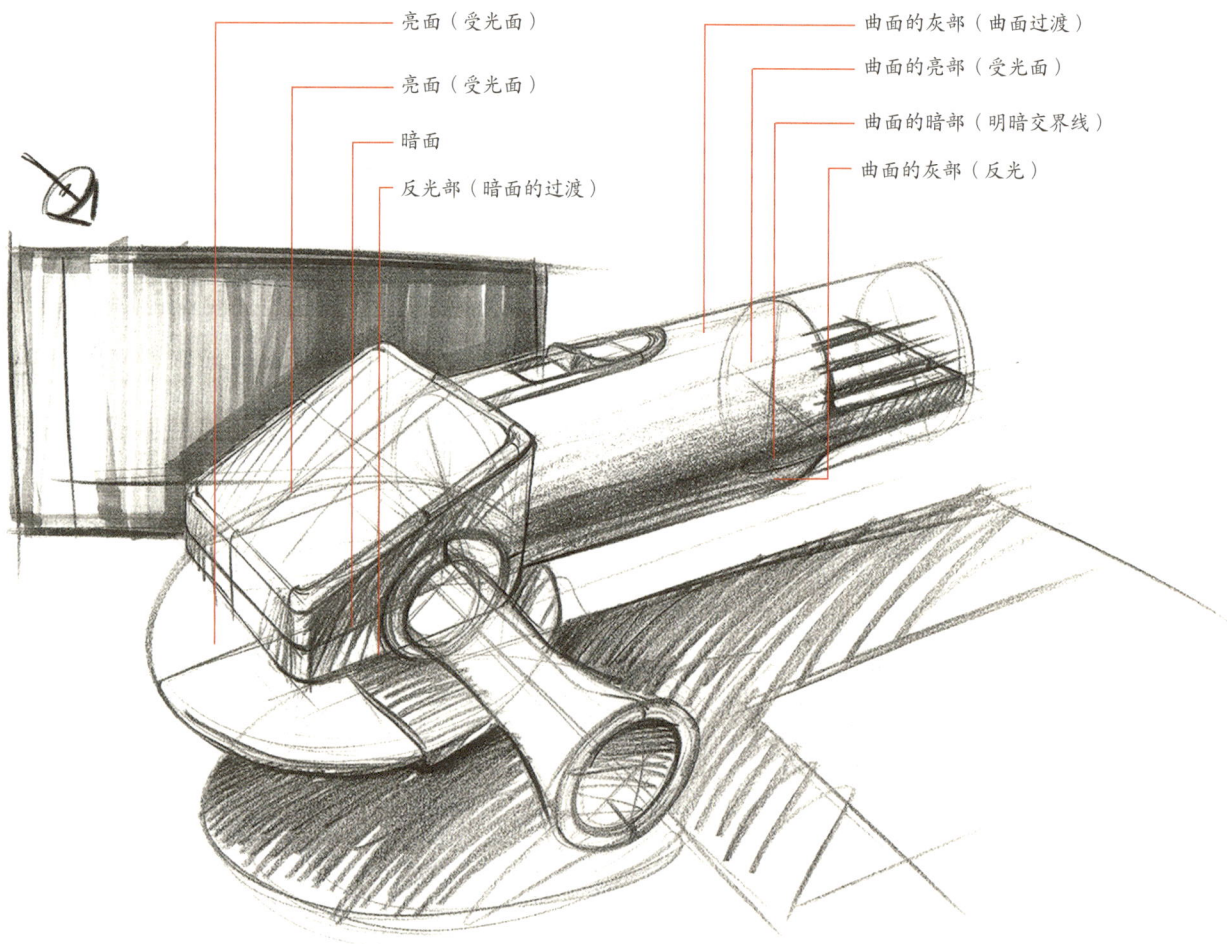

亮面（受光面）
亮面（受光面）
暗面
反光部（暗面的过渡）

曲面的灰部（曲面过渡）
曲面的亮部（受光面）
曲面的暗部（明暗交界线）
曲面的灰部（反光）

产品明暗面分布

4.2 明暗关系绘制训练

下图综合讲解了一个产品在单一光源下的明暗关系。

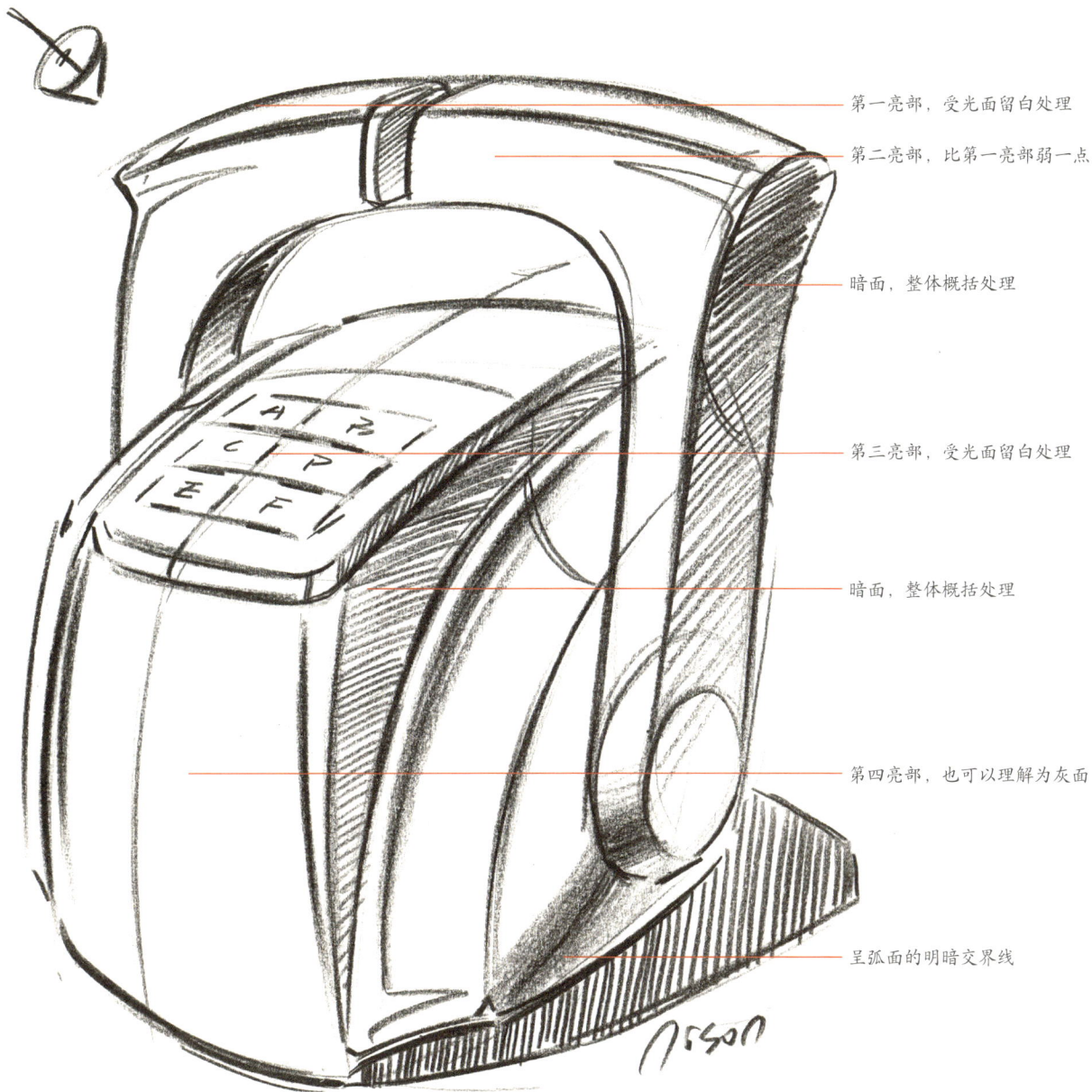

第一亮部，受光面留白处理

第二亮部，比第一亮部弱一点

暗面，整体概括处理

第三亮部，受光面留白处理

暗面，整体概括处理

第四亮部，也可以理解为灰面

呈弧面的明暗交界线

游艇操控器明暗关系

不同产品明暗关系绘制案例

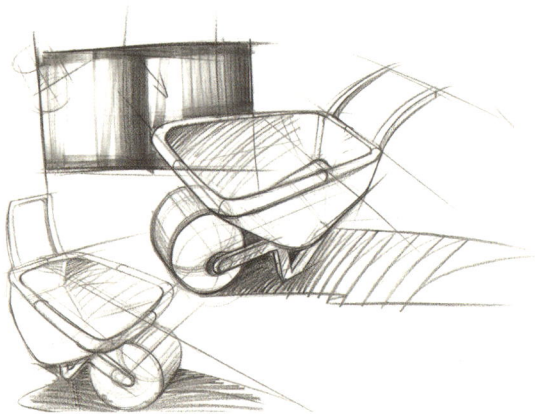

建筑工具明暗关系

家电产品明暗关系

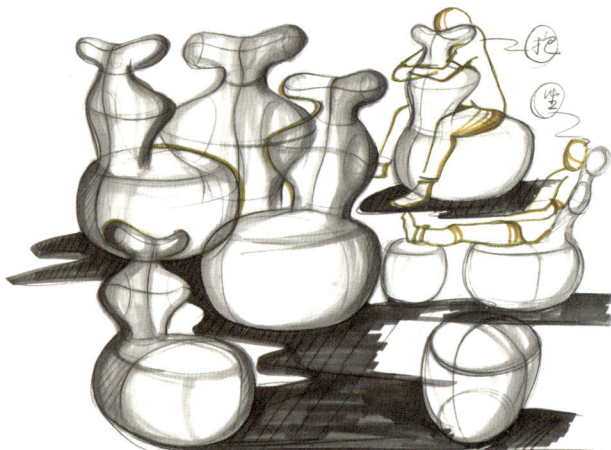

椅子明暗关系

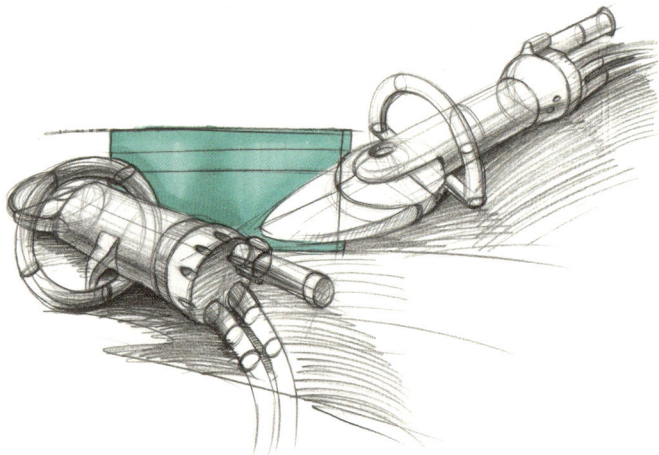

电工产品明暗关系

4.3 练习任务

要求：参考本章讲过的明暗关系，练习绘制不同种类产品上的明暗光影分布。

第 **5** 章

马克笔、色粉笔运用技巧

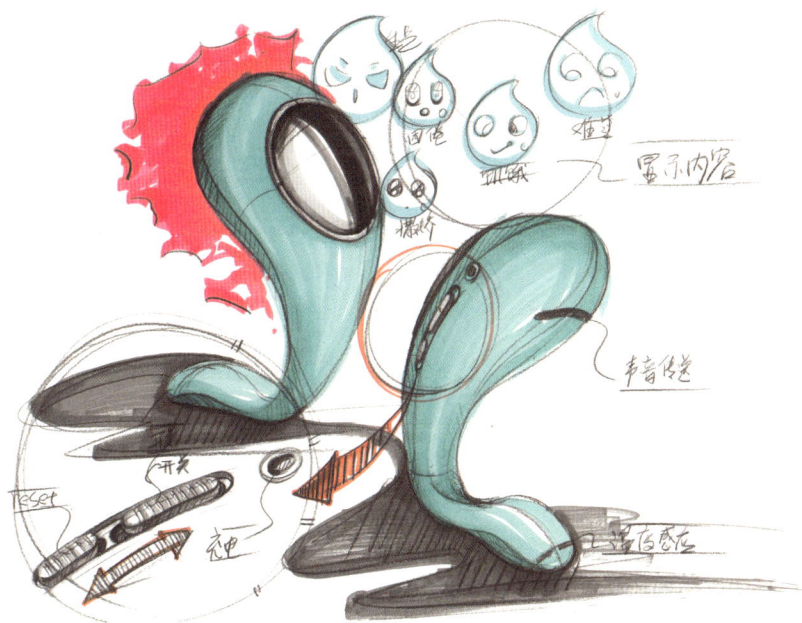

5.1 马克笔的上色技法

5.1.1 马克笔上色注意事项

　　绘制时尽量让马克笔笔头与纸面充分接触，避免出现断断续续的笔触；绘制时，如果马克笔在纸面上停留不动的时间过长，纸面就会出现大面积渗透；在熟悉马克笔上色技法的过程中要多练习绘制横排笔触、竖排笔触和渐变笔触，如下图所示。

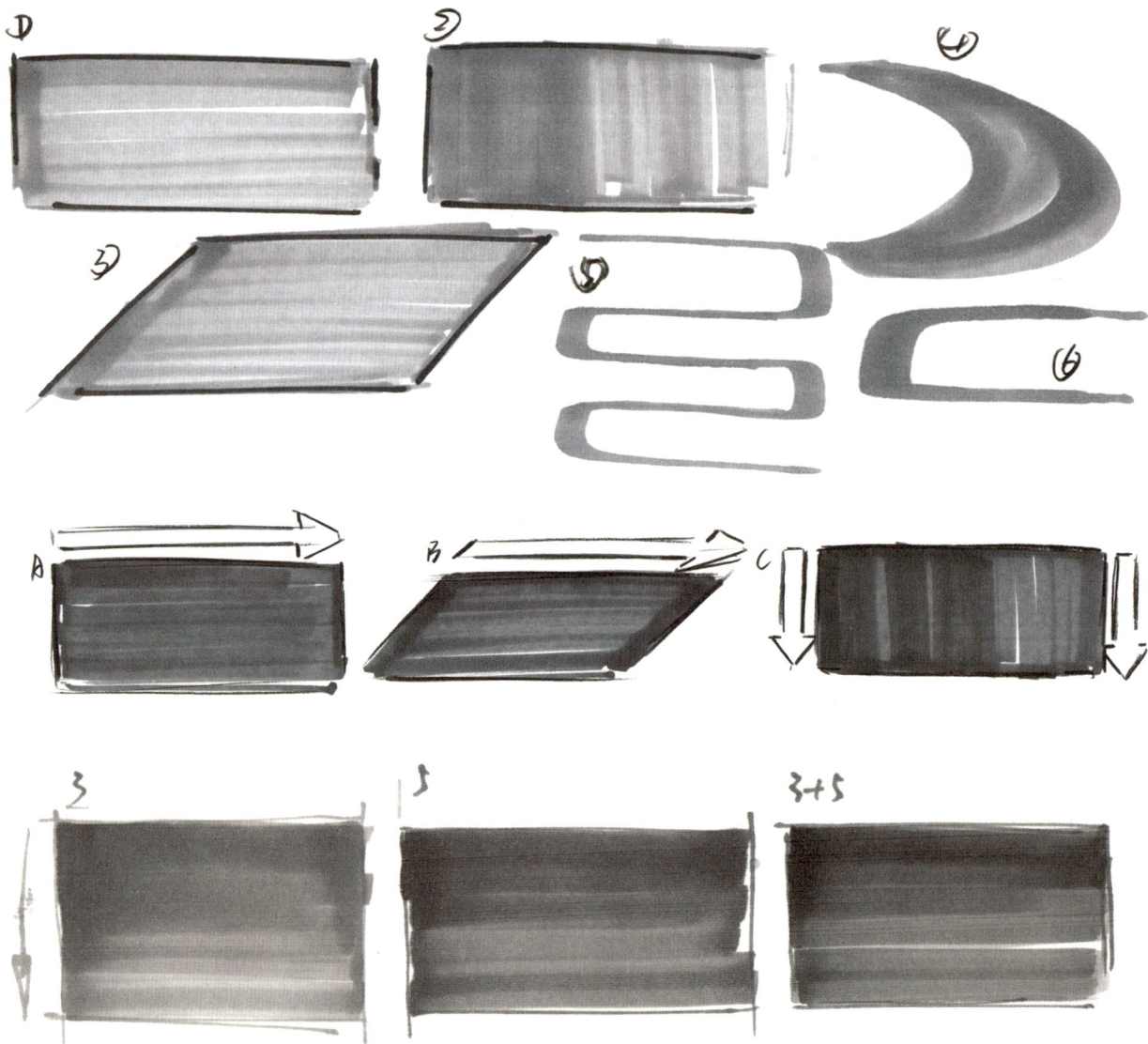

5.1.2 不同形体的上色技巧

❶ 方体

　　先确定光源方向，根据光源方向确定方体明暗关系。然后按从暗到亮的顺序铺色，分出亮、暗、灰3个面即可。

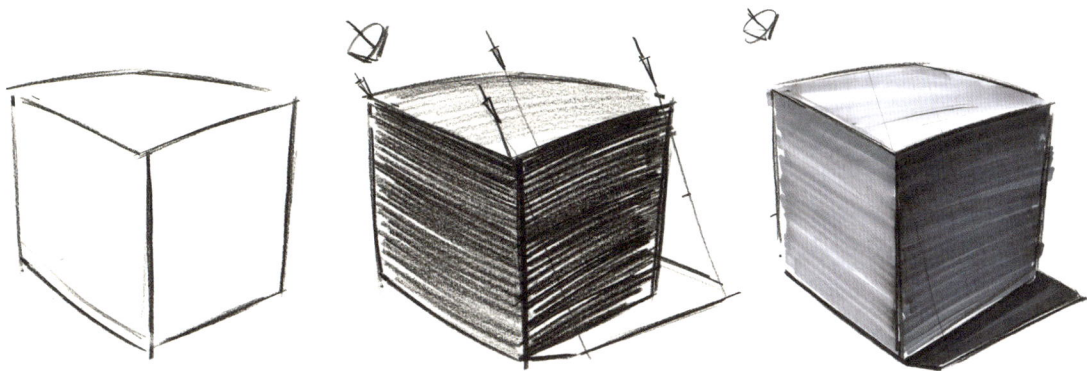

❷ 圆柱体

　　先确定光源方向，找出明暗交界线，然后从交界线位置分别往亮面和暗面过渡上色，高光处留白即可。

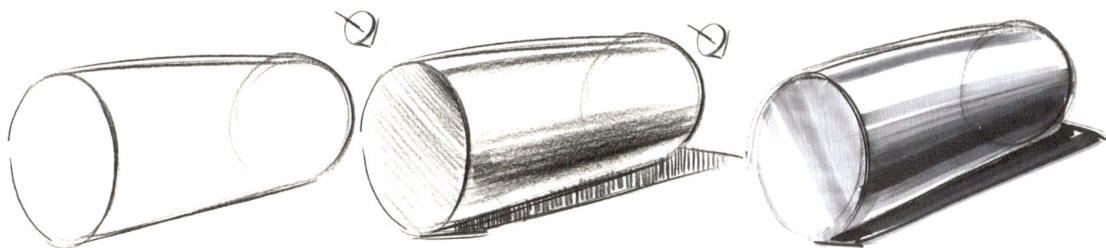

❸ 球体

　　先确定光源方向并找出明暗交界线，然后从交界线位置分别往亮面和暗面过渡上色。注意要顺着球面的弧度特征运笔。

5.1.3 马克笔上色案例

案例1——扫码器

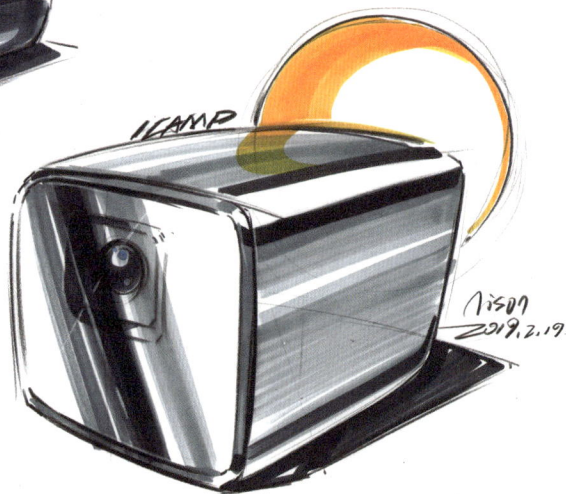

案例2——监控器

案例3——机箱

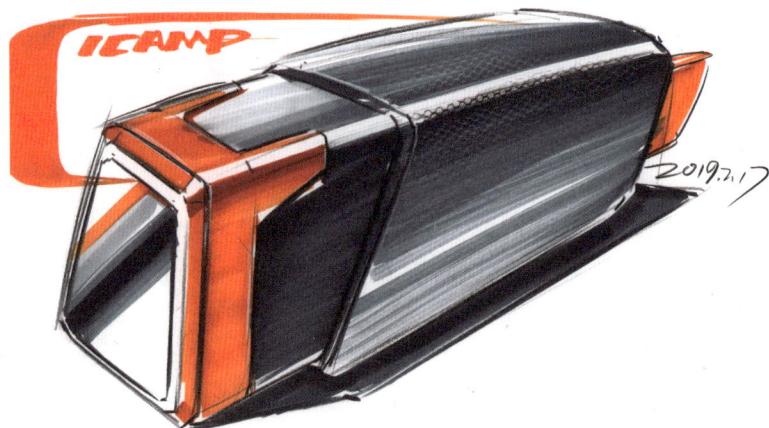

案例4——蓝牙音响

5.2　色粉笔的上色技法

色粉笔在效果图中是比较常用的工具，特别是在处理弧面时，能使颜色过渡比较均匀。与马克笔不同的是，在相同的着色效果下，色粉笔需要上色的层次更多，也就更容易弄脏画面。注意在使用色粉笔上色时切勿大力揉搓以晕染，可借助纸巾或者直接用手指涂抹晕开颜色。下面是色粉笔的几种上色技法。

头重尾轻左/右渐变。可以用便利贴贴住纸面一边，然后从贴住处用色粉笔往另一边晕染颜色，注意控制好力度，由重到轻，涂抹均匀。

中间重四边轻。用纸巾蘸一点色粉在纸面上来回左右轻擦，注意四边力度轻，中间力度大。

头重尾轻上/下渐变。用便利贴贴住纸面下面，从贴住处用色粉笔向上轻擦晕色。

中间重左右渐变。用便利贴贴住纸面上下两边，在中间使用色粉笔来回左右涂抹，注意控制好力度。

在手绘效果图的上色表现中，色粉笔是马克笔的"最佳搭档"，特别是在光亮部位的表现上，它们之间的配合更加紧密。在手绘效果图中，马克笔往往起着"骨架"的作用，支撑着形态的结构与转折，色粉笔则控制着形态曲度的强弱。

用一个颜色的马克笔画不出深浅之分时，很难表现物体的立体感，特别是在处理物体的曲面时，这时就可以用色粉笔去处理。上图是利用了色粉笔处理亮面与暗面之间的过渡，颜色处理得非常均匀。

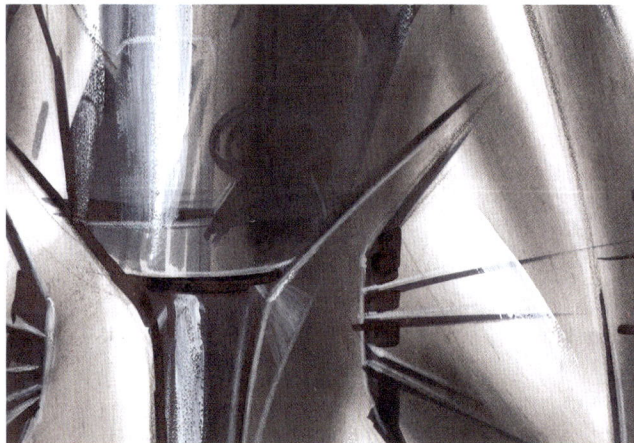

上图是先在曲面上涂一层色粉，再用马克笔去处理细节，最后用深色马克笔加重明暗交界线，用白色铅笔刻画高光。从上图可以看出色粉笔涂出的过渡效果比马克笔的均匀很多。

5.3 用马克笔和色粉笔表现不同材质质感

在工业产品设计中，比较常用到的材质有金属、皮革、玻璃、塑料、木材等，下面讲解了这几种常见材质质感的上色表现技法。

5.3.1 金属质感

金属的特点是硬度高，反光对比强，亮面处大面积留白。

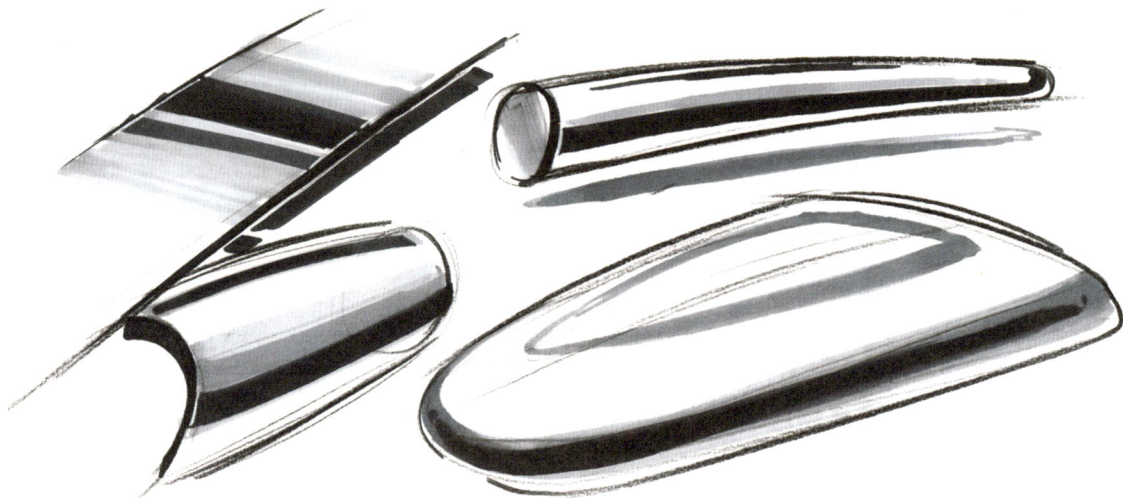

5.3.2 皮革质感

皮革最大的特点除了纹理就是线缝结构，反光程度偏弱。

5.3.3 玻璃质感

玻璃最大的特点是透明，不同玻璃的透明程度不一样，绘制时一定要表现出其通透性和玻璃厚度。

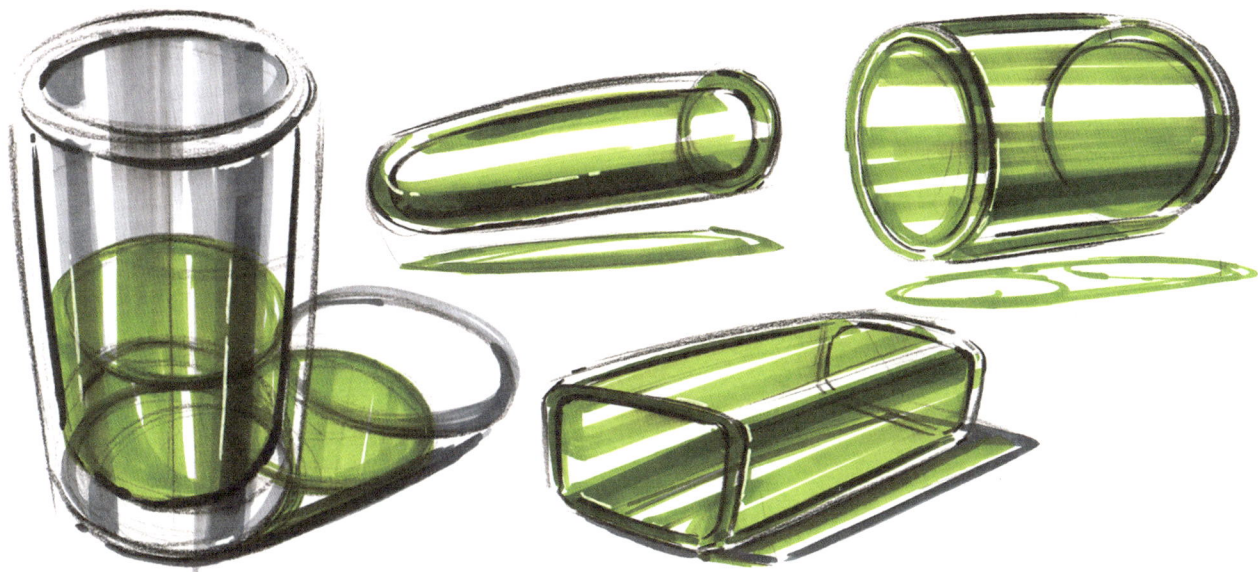

5.3.4 塑料质感

塑料分亮光塑料和磨砂塑料，应根据粗糙程度来绘制相应的反光对比效果。

5.3.5 木材质感

固有色和纹理是木材的主要特征，且其反光程度比较弱，铺色时平铺即可。

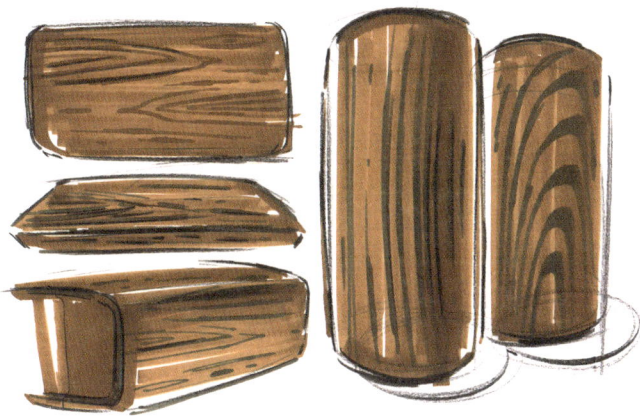

5.4 练习任务

要求：参考本章的马克笔、色粉笔使用技法和不同材质质感特点，分别练习绘制金属、皮革、玻璃、塑料和木材材质。

第 **6** 章.
电子类产品绘制案例

扫 描 二 维 码
看 本 章 视 频

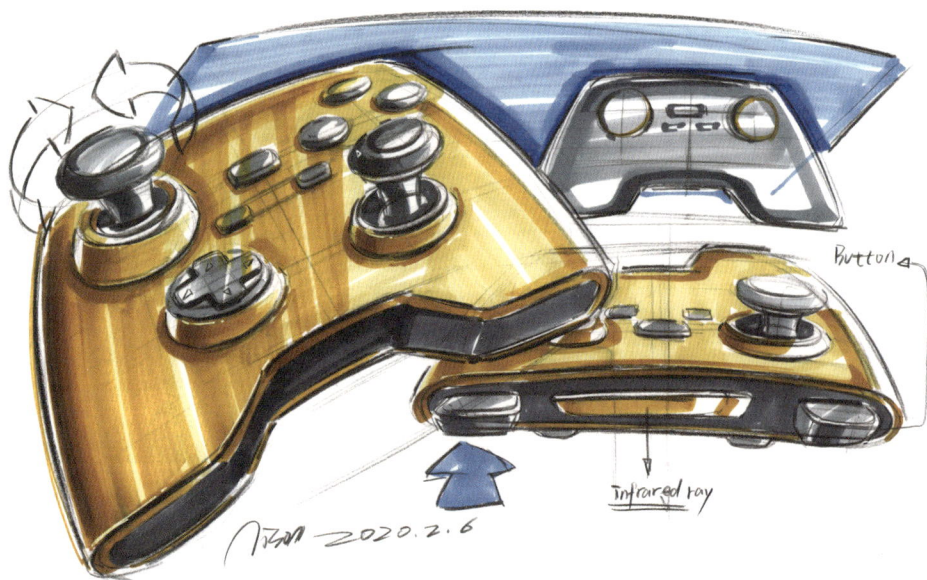

Button4

Infrared ray

2020.2.6

6.1 降噪耳机设计

步骤01 画出耳机的大概轮廓线。

步骤02 根据比例画出另一个角度的耳机。

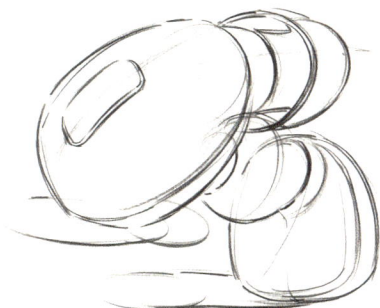

步骤03 加重线条，表现出产品结构的厚度。画出耳机的投影。

步骤04 用264号马克笔概括出大体的明暗交界线，注意头尾笔触的粗细变化。

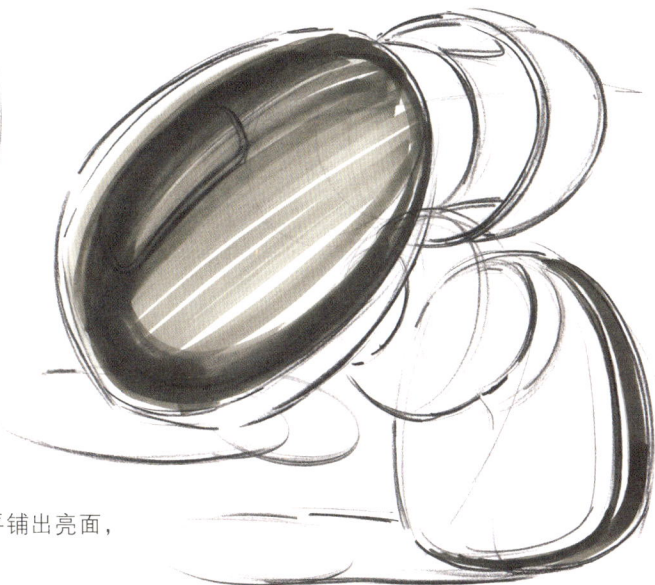

步骤05 由于产品表面是皮革材质，因此可以平铺出亮面，注意运笔的速度要快一些。

步骤06 用272号马克笔为耳机的连接部分、另一个角度的耳机的连接部分和主体的前部铺色，注意笔触的走势要顺着结构。

步骤07 用241号马克笔为入耳塞的结构上色，因其为半透明材质，所以亮面处要适当留白处理。

步骤08 用242号马克笔加重明暗交界线，注意有厚度的结构可以用小笔头刻画。

步骤09 用铅笔刻画皮革材质连接处的缝纫细节，注意前后虚实表现要合理。用270号~272号灰色马克笔画出投影。

270
271
272
264
4
241
242

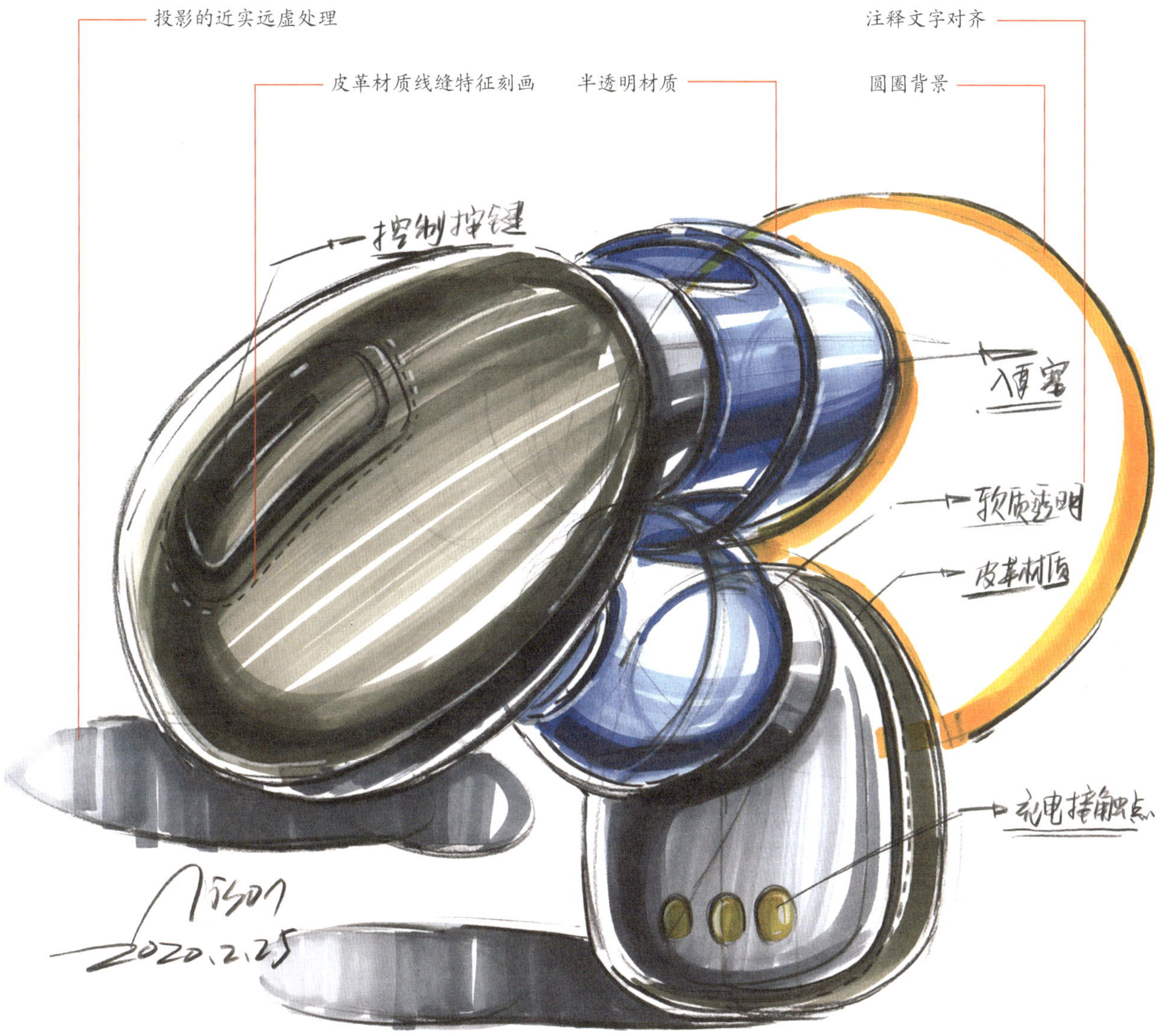
投影的近实远虚处理
注释文字对齐
皮革材质线缝特征刻画
半透明材质
圆圈背景
控制按键
软质透明
皮革材质
充电接触点
2020.2.25

步骤10 用白色铅笔刻画画面中的高光，再用4号马克笔画出圆圈背景，注释相应的结构，最后用橡皮把脏乱的线条擦干净。

6.2 游戏手柄设计

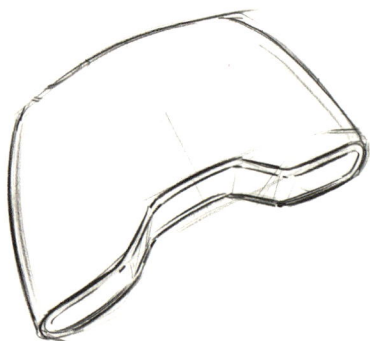

步骤01 用铅笔勾勒出手柄的大致轮廓。

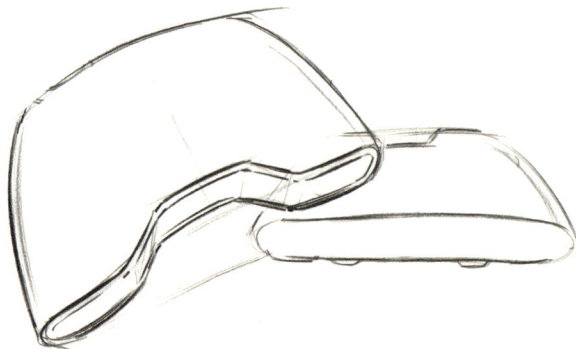

步骤02 确定手柄造型并加重线条，再画出另一个角度的另一个手柄轮廓。

步骤03 借助辅助线把按键刻画出来。

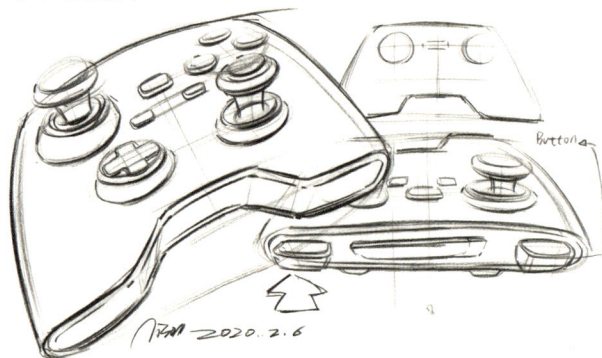

步骤04 画出手柄俯视图，画出另一个手柄上的按键，注意位置要一致，再注释相应结构。

步骤05 用2号马克笔为顶部的大面铺色，注意不要涂到中间的按钮上，运笔速度要尽量快。

步骤06 用5号马克笔为细边线上色，为确保上色的准确性，可换用小笔头涂色。用同样的方法为另一个角度的手柄上色。

步骤07 用5号马克笔在第一遍颜色的基础上加重，注意深浅过渡要尽量自然。用271号马克笔为俯视图及暗部上色。

步骤08 用271号马克笔为按键铺底色，亮面处留白。

步骤09 用271号马克笔加重按键颜色对比，注意整体的光影方向要保持统一。

271　　2　　5　　180　　241　　242

明暗交界线（注意曲面的过渡）

箭头指示（表示旋转方向）

笔触间隔过渡（用轻松笔触处理）

次要视图弱化（简单概括）

边缘反光处留白

Button

Infrared ray

2020. 2. 6

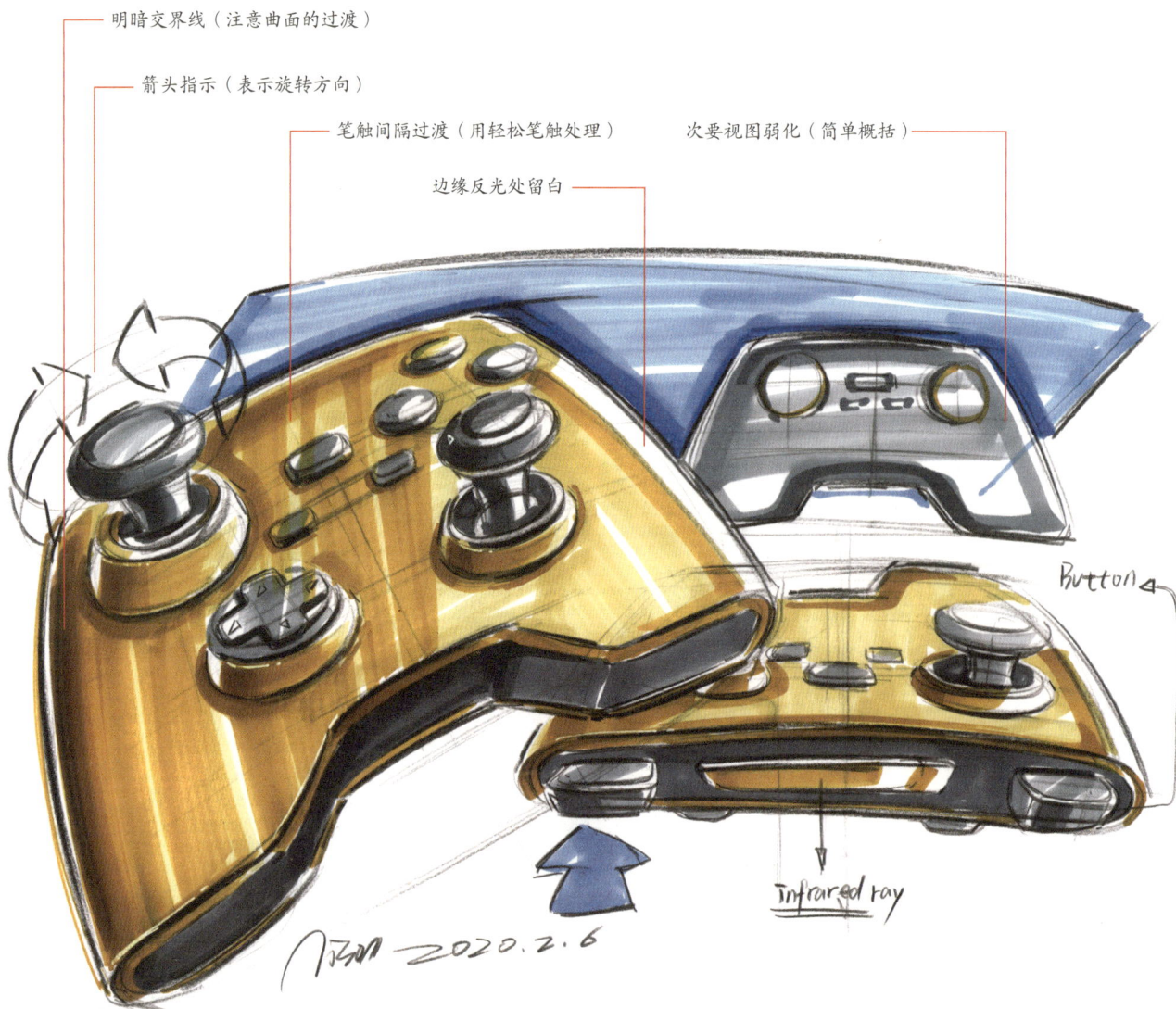

步骤10 用180号马克笔加重柄身的明暗交界线，用241号和242号马克笔为背景图形和箭头上色，最后用高光笔或白色铅笔提亮高光处，增强光感。

6.3 电竞手柄设计

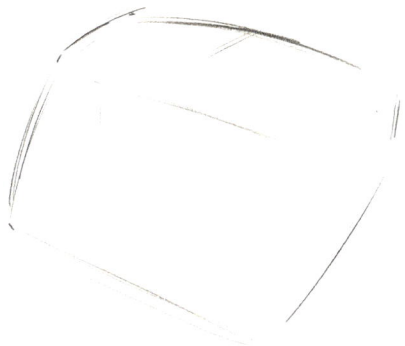

步骤01 用长线画出手柄的大致轮廓，注意透视关系。

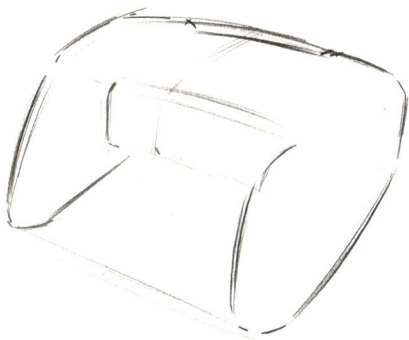

步骤02 画出透视准确的轮廓线，在形体上画中线以便找出相应结构。

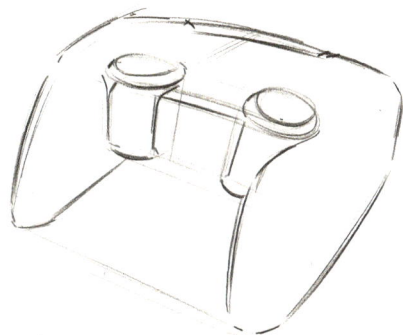

步骤03 按从大到小的顺序画出手柄的结构。

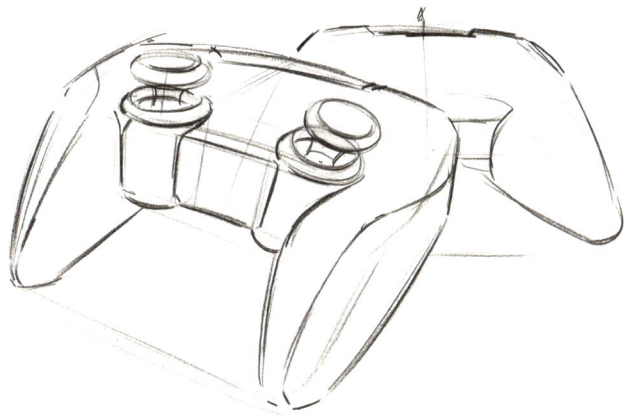

步骤04 细化手柄造型，再根据特征画出另一个角度的另一个手柄，注意不同角度手柄之间的大小对比。

步骤05 画出摇杆并细化。为了方便铺色，过于小的结构可以先不刻画，否则会影响铺色的干净度和连贯性。用铅笔画出手柄的投影轮廓。

步骤06 手柄使用两种不同颜色的材质，先画出占比大的颜色。设定光源方向并确认手柄明暗关系，用270号马克笔铺底色，271号马克笔丰富过渡。

步骤07 继续涂画灰色材质部分，定好明暗面之后再用不同笔触丰富过渡。

步骤08 用较深的272号马克笔加重明暗交界线，注意笔触应沿着形体特征收尾。

步骤09　用137号马克笔为手柄的两侧铺色。因为面积比较小，所以平铺即可。尽量在高光的位置留白。

步骤10　根据大体的明暗关系，用273号马克笔加重红色部分的明暗交界线，注意控制笔触的大小。

步骤11 适当刻画一下手柄细节，再用灰色马克笔和140号马克笔为摇杆上色，并画出示意摇杆的操控运动方向的箭头。

步骤12 用小笔触涂画完善结构之间的连接，用铅笔画出手柄的投影使结构更加有立体感。注意刻画顶部的显示屏。

270　271　272　273　137　140　26

高光部分尽量留白处理

远处弱化，留白即可

显示屏刻画

局部细节放大刻画

2020.2.22

步骤13 用高光笔刻画画面中的高光，注意不要画太多，用26号马克笔画出背景。如果画面整洁，则可增加一点结构之间的投影。

6.4 游戏鼠标设计

步骤01 用大长线画出鼠标的大致轮廓。

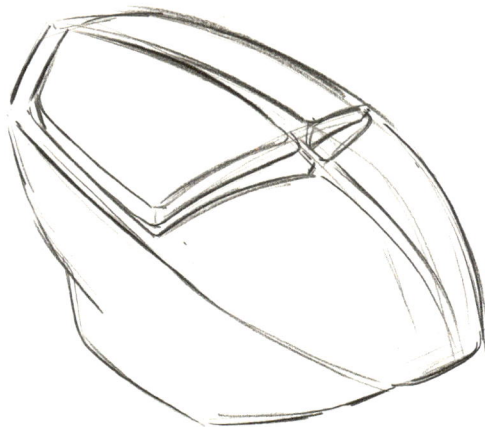

步骤02 大体定出主要结构。

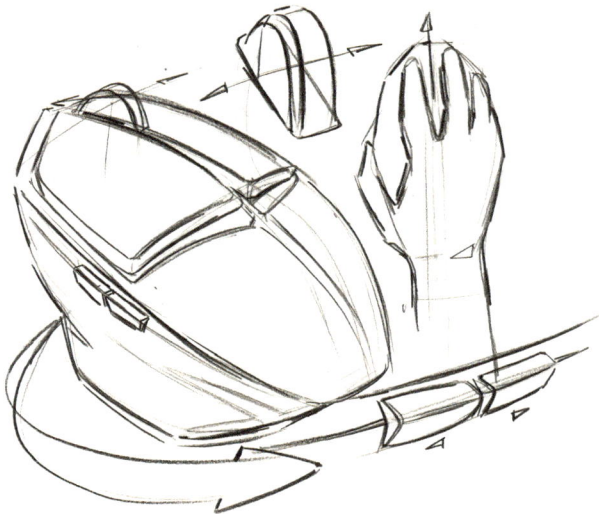

步骤03 画出鼠标的完整结构，将部分控制按钮放大刻画细节。

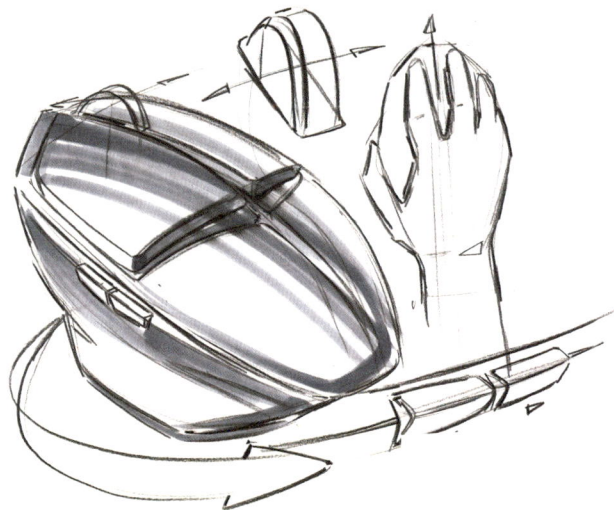

步骤04 用270号马克笔为鼠标的暗部铺色。

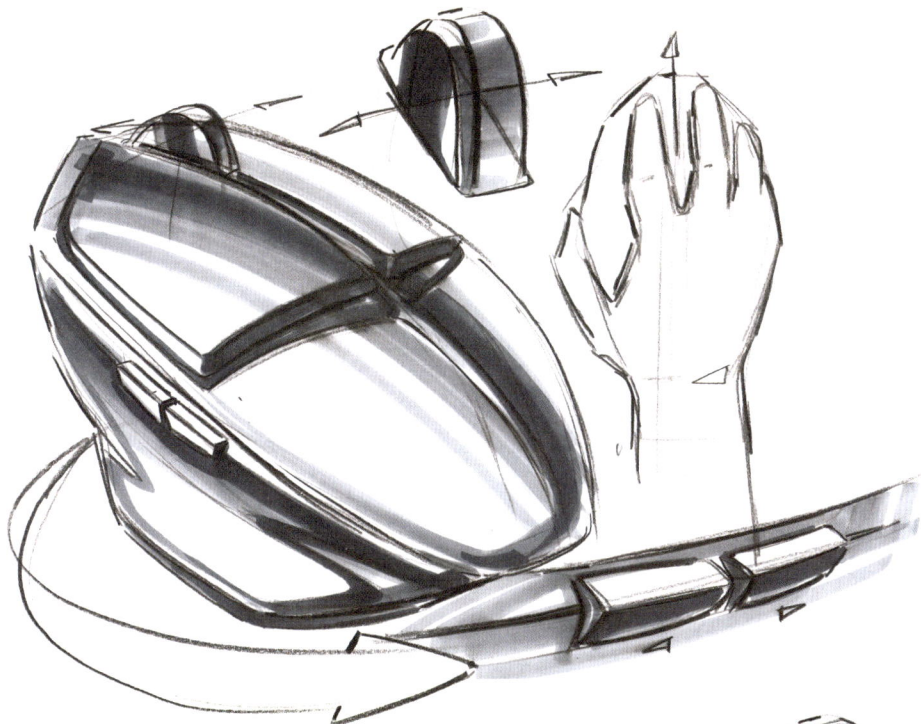

步骤05 用271号马克笔加重画面整体的暗部颜色，以增强立体感。用272号马克笔为鼠标滚轮和按钮上色。

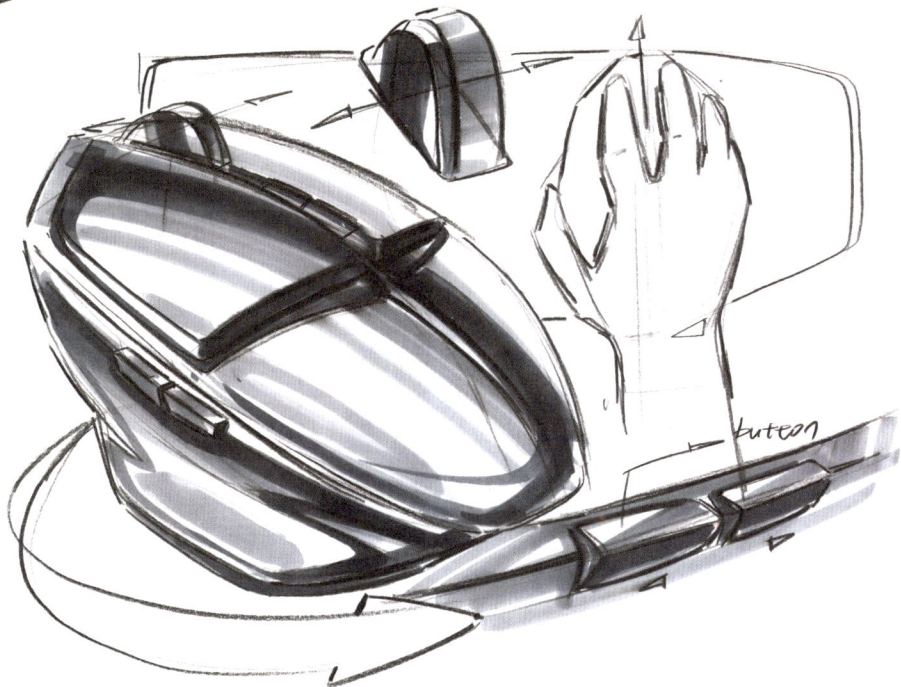

步骤06 用铅笔画出背景轮廓，用273号马克笔刻画出鼠标细节、加重明暗交界线，高光处适当留白，再注释相应结构。

270　271　272　273　241

边缘转折的笔触连贯处理

呈弧面的明暗交界线

背景色平铺

按钮细节放大刻画

使用方式及情景刻画

button

2020.2.18

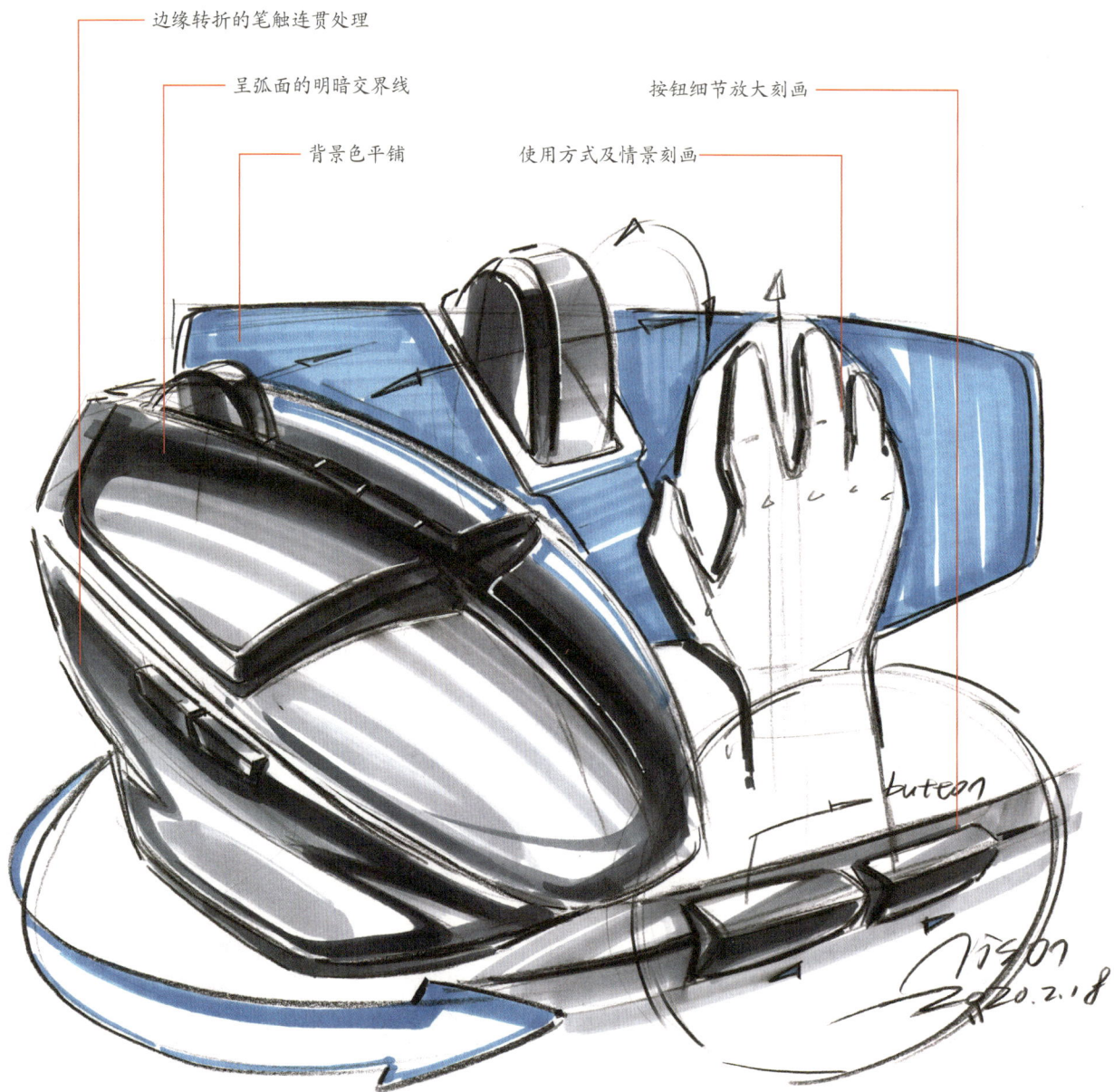

步骤07 用241号马克笔为背景和箭头铺色。

6.5 数码相机设计

步骤01 画出相机机身的整体轮廓，此时可省略小结构。

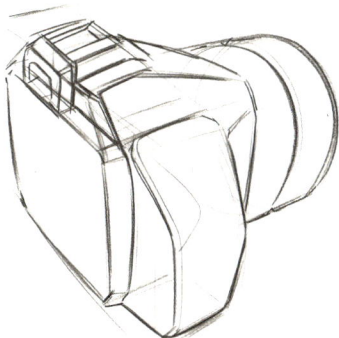

步骤02 确定相机轮廓线条，然后根据整体的透视关系画出镜头。

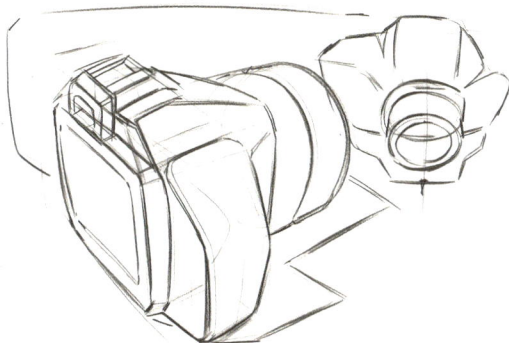

步骤03 根据主图的比例关系画出一个正面角度的相机，次要的图可以简化处理。画出背景和投影的轮廓。

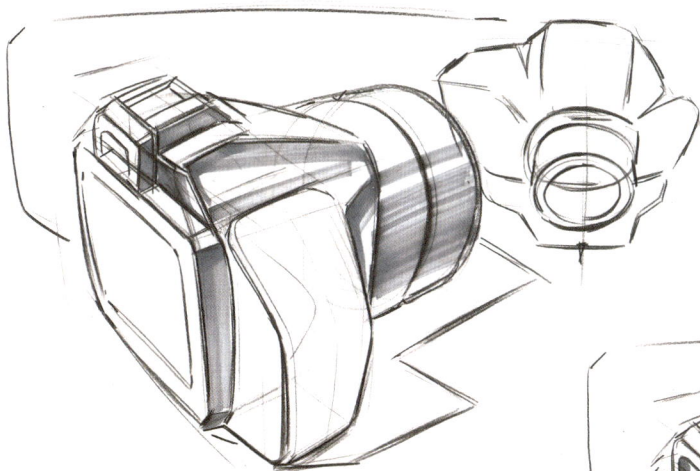

步骤04 用橡皮清理草稿杂线。再从暗部开始，用270号马克笔刻画整体结构。

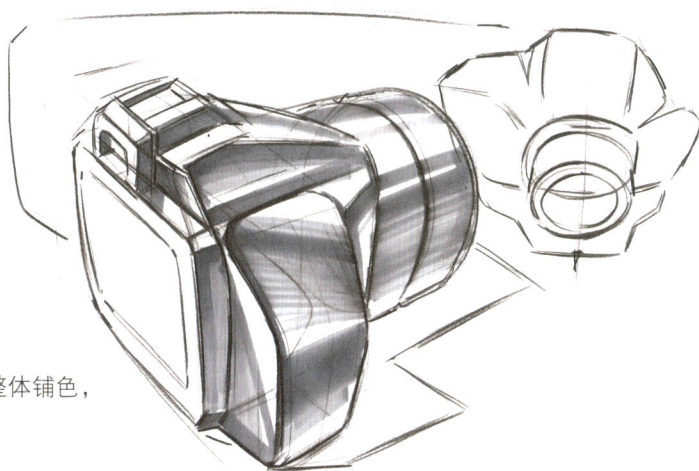

步骤05 用271号马克笔为侧视角度相机的暗部整体铺色，亮面先留白，注意转折面之间的明暗关系。

步骤06 用272号马克笔加重明暗交界线。

步骤07 用同样的方法为正面角度的相机铺色。用273号马克笔铺投影，再用271号马克笔根据光影关系勾勒一下正面角度。

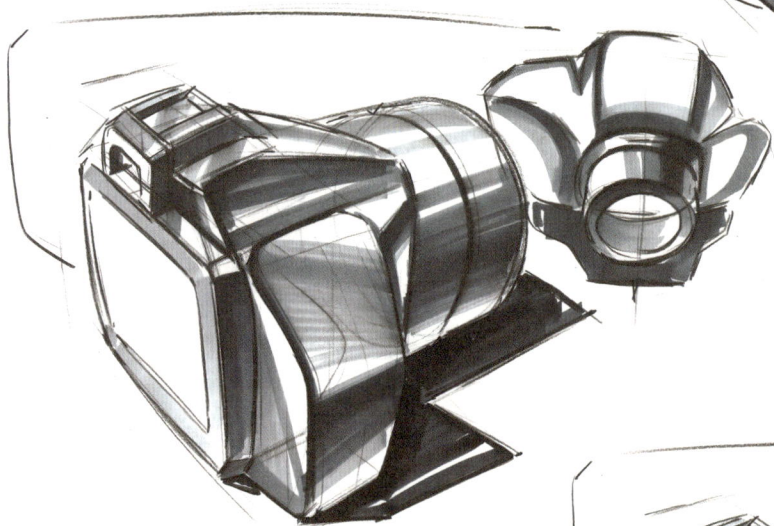

步骤08 用灰色马克笔把显示屏、快门按钮和镜头的刻度等细节部分刻画出来。

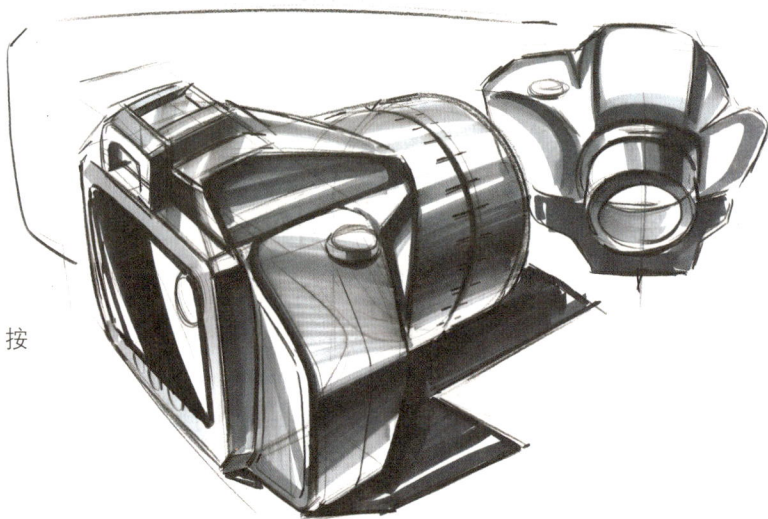

270　271　272　273　26

显示屏刻画

镜头焦距刻度刻画

笔触连贯处理

正面角度弱化处理

CAMERA

Shutter

DISPLAY

button

Jigon
2020.2.29

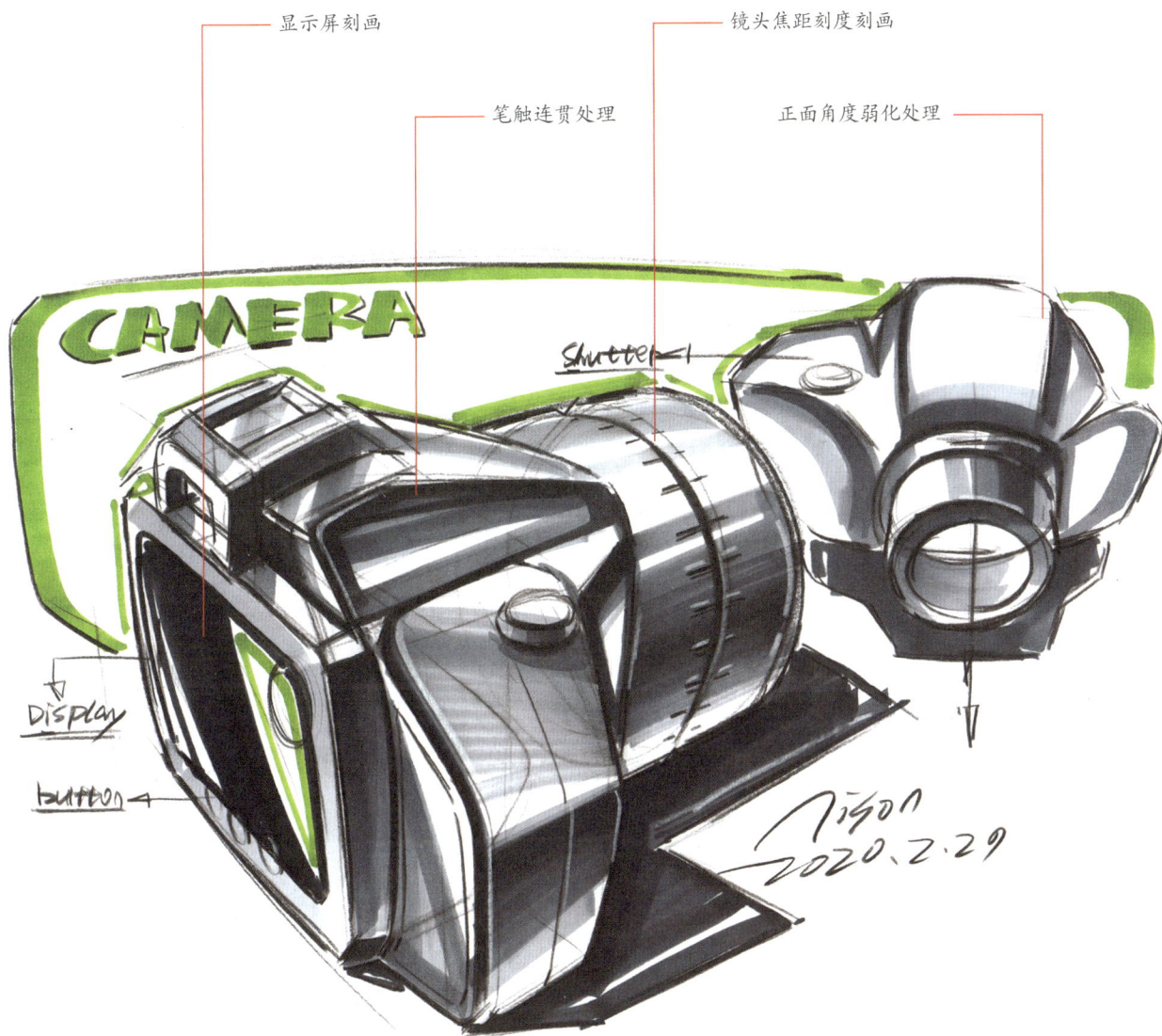

步骤09 用273号马克笔加重画面中主要的明暗交界线，用白色铅笔刻画画面高光，注释相应结构，最后用26号马克笔画出绿色背景，给全灰的画面添加点缀。

6.6 蓝牙音响设计

步骤01 概括出音响的几何形体（圆柱体）。

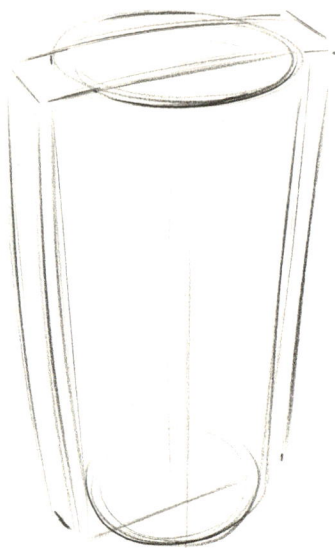

步骤02 根据圆柱体画出相应的结构辅助线，概括出突出结构大致轮廓。

步骤03 把圆柱体与突出结构连接起来，并加重线条。

步骤04 根据主图比例再画一个一点透视角度的蓝牙音响，以多角度展示音响。

步骤05 选取一个结构放大刻画，完成线稿，准备上色。

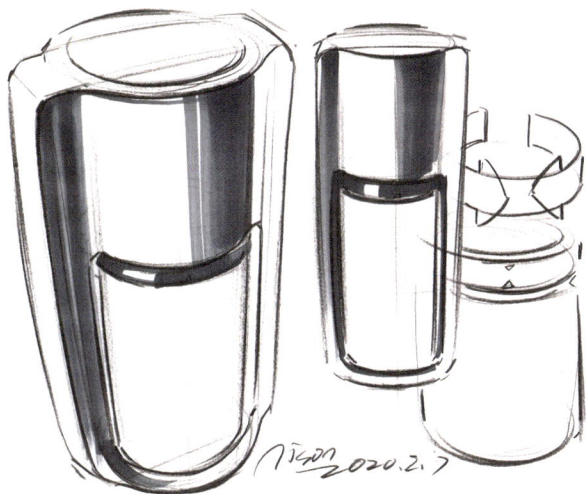

步骤06 用272号马克笔为两个音响的暗面铺色，顶面和亮面先留白，最后根据整体颜色来刻画。

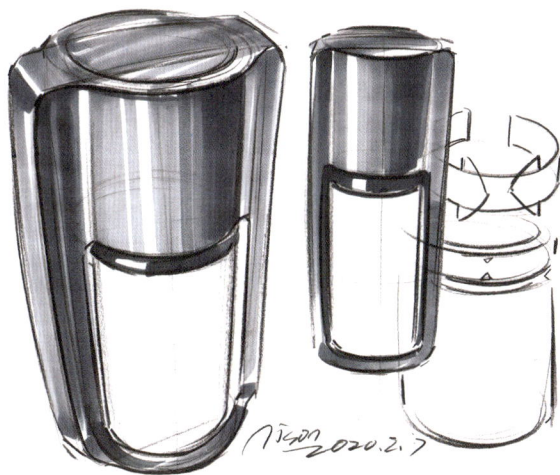

步骤07 用271号马克笔为两个音响的灰面铺色，注意与暗面的颜色对比不要太强，亮面的高光处适当留白。

步骤08 用灰色马克笔加重两个音响的暗面和明暗交界线，增强亮暗对比，注意笔触间的过渡要自然。

步骤09 用241号蓝色马克笔顺着整体的结构走向为放大刻画的扬声器铺色。

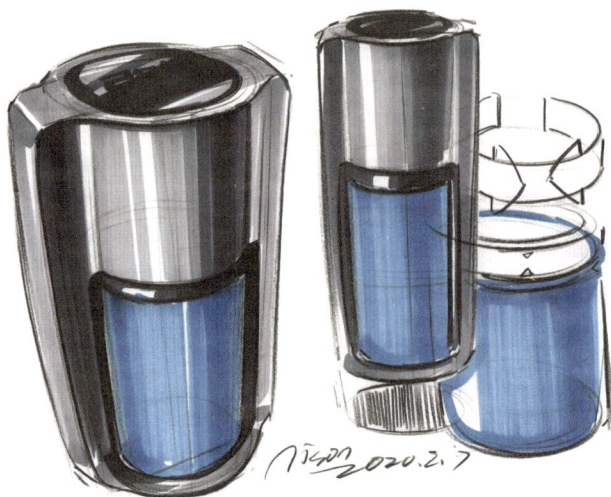

步骤10 用273号马克笔平涂出两个音响顶部的显示屏，注意适当留白以体现光感。用铅笔为蓝牙音响画出投影。

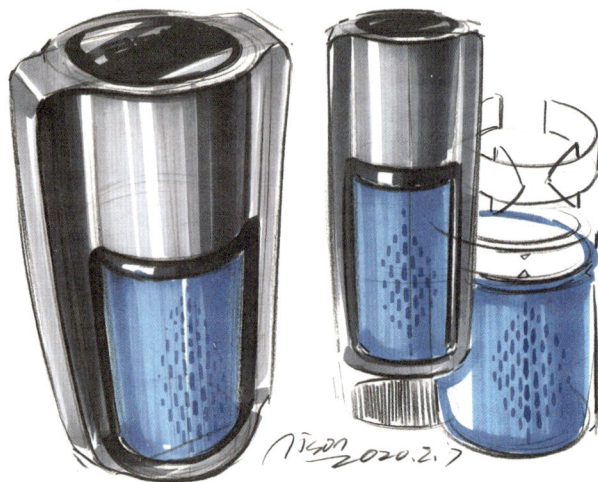

步骤11 用242号马克笔的小笔头刻画所有扬声器表面的肌理，注意虚实变化。

步骤12 用铅笔加重整体的结构线，再用137号马克笔为箭头填上颜色。

271　272　273　241　242　137

笔触跳跃的背景

注意高光处留白处理

表面肌理刻画

指示操作箭头

触控面板

可独立取出

扬声器

Jason 2020.2.7

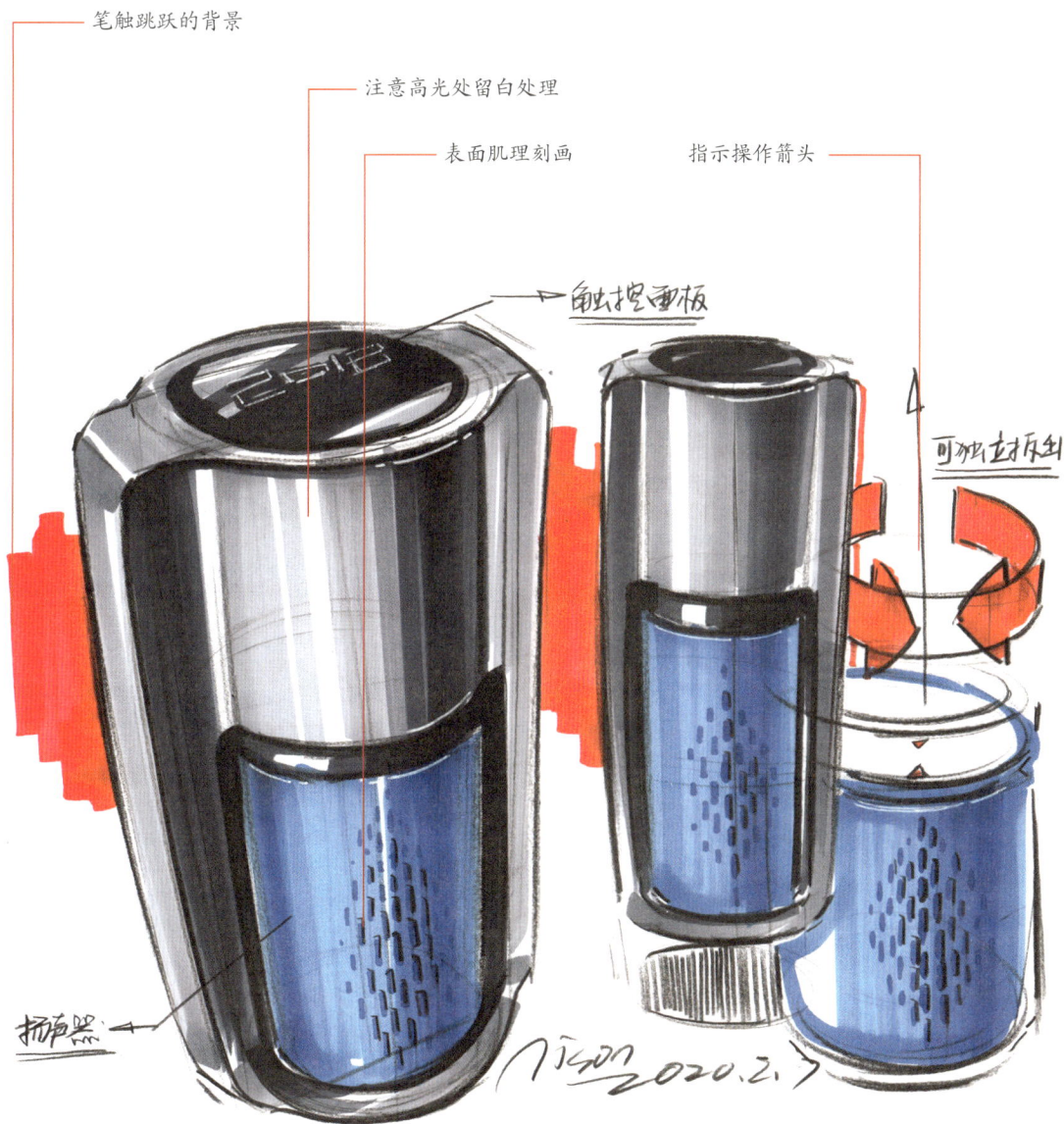

步骤13 检查画面整体的明暗关系，尽量保持统一。用137号马克笔为箭头和背景上色，跳跃的笔触和颜色可以使画面效果更好。注释相应结构。

6.7 头戴耳机设计

步骤01 先画透视辅助线，再定点画出耳机相应的结构轮廓。

步骤02 把耳机和固定杆的连接结构线画好，注意表现出耳机的厚度。

步骤03 在主图后面画出一个正视角度的头戴耳机及其投影轮廓。

步骤04 分析并确定耳机的材质，然后用271号马克笔刻画耳机的海绵材质部分。

步骤05 继续画海绵材质部分，注意海绵结构的圆角部分，可以通过切换大小笔头以刻画准确。然后用270号马克笔过渡亮部。

步骤06 用26号马克笔给两副耳机的外壳和固定杆铺色，注意高光的位置留白，其他部分平涂即可。

步骤07 继续用26号马克笔刻画外壳和固定杆，注意要表现出曲面结构的转折特点。

步骤08 用27号和30号马克笔加重两副耳机绿色部分的暗面和明暗交界线，注意要顺着曲面的转折来运笔。用270号和271号马克笔画出外壳部分顶面。

步骤09 用272号和273号马克笔加重画面整体的明暗交界线，再用暖灰色给投影铺色。用铅笔画出背景轮廓。

270　271　272　273　26　27　30　156

远处结构适当减弱对比度

受光面的留白处理

暗面的过渡

次要角度的概括处理

感应控制

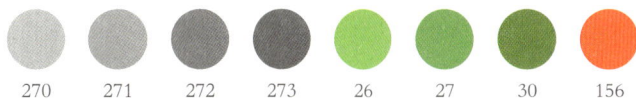

步骤10 用白色铅笔刻画两副耳机的高光位置以增强光感。用156号马克笔为背景铺色，平铺的同时可以适当留些缝隙，这样会显得画面效果更通透。注释相应结构。

6.8 体感手柄设计

步骤01 用铅笔画出手柄轮廓，注意刚开始的草稿线条不需要画太重。

步骤02 当产品比例无须调整时，加重线条确定轮廓。

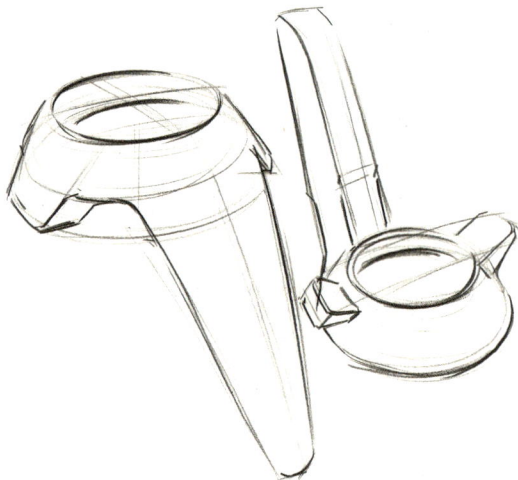

步骤03 根据比例画出另一个角度的另一个体感手柄，注意主次关系。

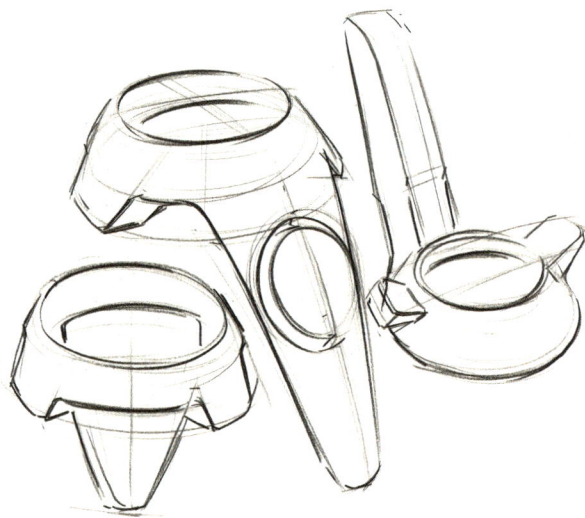

步骤04 放大刻画手柄上的主要结构。

步骤05 基本形体画好后就可以开始铺色。定出光源方向，用270号和271号马克笔为第一个手柄的暗面铺色。

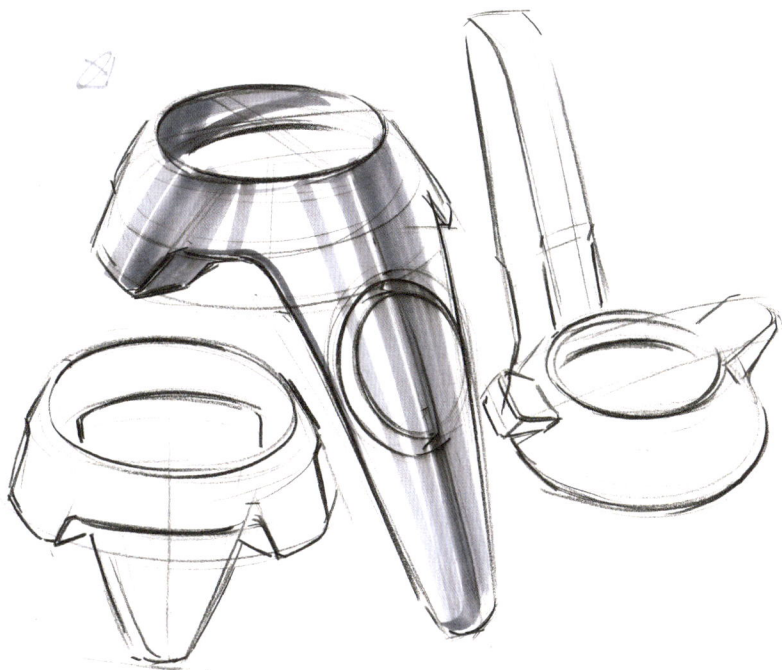

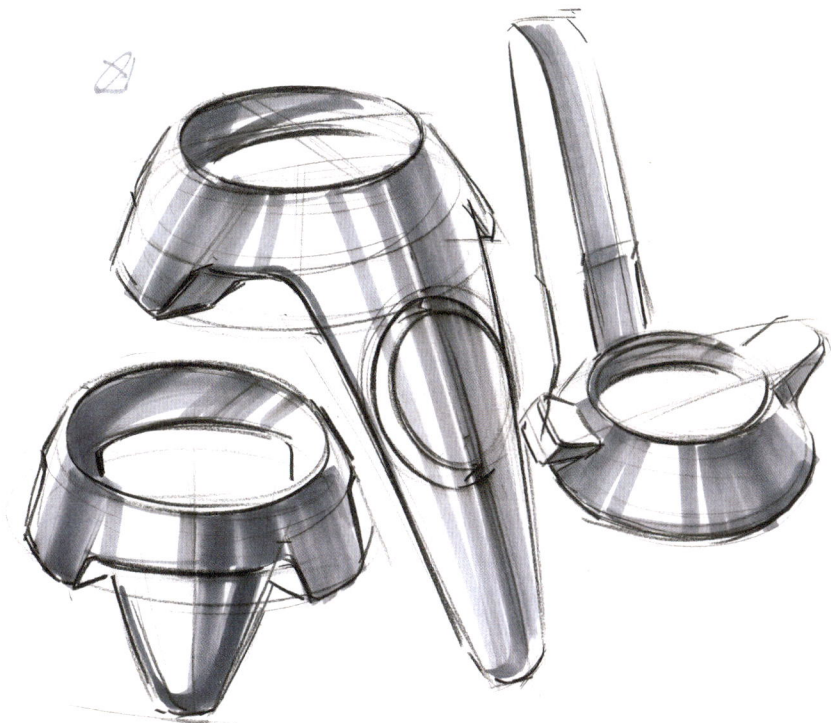

步骤06 用相同颜色给另一个手柄和主要结构的暗面铺色，注意不要一下子把颜色铺得很重，多次叠加上色效果会更自然。

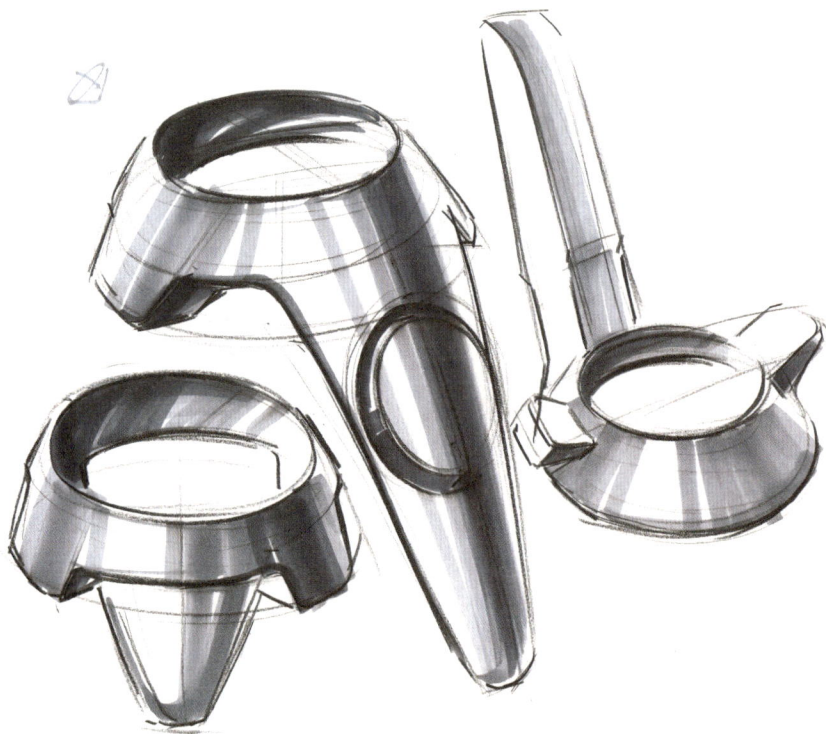

步骤07 在第一遍颜色的基础上用272号马克笔加重整体的明暗交界线，注意颜色过渡要均匀。明暗交界线加重后，物体的立体感会更强。

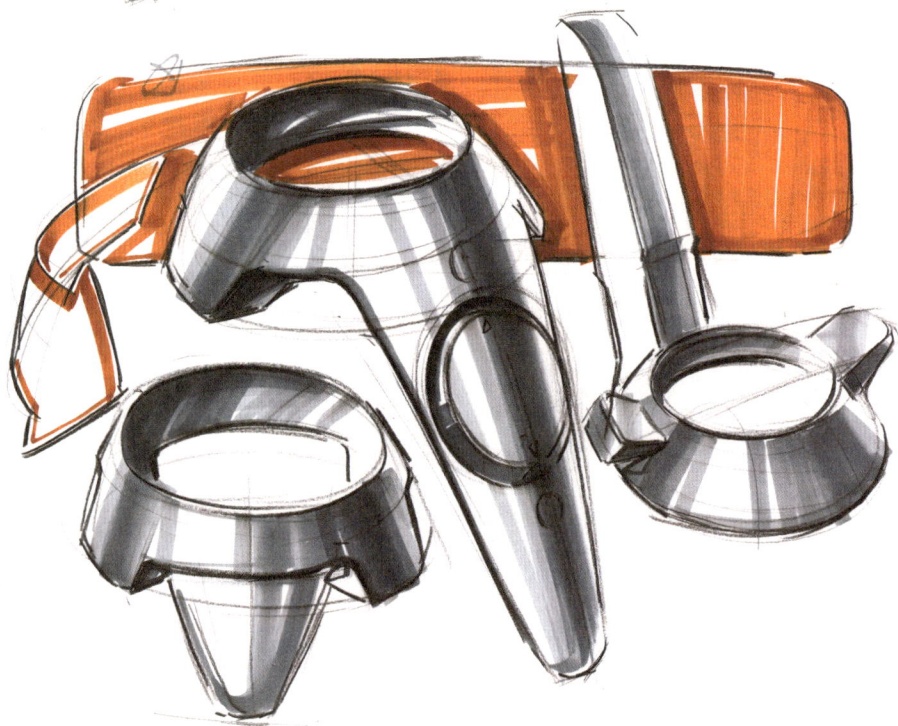

步骤08 由于产品都是灰色，因此用156号马克笔给画面加个背景，丰富一下。

270　271　272　273　156

引导指示角度的箭头

光源方向标记（初学者可做记号提醒）

亮面的环境反光

远处弱化处理

结构注释

inductor

button

Jison
2020.2.19

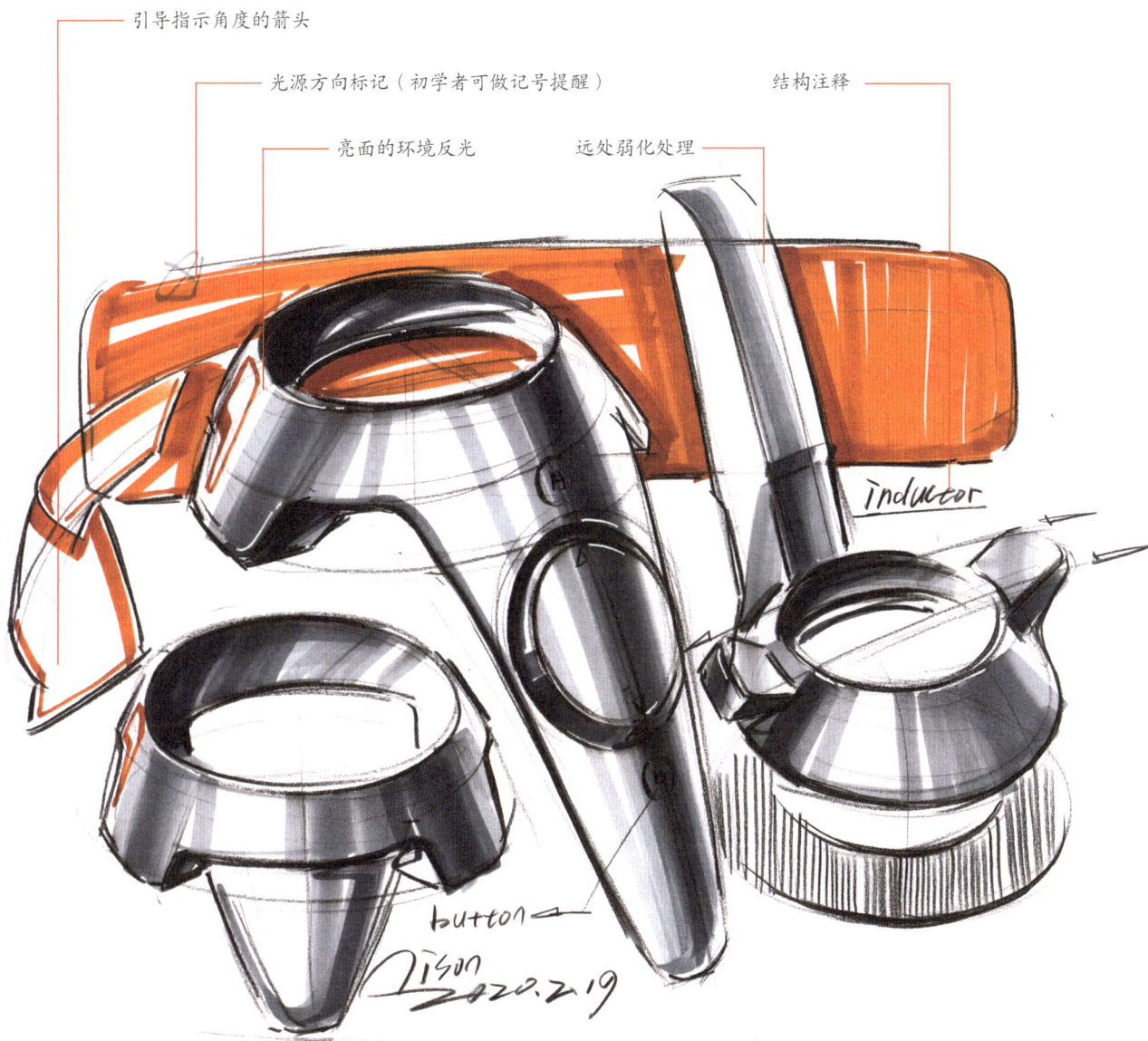

步骤09 修整轮廓。在画面中笔触不够重的地方用273号马克笔适当加重，用高光笔在转折受光的地方刻画高光，用铅笔画出投影。注意合理刻画，否则手柄就会失去该有的质感。注释相应结构。

6.9 便携投影仪设计

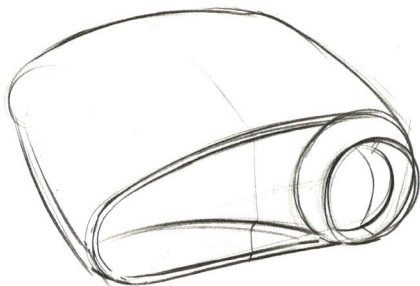

步骤01 画出便携投影仪的轮廓，注意线条的弧度。

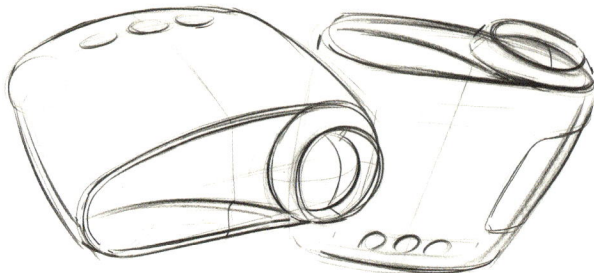

步骤02 根据比例画出另一个角度的另一个便携投影仪，不同角度投影仪之间可以适当遮挡。

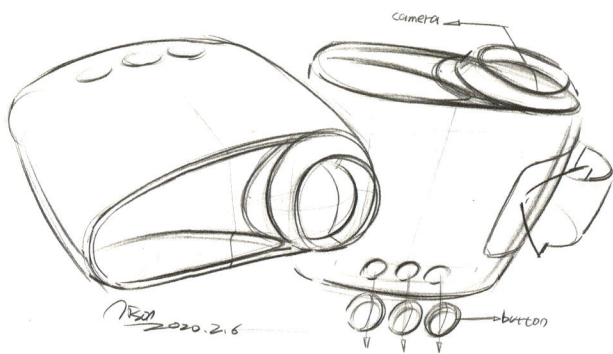

步骤03 确定整体的线稿线条，刻画按钮细节和指示箭头，注释相应结构。

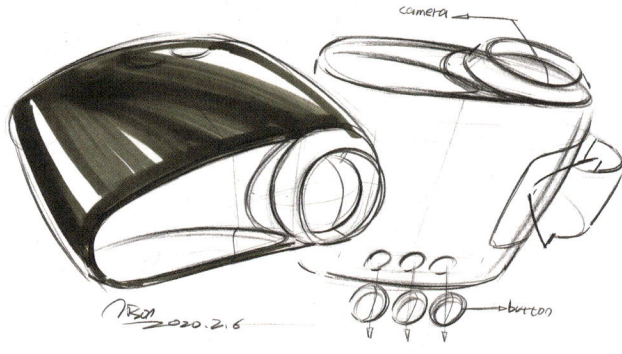

步骤04 用264号马克笔为第一个便携投影仪铺色，可通过笔速的快慢控制上色的深浅。

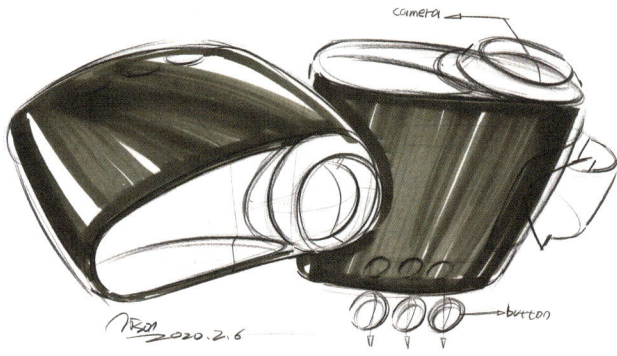

步骤05 用同样的方法为另一个便携投影仪铺色。

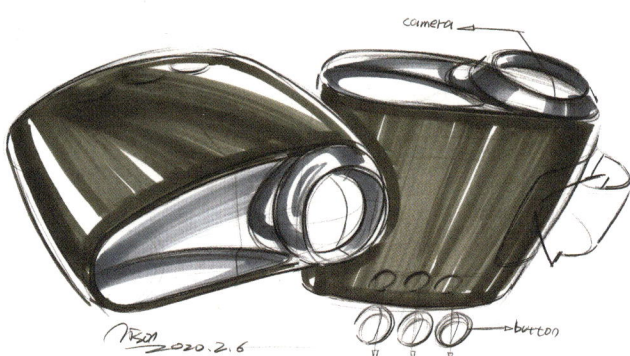

步骤06 便携投影仪前面的结构是金属材质，先用270号马克笔为它们铺底色。

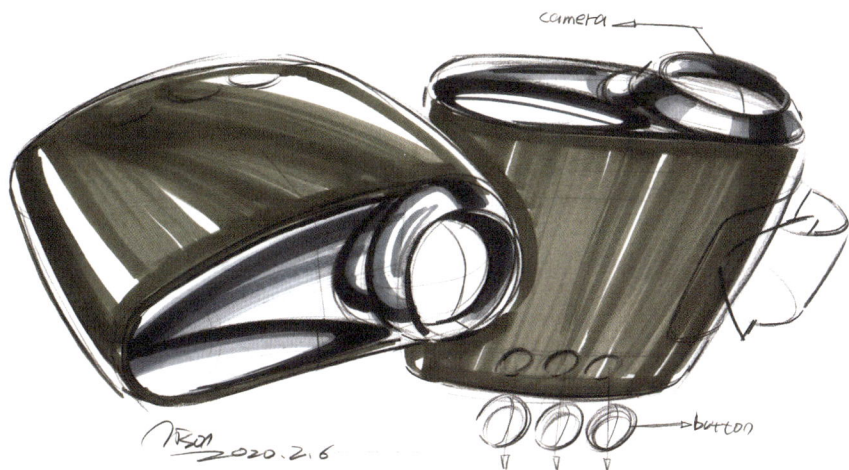

步骤07 在底色的基础上用273号马克笔涂色加强对比，突出金属质感。

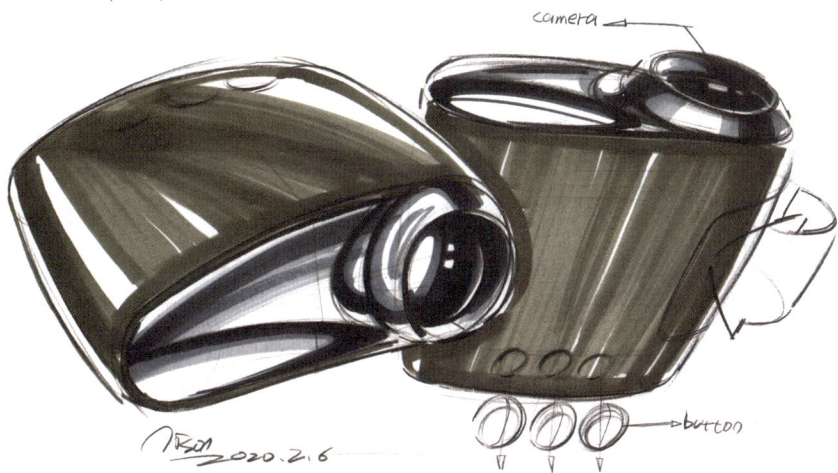

步骤08 用273号马克笔刻画两个便携投影仪的镜头结构，注意镜头的特征与球面的特征类似。

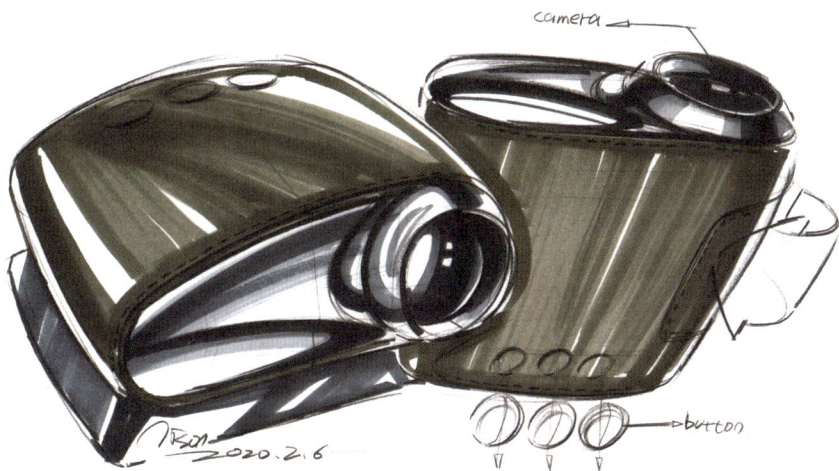

步骤09 用271号马克笔刻画两个便携投影仪金属结构的明暗过渡区，再用铅笔刻画皮革材质的线缝细节，突出皮革材质的特征。用272号马克笔画出第一个便携投影仪的投影。

270　271　272　273　264　241

转折处留白处理

金属的反光处理

曲面的过渡

镜头的高光

camera

2020.2.6

A　B　C　button

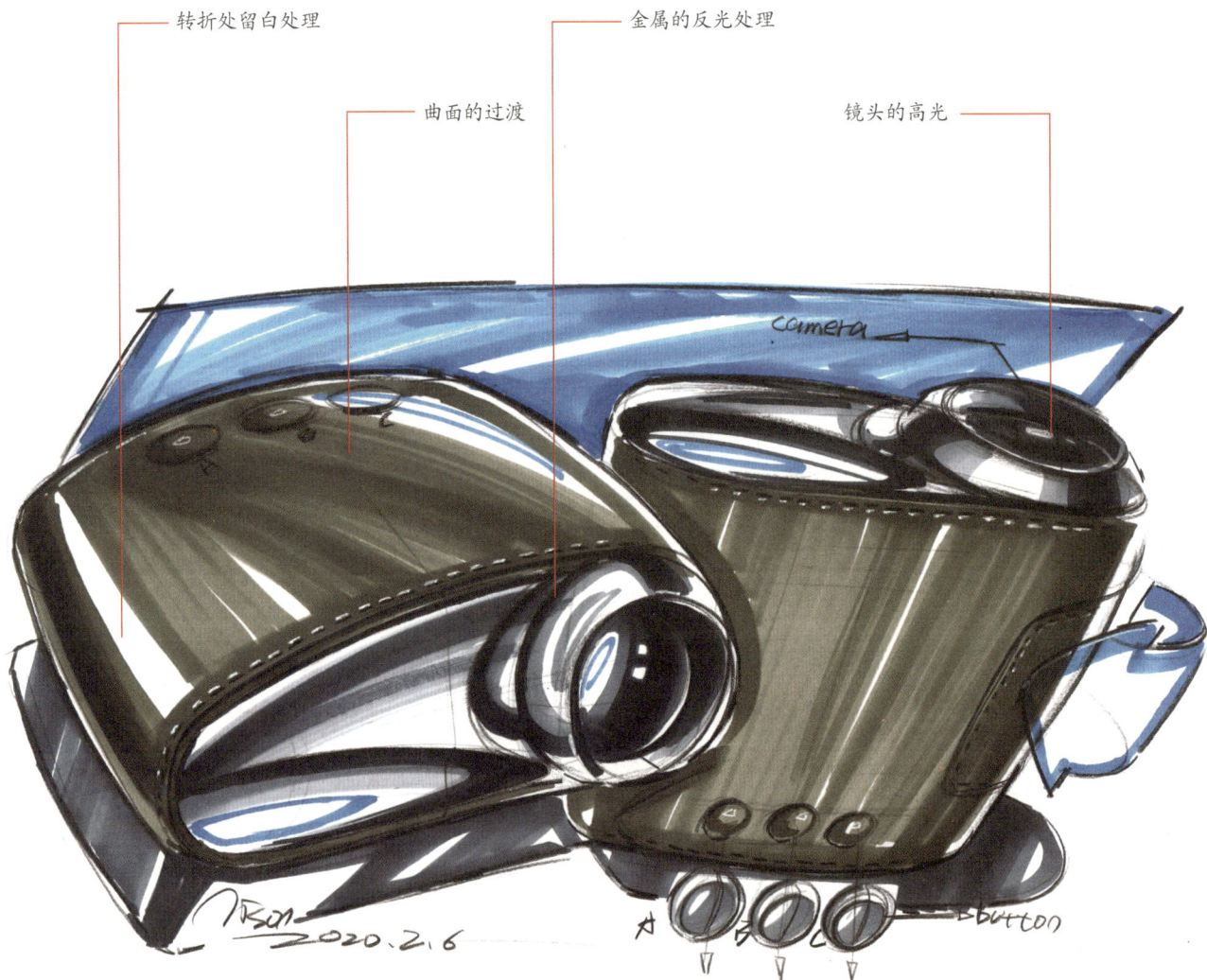

步骤10 用272号马克笔画出另一个便携投影仪的投影。用白色铅笔加重刻画两个便携投影仪的线缝，注意近实远虚。用241号马克笔铺背景颜色，勾勒指示箭头，并在两个便携投影仪上适当画点环境色表示反光。

6.10 手持摄像头设计

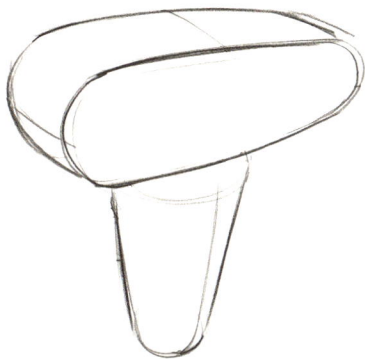

步骤01 画出第一个摄像头的外轮廓。

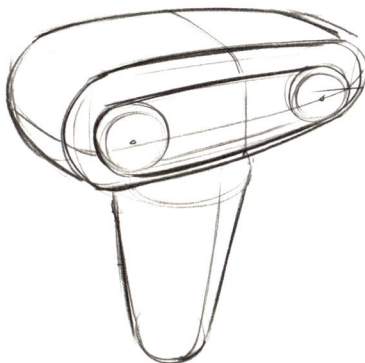

步骤02 将摄像头的结构线梳理清楚。

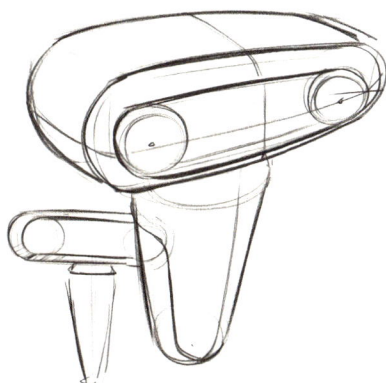

步骤03 画出另一个角度的另一个手持摄像头。

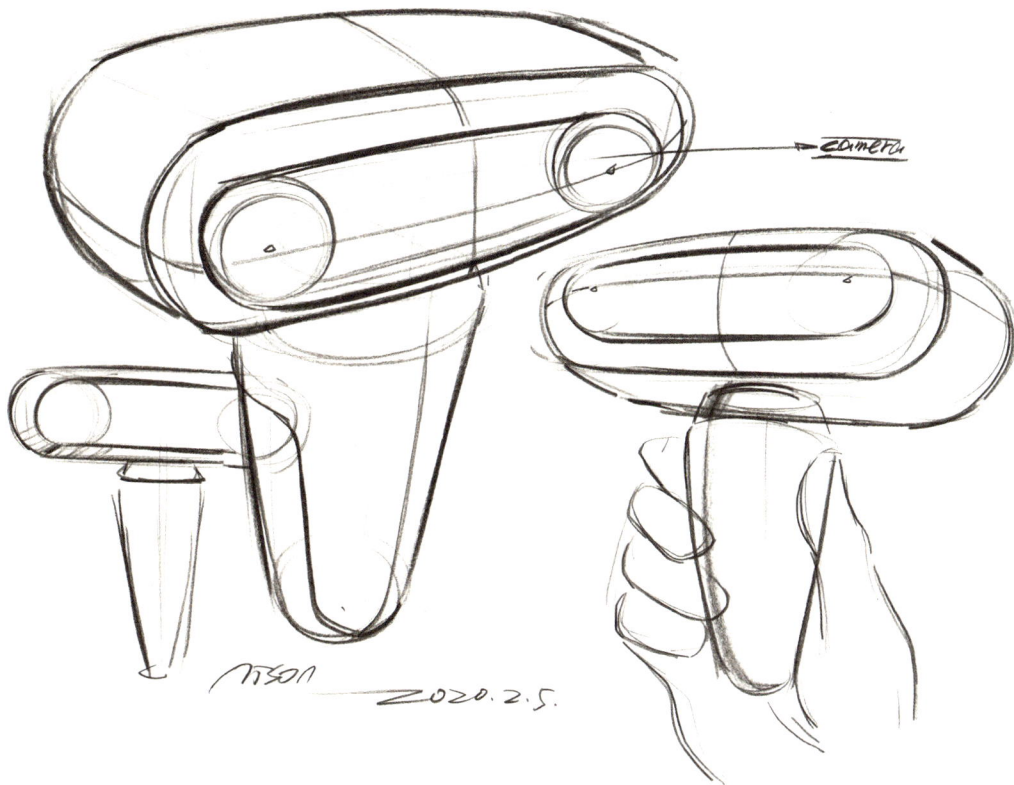

步骤04 画出第三个仰视角度的手持摄像头，在形体的基础上刻画出手持的动作，注意透视关系。

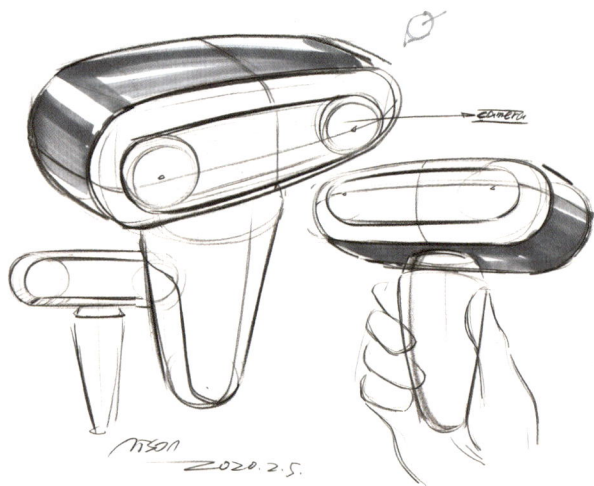

步骤05 定出光源方向，用271号马克笔为第一个和第三个摄像头的暗面铺色，注意留白圆角高光处。

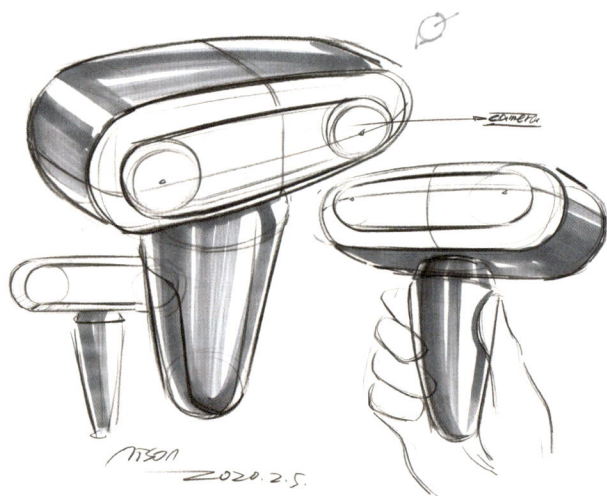

步骤06 用同样的方法给三个摄像头把手铺色，注意先用适中的灰色铺底，不要一下子就画得很重，亮面可用270号马克笔绘制。

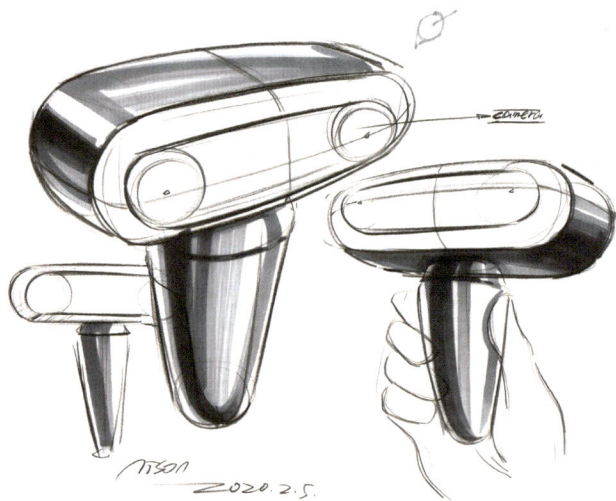

步骤07 在第一遍颜色的基础上用272号马克笔加重三个摄像头暗面和明暗交界线，第一遍颜色的作用是突出颜色过渡的层次感。

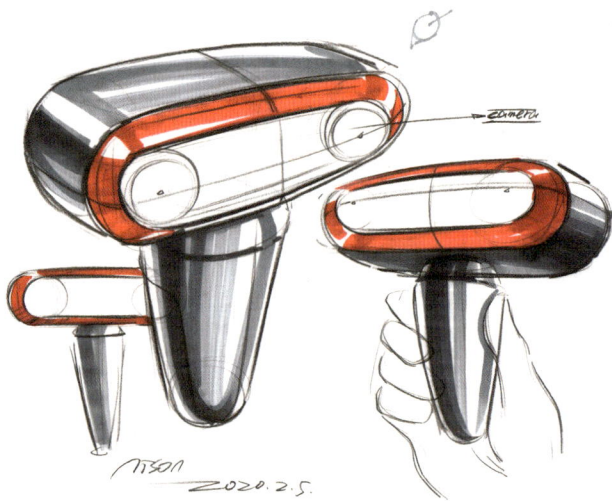

步骤08 用137号马克笔为三个手持摄像头的边铺色。这种比较窄的结构不需要太多过渡，适当留白即可。

步骤09 手持摄像头的正面是镜头，其表面是半透明玻璃，反光对比较强，用273号马克笔直接刻画。

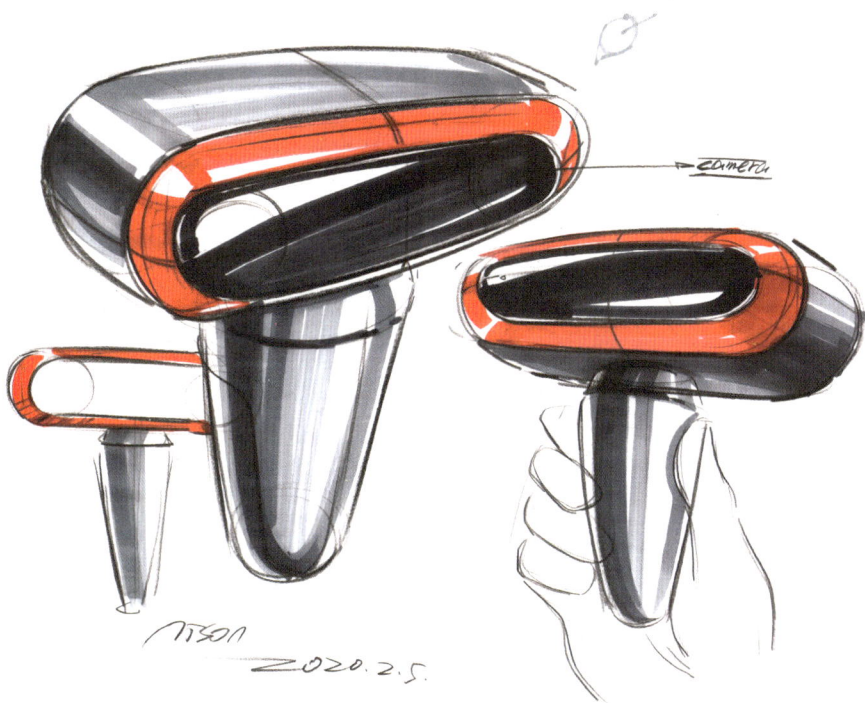

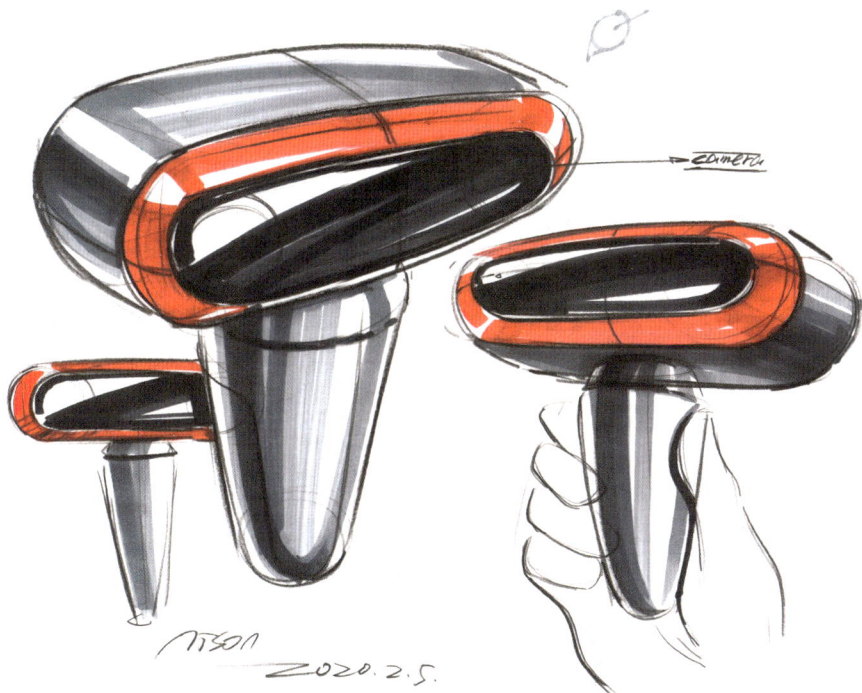

步骤10 连续铺色时纸张容易湿透，这时可以暂停一下，换用铅笔修整结构线，待纸张干了之后继续用深灰色马克笔刻画。

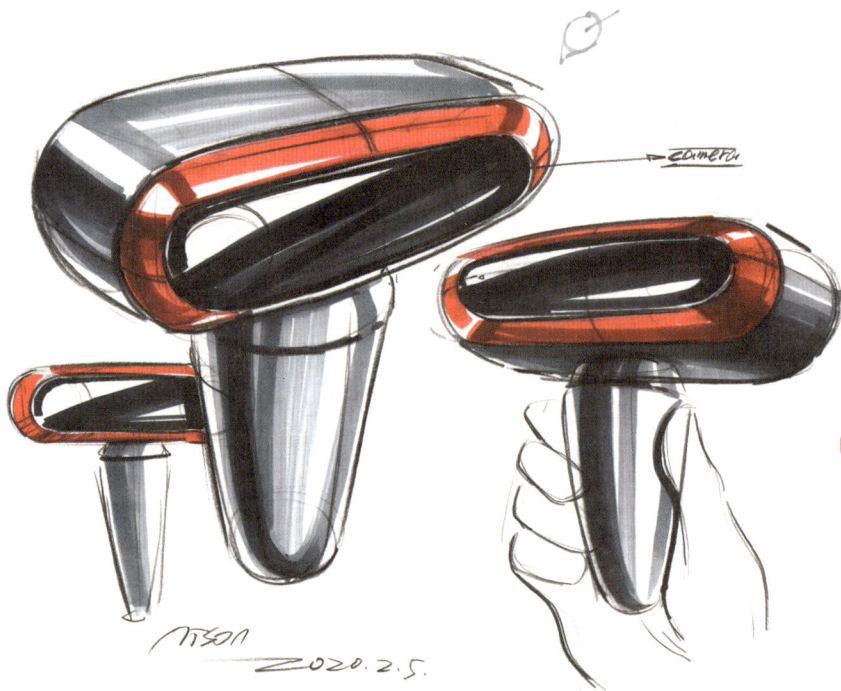

步骤11 用140号马克笔加重三个摄像头的转折处，增强立体感。

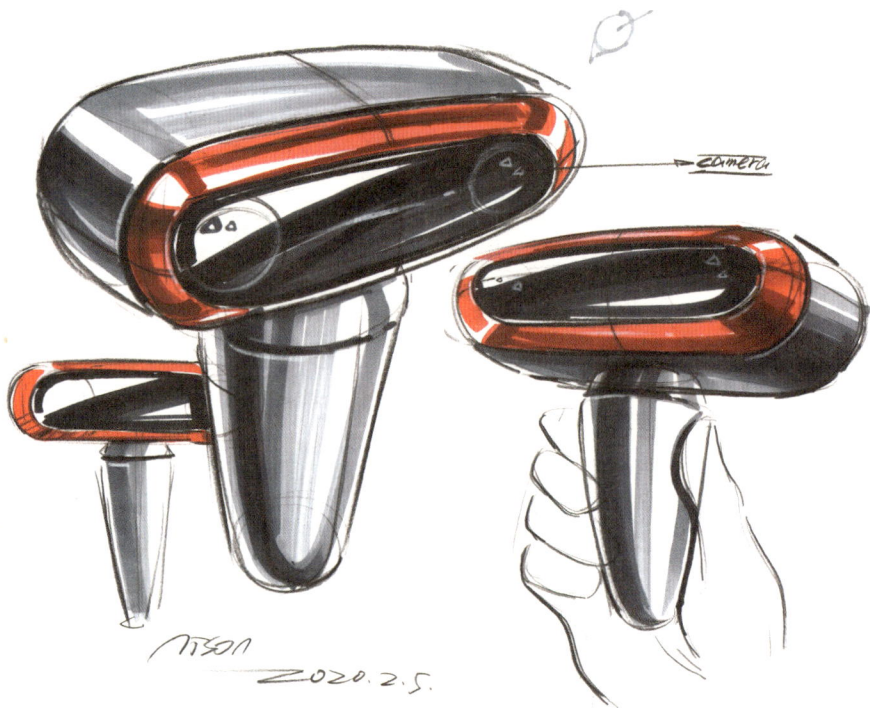

步骤12 用白色铅笔刻画半透明玻璃后的镜头，丰富产品细节。

270　271　272　273　137　140　241

笔触的概括　　　　　环境色　　　　　液晶材质刻画　　　　　手持刻画

camera

摄像头

可旋转镜

手持方式

NISON

2020.2.5.

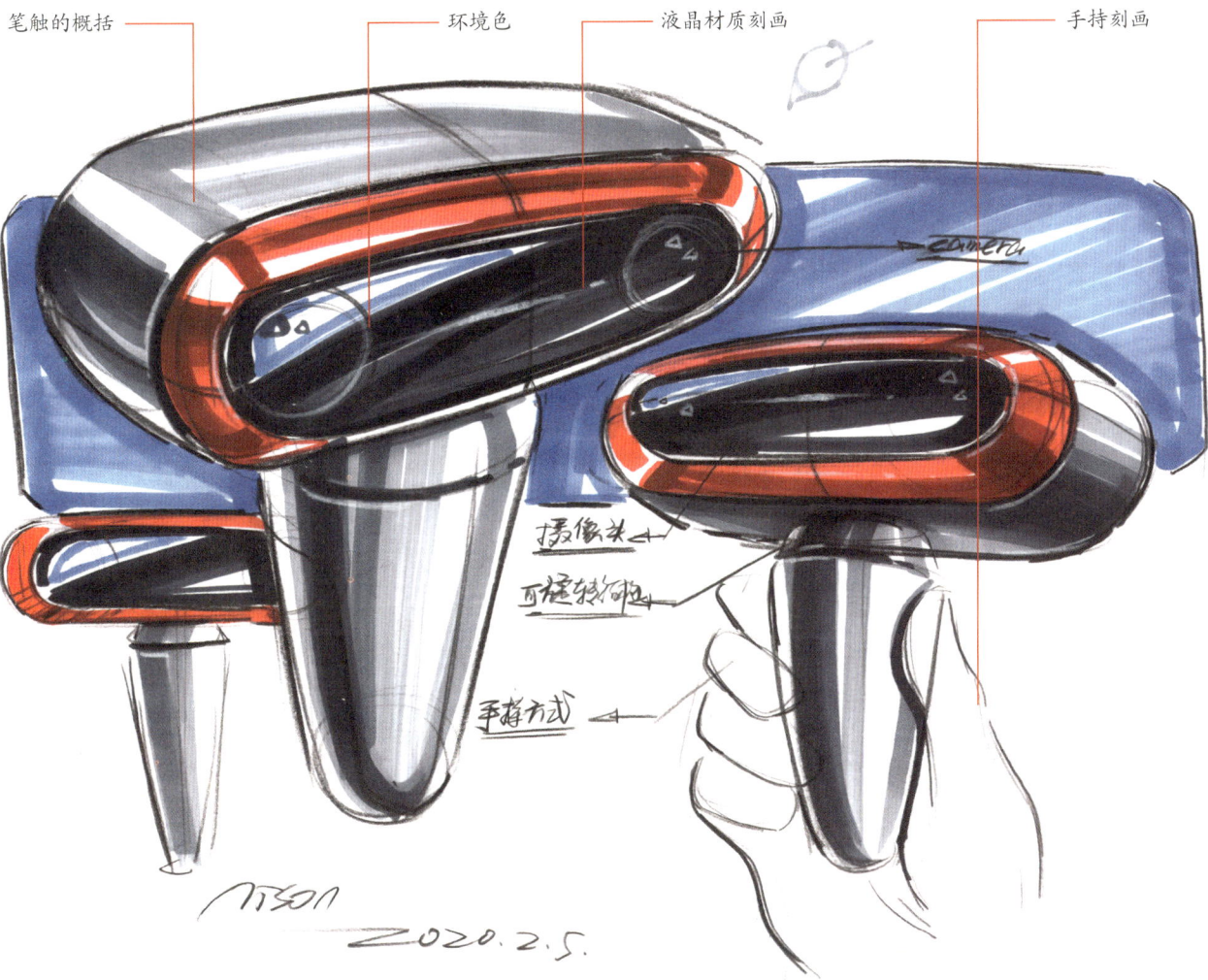

步骤13 用241号马克笔在产品的后面画一个矩形当作背景，增强空间感。注释相应结构。

6.11 助听器设计

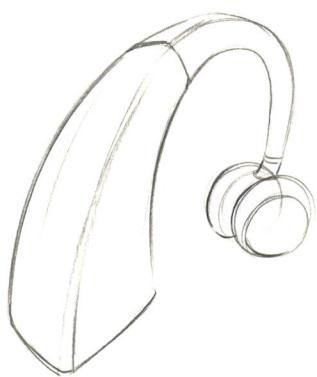

步骤01 画出助听器的大致轮廓。

步骤02 画出另一个角度的另一个助听器的大致轮廓。

步骤03 加重画面整体的结构线条，并刻画出按钮结构和投影。

步骤04 用26号马克笔给第一个助听器铺色，注意运笔速度要快。

步骤05 用同样的方法为另一个助听器铺色，注意结构转折处的笔触要连贯。

步骤06 顺着整体的光影关系，用271号马克笔为两个助听器的其余结构铺色。与耳塞连接的结构类似圆柱，因此要注意该结构明暗交界线和边缘留白的处理方法。

步骤07 用30号马克笔加重两个助听器上绿色结构的暗部，可以通过运笔的快慢来控制颜色的深浅。用273号马克笔画出投影。

步骤08 用272号马克笔加重两个助听器的尾部的明暗交界线，注意笔触应由粗到细。

步骤09 用272号马克笔加重两个助听器上绿色结构的转折处。因为绿色属于冷色，所以可以用冷灰加重此处，但是不能把笔触画得太粗。

| 271 | 272 | 273 | 5 | 26 | 30 |

控制按钮的表现

连贯的明暗交界线

示意箭头

次要角度

声音控制

听筒

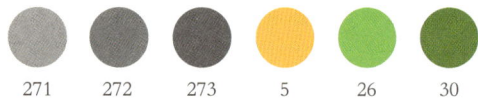

步骤10 使用5号马克笔给画面画出背景，绿色与黄色的搭配让整张图变得更丰富。在两个助听器的反光处适当画点环境色，并注释相应的结构。

6.12 练习任务

要求：参考本章的电子类产品设计效果图，选取其中一个案例临摹，可以主观变换视角和配色。

第 **7** 章

家电类产品绘制案例

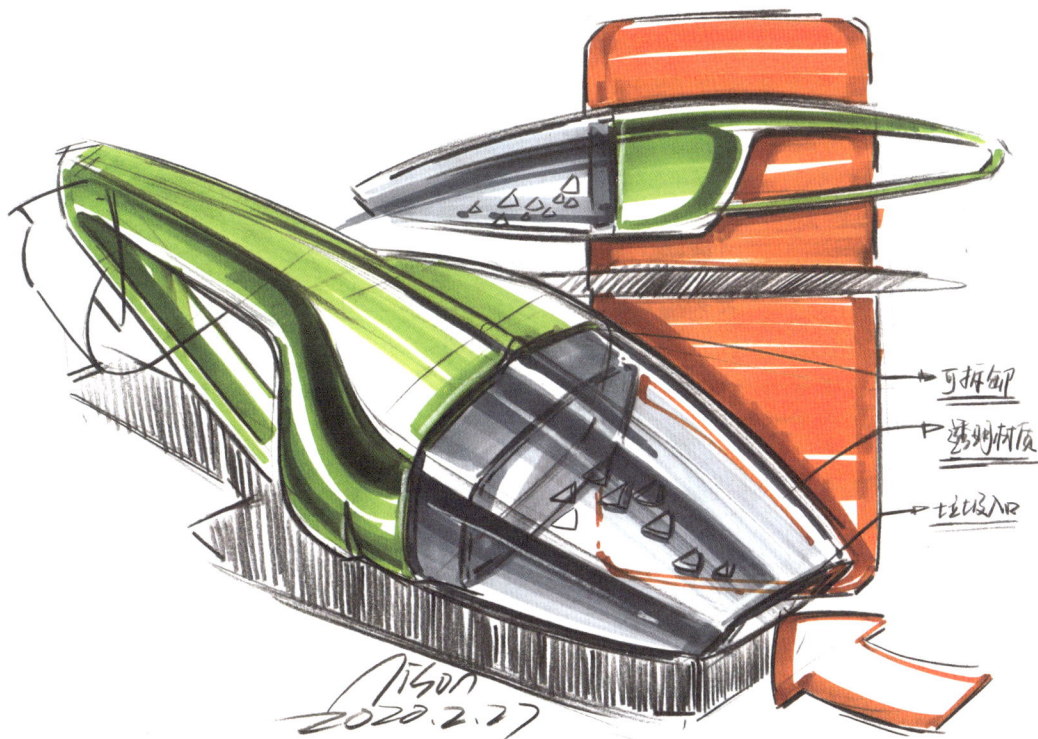

可拆卸

塑胶材质

灰尘入口

Nison
2020.2.27

7.1 电吹风设计

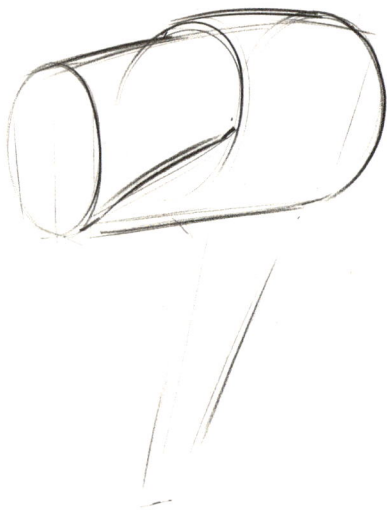

步骤01 根据辅助线画出电吹风的圆筒结构。

步骤02 顺着辅助线画出电吹风完整的结构线，加重主要结构线。

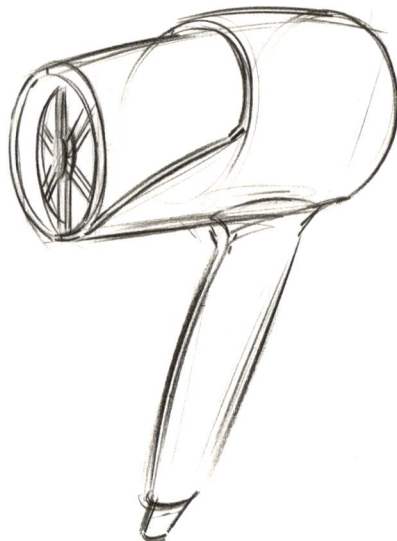

步骤03 刻画出风口细节，表现电吹风的厚度。

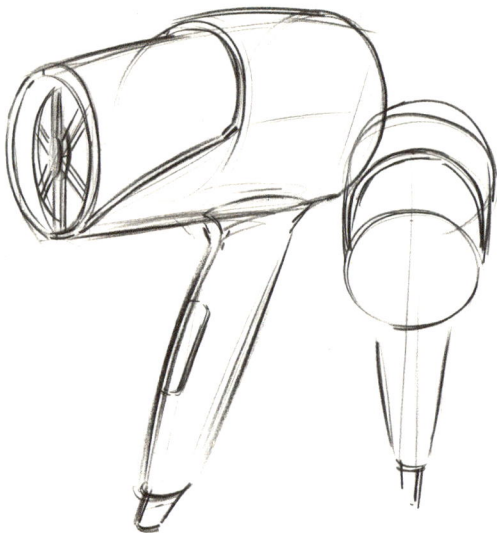

步骤04 画一个正面角度的另一台电吹风，注意透视关系。

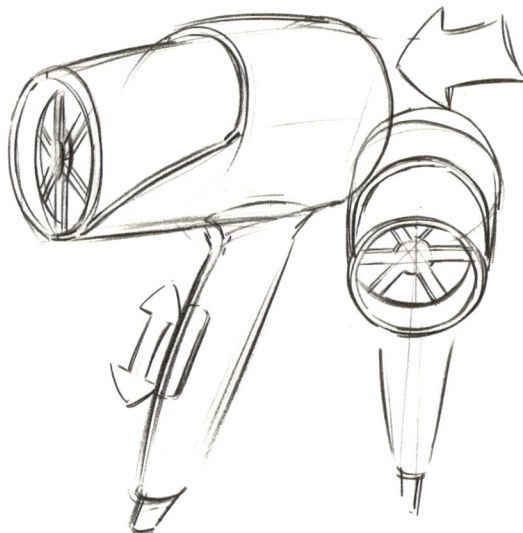

步骤05 修整整体的线条并画出指示箭头，准备上色。

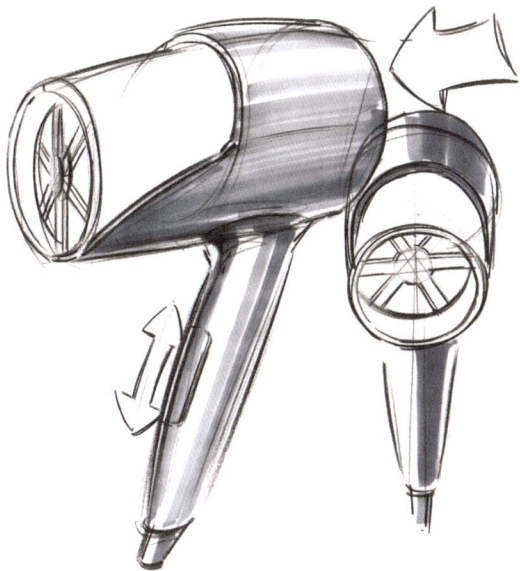

步骤06 用271号马克笔为两台电吹风暗部铺色，亮面留白。271号马克笔的颜色属于中间色，利于后期过渡处理。

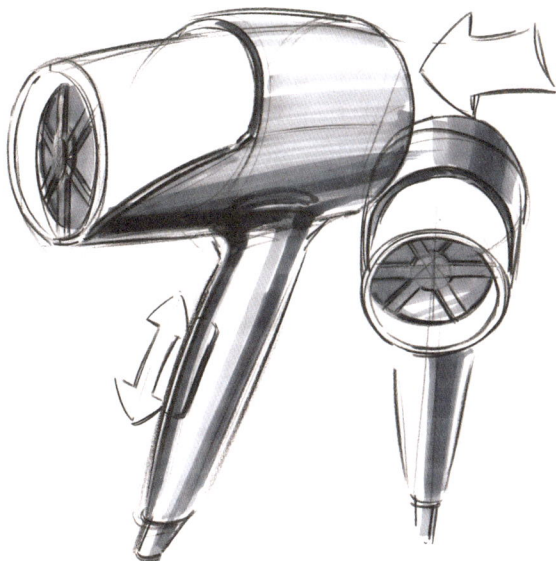

步骤07 用272号马克笔加重两台电吹风的明暗交界线，注意明暗交界线要连贯。

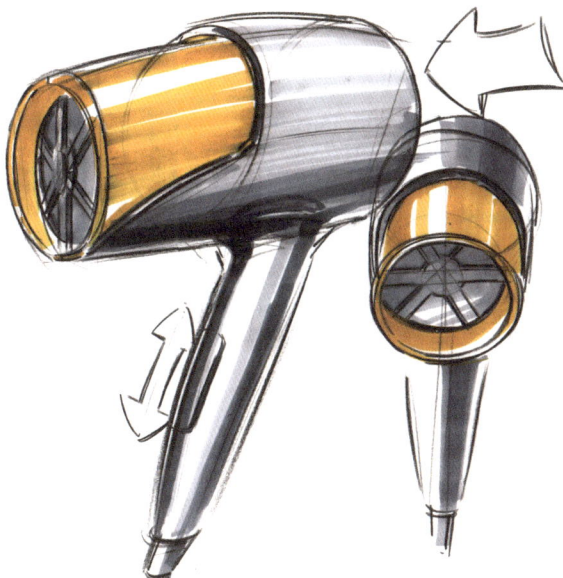

步骤08 用4号马克笔为两台电吹风前面的部分上色。电吹风整体的造型呈圆柱形，即使材质不一样，明暗关系也是统一的，所以笔触的运笔方向要统一。

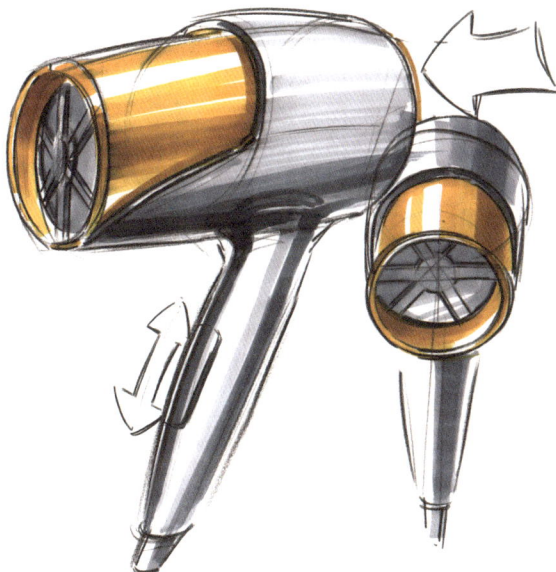

步骤09 用5号和180号马克笔加重两台电吹风前面部分的明暗交界线。

271 272 273 4 5 180 241

圆圈背景丰富画面

高光处留白处理

进风口方向指示箭头

结构之间的投影

进风口

出风口

开关按钮

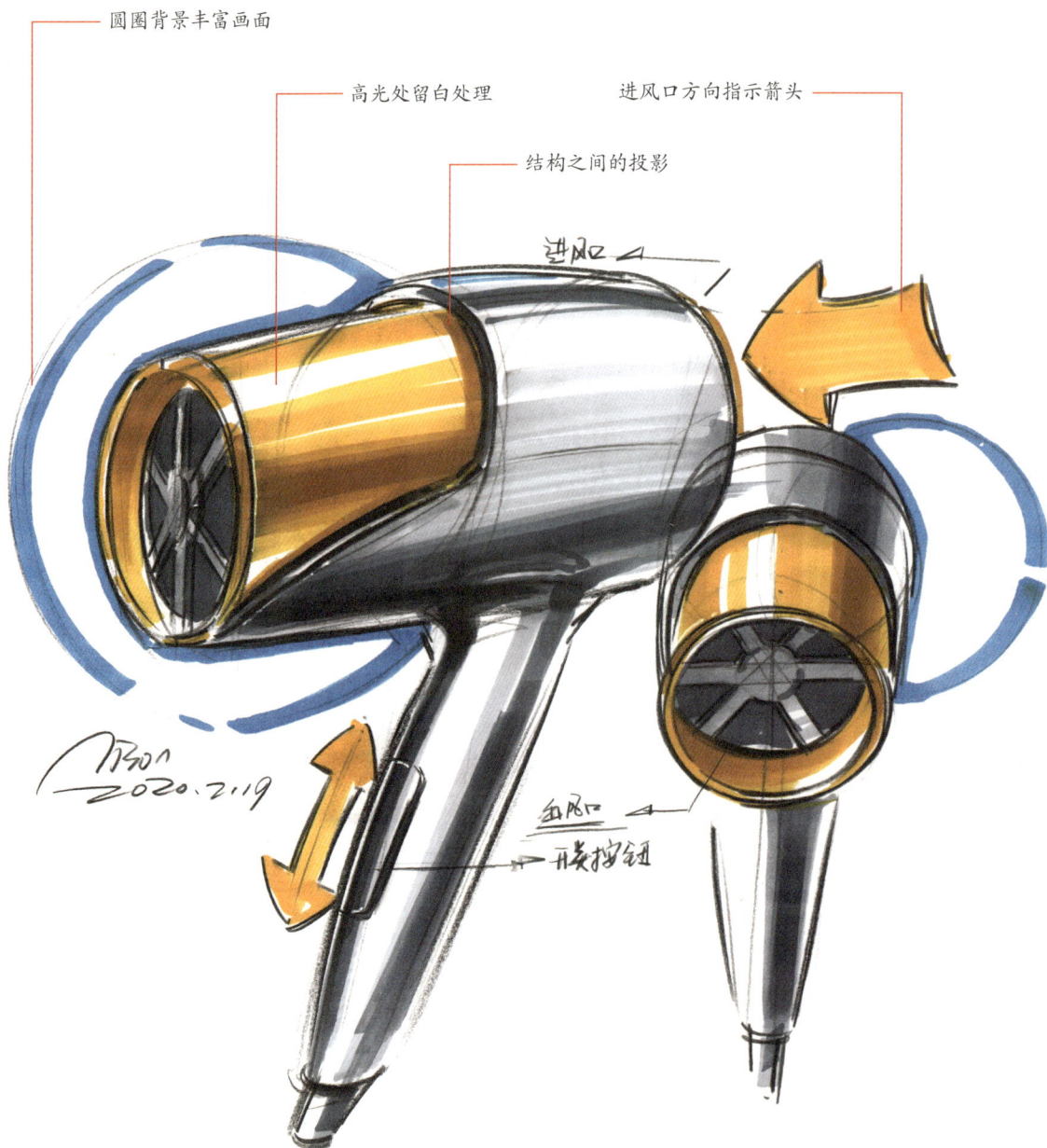

步骤10 用273号马克笔加重两台电吹风暗部，用5号马克笔为箭头铺色。刻画两台电吹风结构转折处的高光，注释相应结构，再用241号马克笔（对比色）在电吹风后面画圆圈作为背景丰富画面。

7.2 咖啡机设计

步骤01 画出咖啡机的大体轮廓线。

步骤02 确定整体造型并加重线条，画出底座结构。

步骤03 画出另一个角度的另一台咖啡机，两者之间可以适当遮挡，突出画面的空间感。

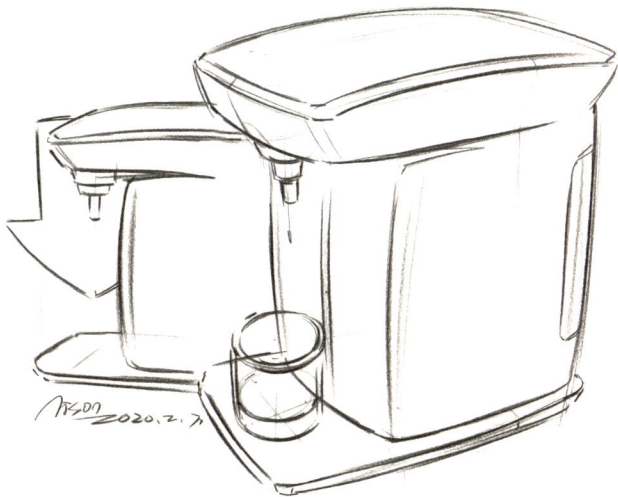

步骤04 调整整体的结构线条，用橡皮把一些杂乱多余的线擦干净，准备上色。

步骤05 设定光源方向，用26号马克笔为第一台咖啡机铺色。建议铺色时先铺面积较大的结构，并且铺的颜色应先浅后深。

步骤06 用同样的方法为另一台咖啡机铺色，注意在圆角的地方留白，以用作高光，暗部可用27号马克笔加重。

步骤07 用30号马克笔加重两台咖啡机的明暗交界线，注意笔触头尾衔接的连贯性。

步骤08 用270号和271号马克笔为两台咖啡机的顶部和托盘铺色，同样是先铺浅色再用深色加重。顶部和托盘是金属材质，所以留白部分可以多点。

步骤09 用272号马克笔加深两台咖啡机顶部，突出金属材质质感，注意马克笔的运笔速度应尽量快，才能加强立体感。

步骤10 用273号马克笔继续加重两台咖啡机的明暗交界线，突出金属的强对比特征。用156号马克笔和灰色马克笔刻画第一台咖啡机托盘上的杯子，注意表现其透明质感。

270　271　272　273　26　27　30　156

指示箭头

连贯笔触

显示屏刻画

大面积铺色时适当留白过渡

显示屏

出水口

托盘

ASON 2020.2.7

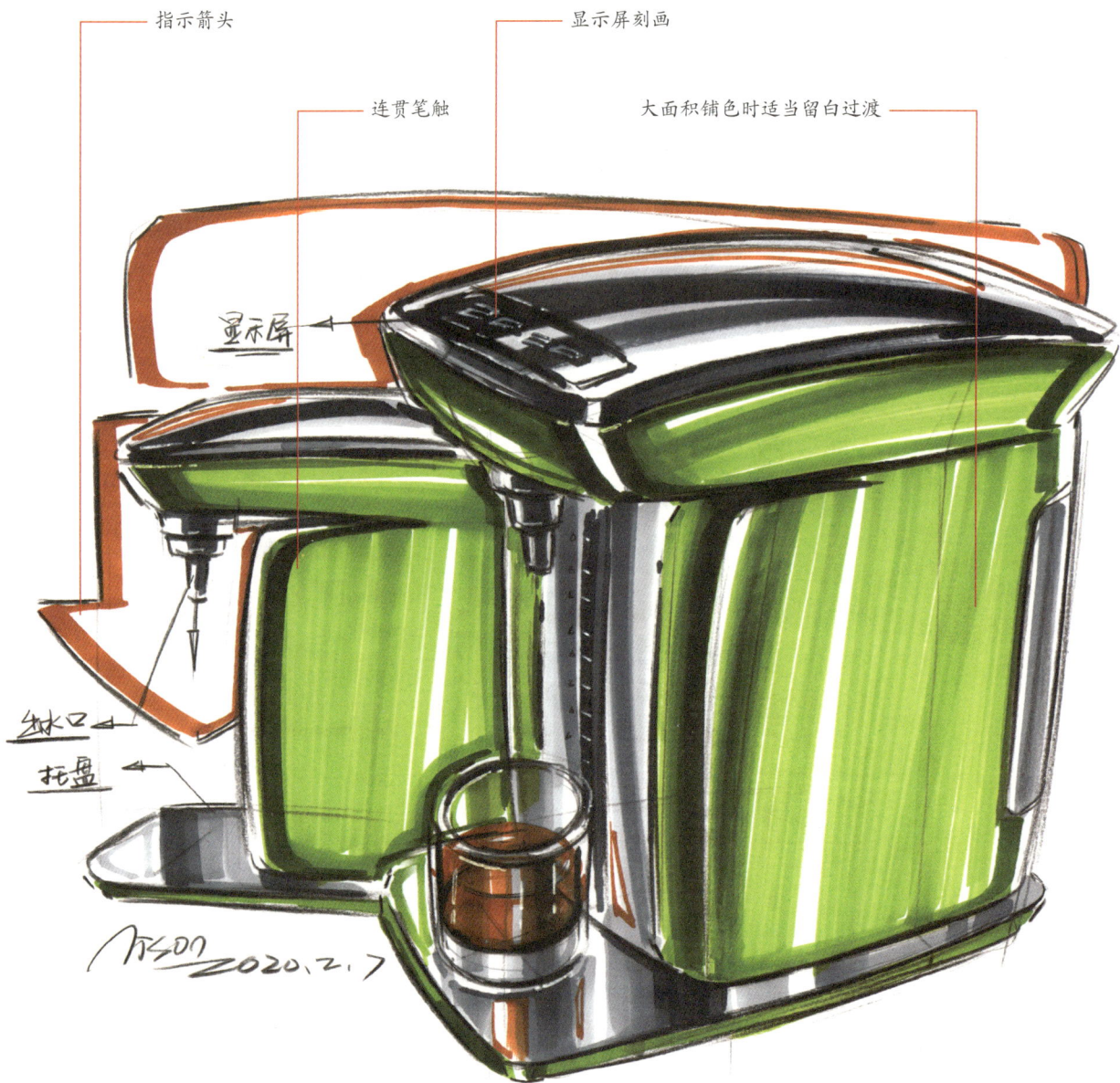

步骤11 刻画第一台咖啡机的水位刻度线和温度显示屏等细节，注释相应结构，用高光笔刻画高光。用156号马克笔画背景，背景不一定要全铺满，因为画面中已有大面积绿色，所以只画背景线框就可以了。

7.3 果汁壶设计

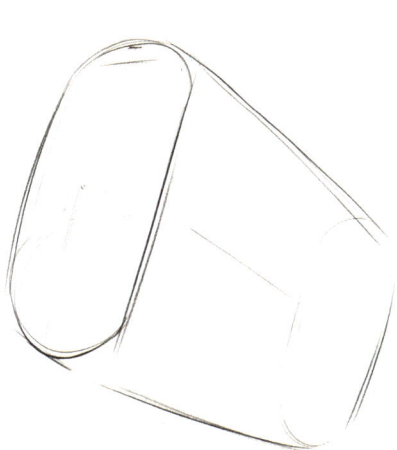

步骤01 画出果汁壶的大体轮廓线，注意透视关系。

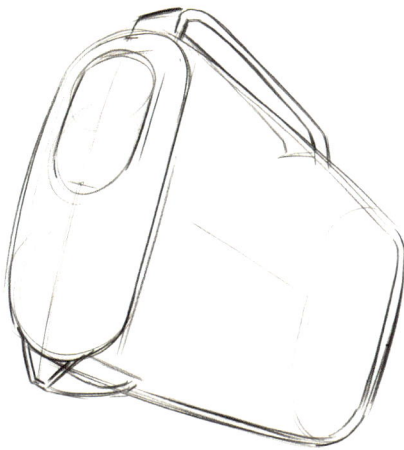

步骤02 确定造型并加重线条，注意透明材质需要画出厚度。

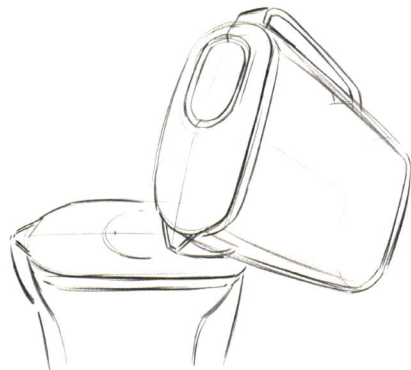

步骤03 画出另一个角度的另一个果汁壶，重点画顶部的盖子结构，壶身可以不画全。

步骤04 大体画出果汁壶里面的一些过滤结构。

步骤05 单独画一个盖子结构，丰富构图。画出第一个果汁壶的投影轮廓。

步骤06 把整体的线条修整一下，给投影铺上铅笔调子，体现其悬空状态。注释相应的结构。

步骤07 用270号和271号马克笔为两个果汁壶里面的结构铺色，注意形体的转折特征。

步骤08 把里面的结构涂上颜色后，用271号马克笔为透明外壳铺色，因为受到外壳的遮挡影响，所以适当减弱内外的对比度。

步骤09 注意两个果汁壶结构转折处的深浅过渡。用272号和273号马克笔刻画两个壶身的明暗交界线和壶盖。

步骤10 用4号马克笔平涂第一个果汁壶的盖子和把手部分,注意即使是平面也要适当留白。

步骤11 用4号马克笔为另一个果汁壶的盖子和单独画的盖子铺色,由于该颜色比较浅,因此在涂的时候可以直接平涂,控制好运笔的速度即可。

270　271　272　273　4　180　240　241

结构分解

结构厚度刻画

大面积概括铺色

先画灰色表现形体再画环境色

open

Handle

Lucency

cover

Tison 2020.2.7

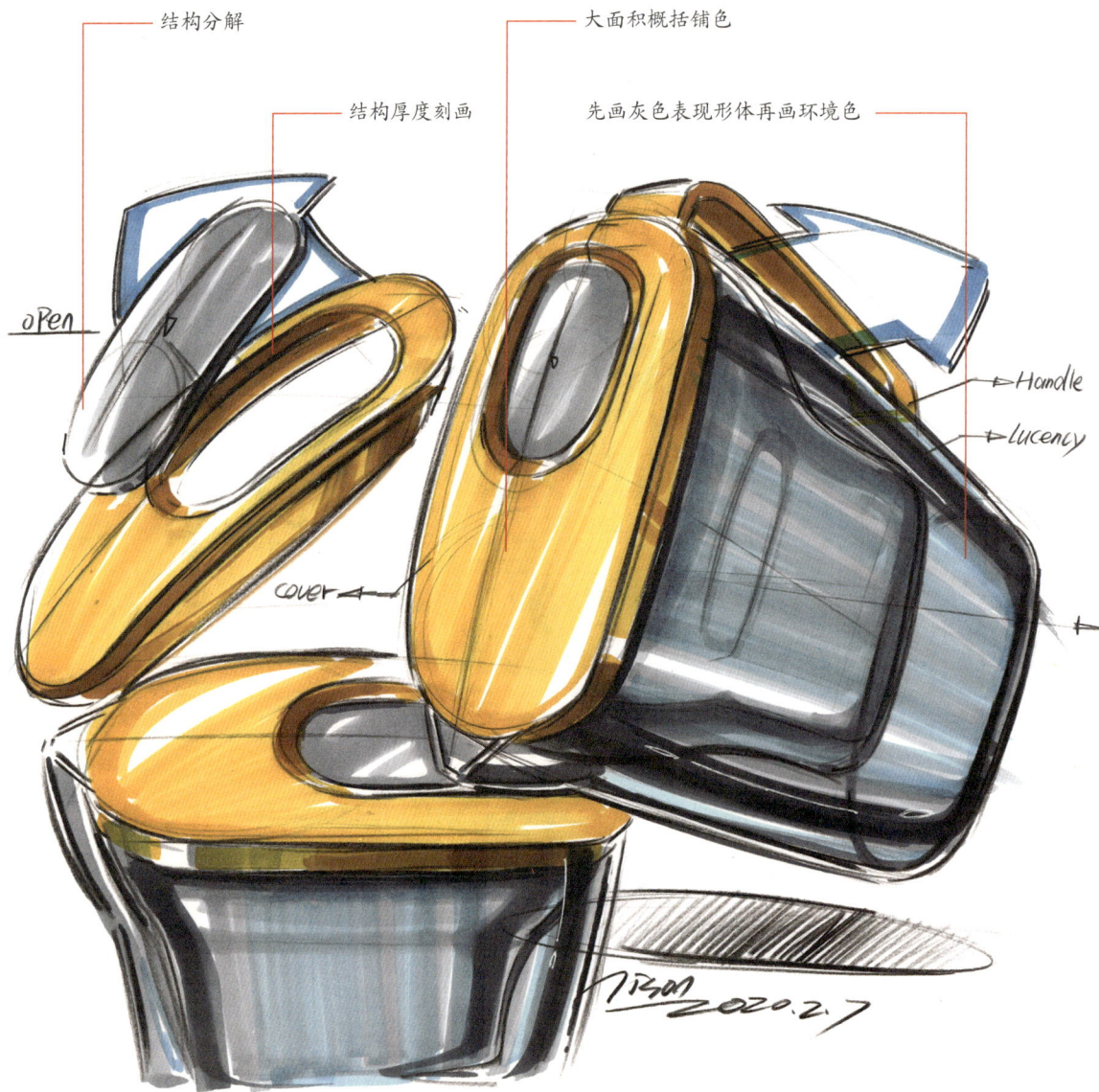

步骤12 注释相应的结构信息。用180号马克笔加深所有盖子的暗部，用241号马克笔为箭头上色。用240号马克笔在壶身上铺色，丰富颜色对比，也可以将其理解为环境色的反光。

7.4 热水壶设计

步骤01 画出热水壶的大概轮廓。

步骤02 画出热水壶的特征结构，刻画分模线。

步骤03 再画一个不同角度的热水壶，以多角度表现产品。

步骤04 画出箭头、投影和背景轮廓。确认整体线稿的线条，用橡皮将多余的杂线清理干净以便上色。

步骤05 将壶身设定为金属材质，因此用270号马克笔在第一个热水壶的明暗交界线处铺上浅灰色。

步骤06 用同样的方法为另一个角度的热水壶铺色。

步骤07 由于金属材质的特点是明暗对比强，因此给两个热水壶第二遍铺色时使用颜色更深的271号马克笔。

步骤08 使用272号马克笔进一步加重两个热水壶的明暗交界线，注意运笔速度要快，否则容易晕色。

步骤09 壶身为金属材质，可以大面积留白表现质感。用26号和27号马克笔为两个热水壶顶部铺色，其面积较小，平涂即可。

步骤10 用30号马克笔加重两个热水壶顶部明暗交界线，用273号马克笔为投影及正面角度热水壶的进水口铺色。

| 270 | 271 | 272 | 273 | 26 | 27 | 30 |

背景色平涂

转折过渡

留白过渡

金属材质质感留白处理

进水口（盖子）

启动开关

壶嘴

步骤11 注释相应结构。用绿色马克笔画背景和箭头，注意要加重产品与背景衔接的结构线，避免两者混为一体。在两个壶身上适当加点环境色表示反光，丰富画面。

7.5 吸尘器设计

步骤01 画出吸尘器的大致轮廓。

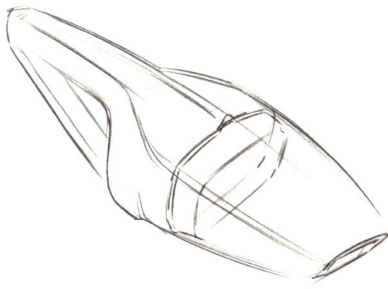

步骤02 细化出吸尘器的结构。

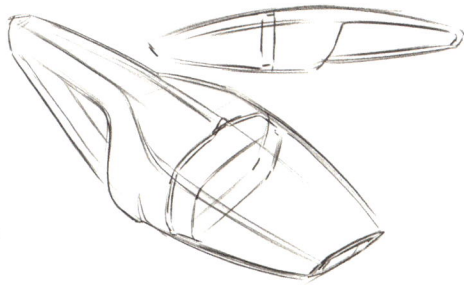

步骤03 调整并加重结构线条，再画出另一个角度的另一台吸尘器。

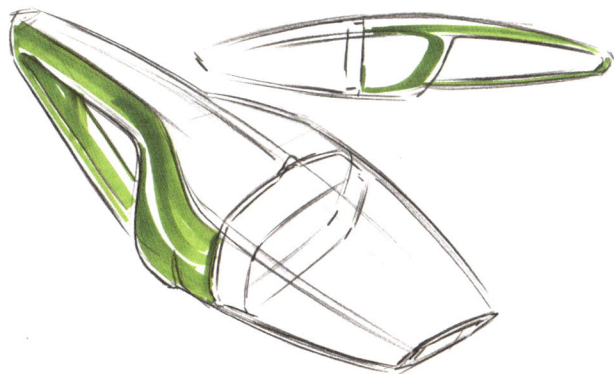

步骤04 用26号马克笔为两台吸尘器把手部分的暗部铺色。

步骤05 用26号马克笔为两台吸尘器把手部分顶面铺色，注意在转折的地方留白处理。

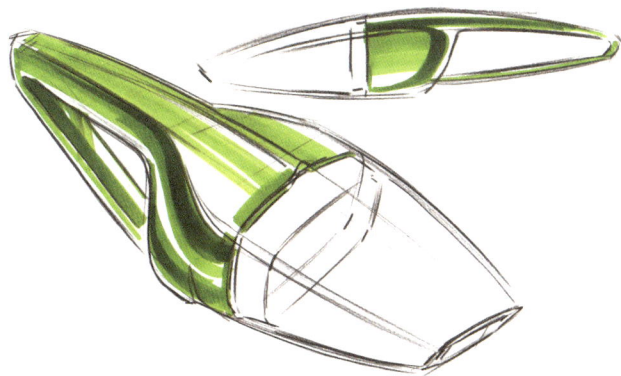

步骤06 用27号和30号马克笔加重两台吸尘器把手部分的明暗交界线，注意深色笔触的大小。

步骤07 用271号马克笔为两台吸尘器透明壳里面的结构铺色。

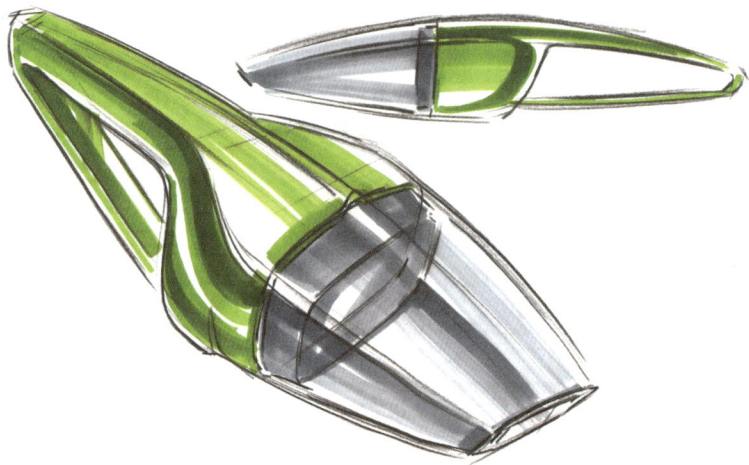

步骤08 根据整体的明暗关系，用270号马克笔为两台吸尘器的透明壳铺色，运笔速度要快一些。注意透明壳与内部结构减弱颜色对比。

步骤09 用272号马克笔描一下两台吸尘器的分模线，注意整体的笔触要过渡自然。

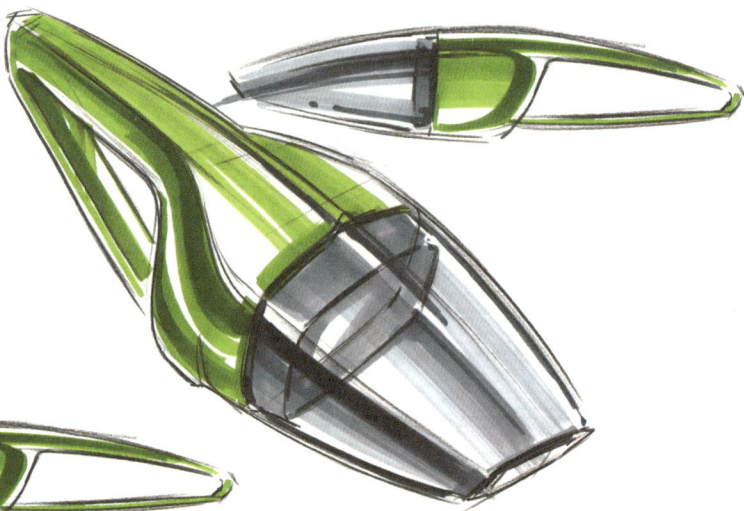

步骤10 用273号马克笔加重两台吸尘器透明部分的明暗交界线，用铅笔画出投影，注意虚实变化。

270　271　272　273　26　27　30　156

指示箭头

笔触粗细变化

文字注释对齐

透明材质的穿透特点

可拆卸

透明材质

垃圾入口

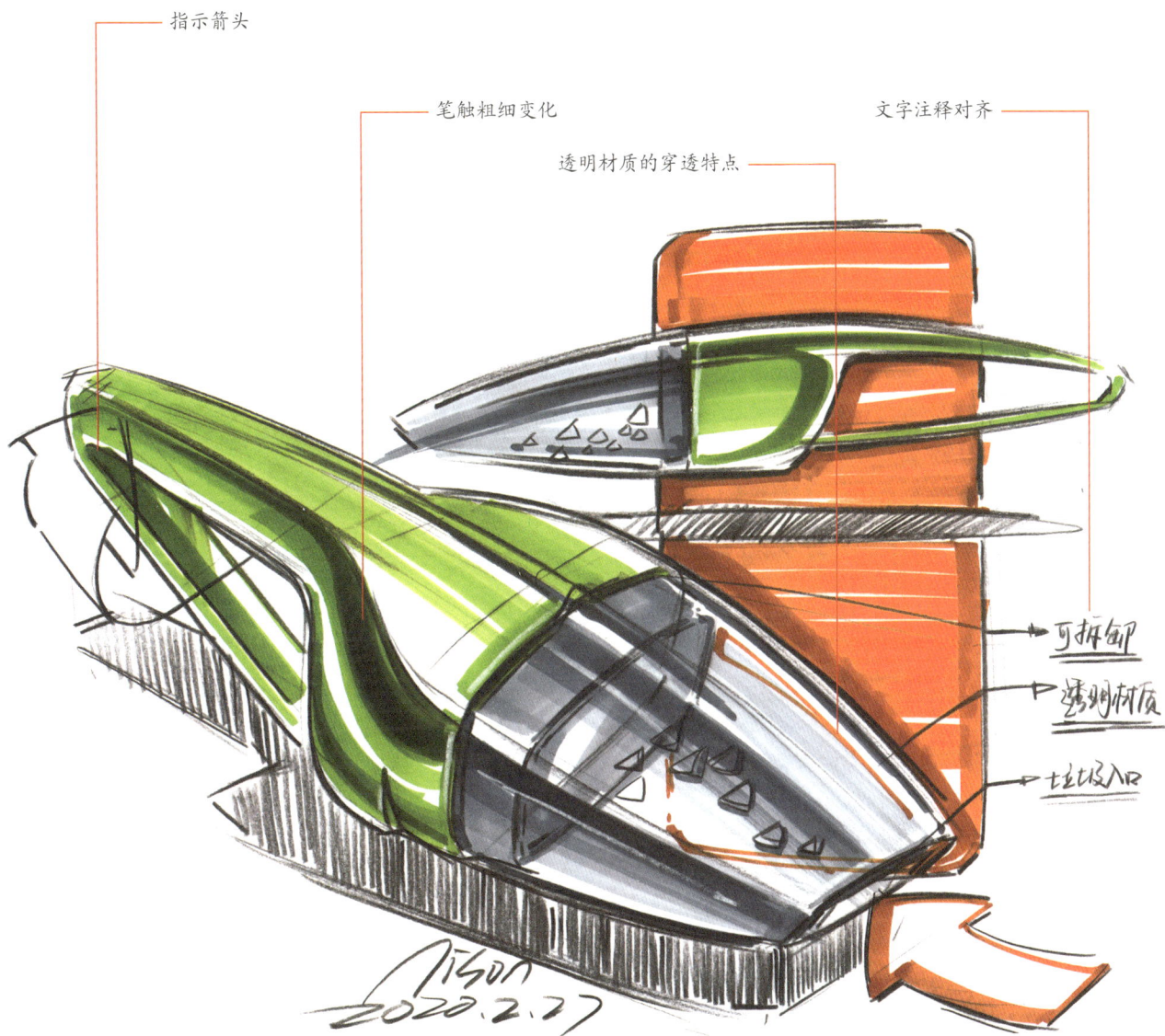

步骤11 注释相应的结构。用156号马克笔画出箭头和背景，箭头用于丰富说明，背景用于衬托产品。

7.6 打印机设计

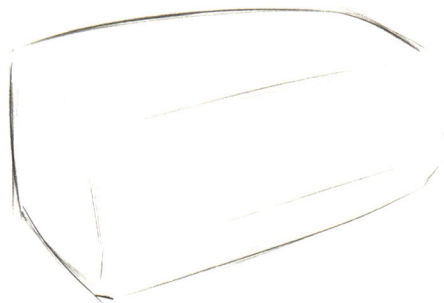

步骤01 起稿，用线条画出打印机的大体结构。

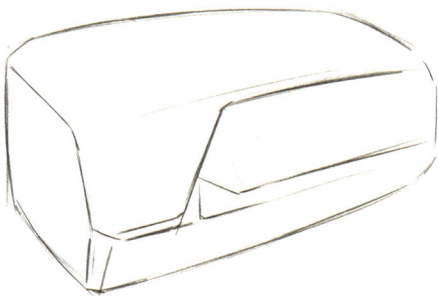

步骤02 调整打印机造型并加重主要结构线。

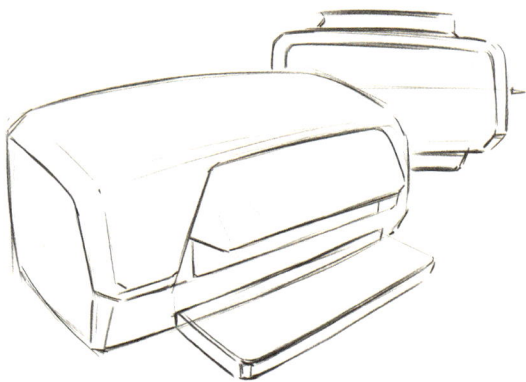

步骤03 把小结构刻画出来，再画一个打印机的俯视图。

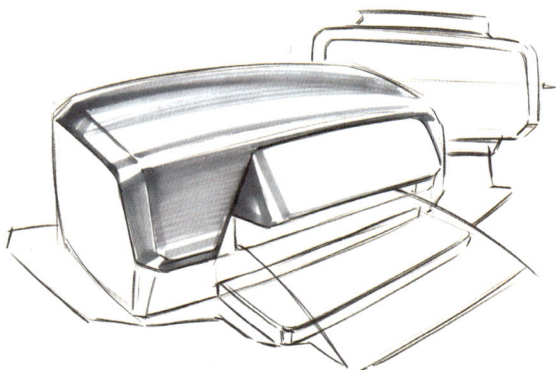

步骤04 画出打印机的投影轮廓和指示箭头，用271号马克笔为打印机的大体结构铺色。

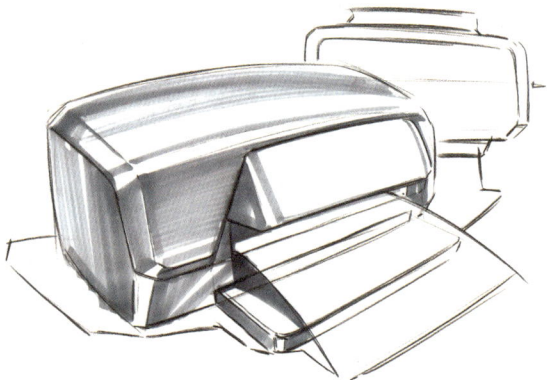

步骤05 打印机暗部可以直接用272号马克笔铺色，亮面注意留白。

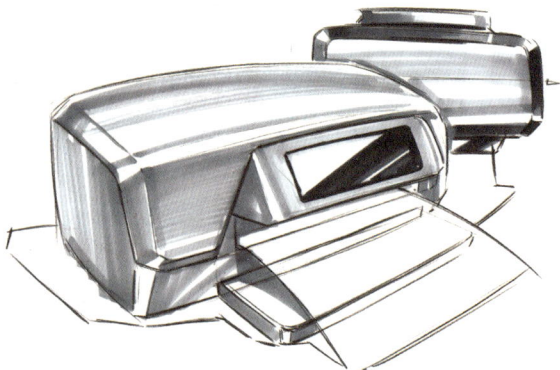

步骤06 用270号和272号马克笔在底色的基础上涂色过渡，丰富层次的变化。用273号马克笔刻画显示屏，用同样的方法为俯视图上色。

步骤07 用272号马克笔加重画面整体的暗面和明暗交界线。

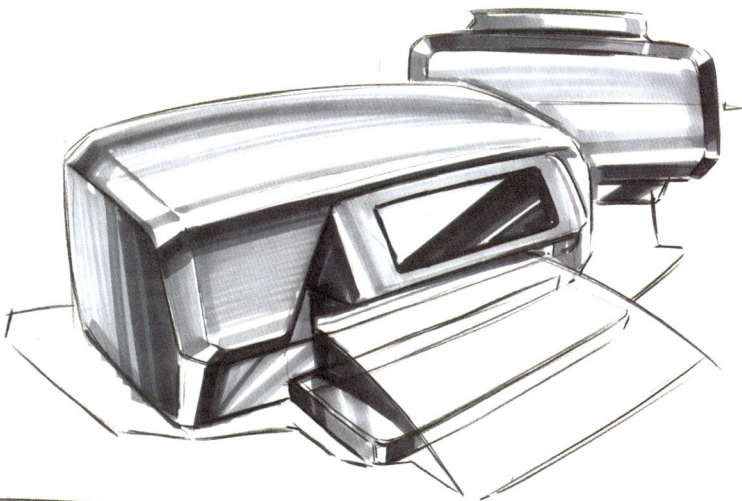

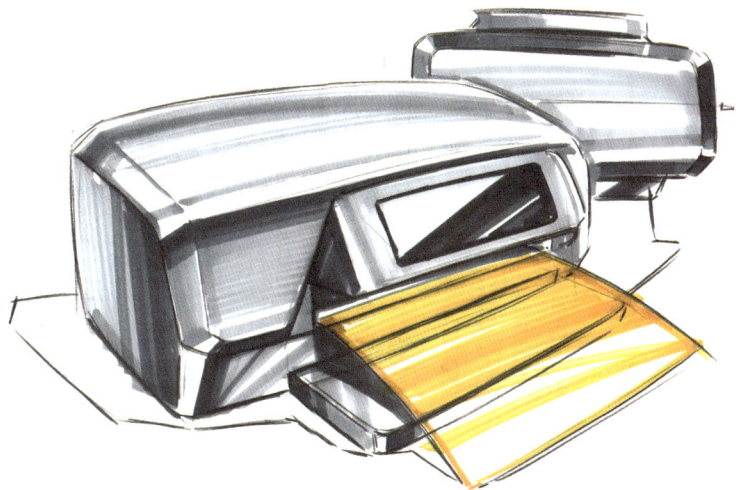

步骤08 用4号马克笔为出纸结构上色，用颜色来表现其材质不同。

步骤09 用5号马克笔为箭头铺色，并画出显示屏上的环境色反光。用273号马克笔在显示屏上写上时间等信息，并画出打印机的投影。

270 271 272 273 4 5

边缘留白处理

顶部亮面概括处理

俯视图概括处理

黄色用以区分材质

DISPLAY

PaPer

2020.2.16

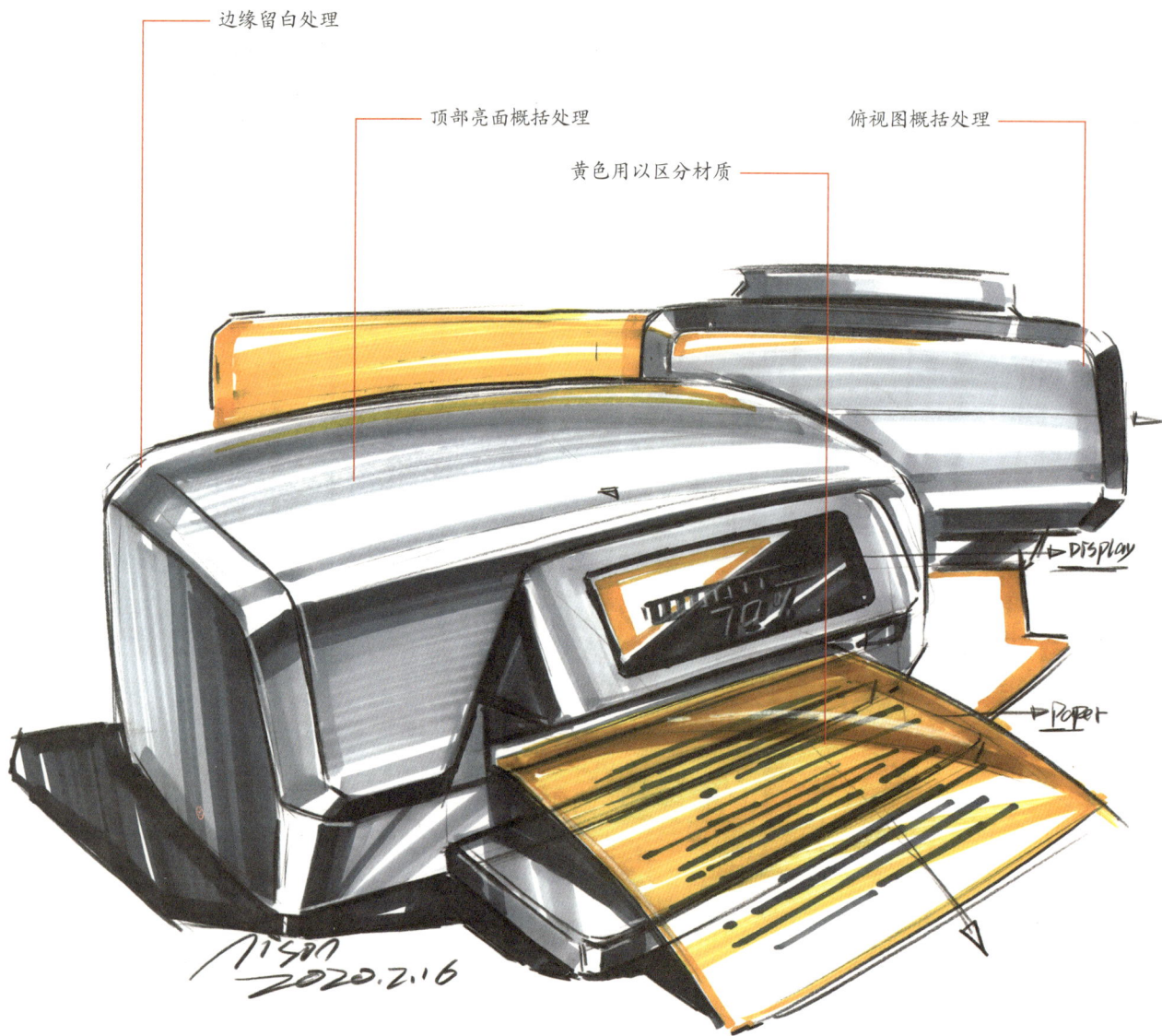

步骤10 分别用273号和5号马克笔加重明暗交界线，用4号和5号马克笔为背景铺色，最后注释相应结构。

7.7 冲击钻设计

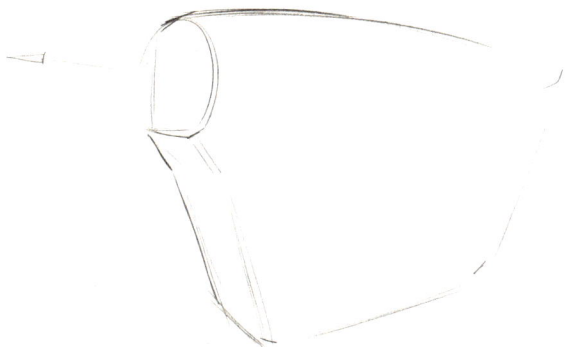

步骤01 确定画面透视关系，画出冲击钻的大体结构。

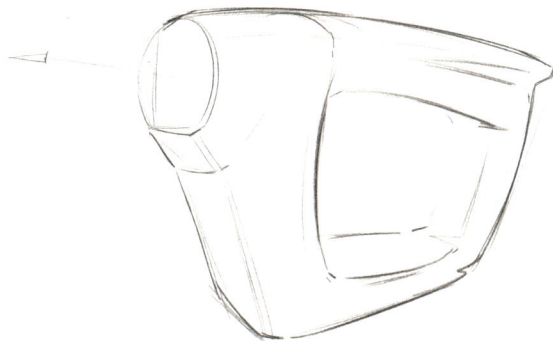

步骤02 调整大体结构并把关键结构划分出来。

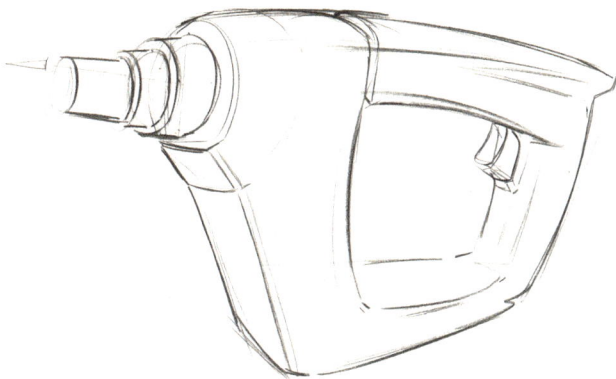

步骤03 把钻头和开关结构画出来。

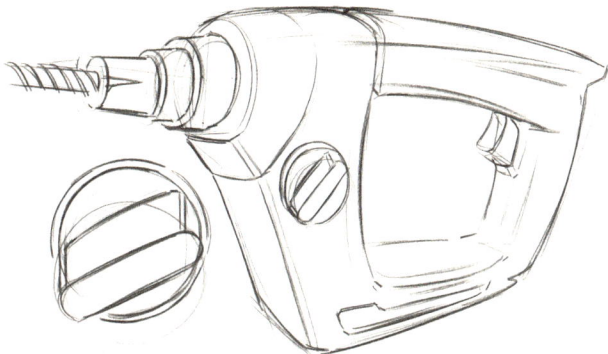

步骤04 细化结构并放大刻画档位按钮，注意结构线条的主次之分。

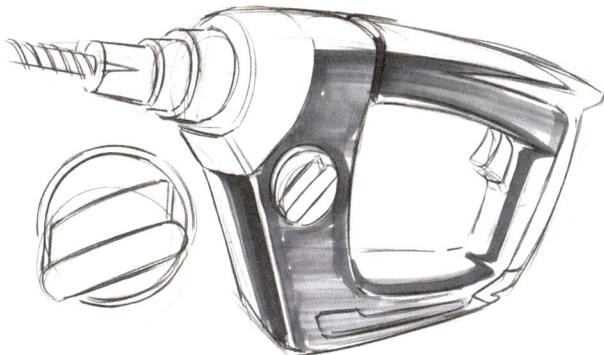

步骤05 把产品分为两种材质，用270号和271号马克笔为面积较大的材质的暗面铺色。

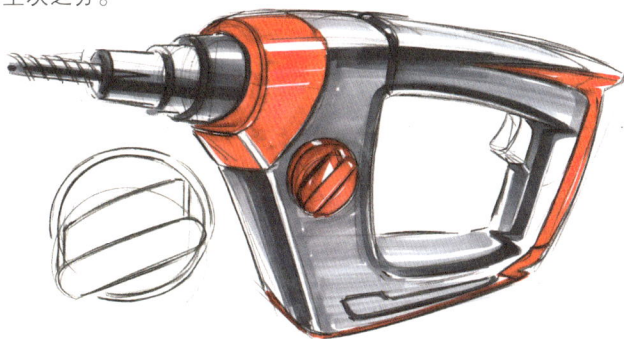

步骤06 用272号马克笔刻画钻头细节。用137号马克笔平涂另一材质，再处理两材质间的过渡，用深灰色马克笔加重暗部。

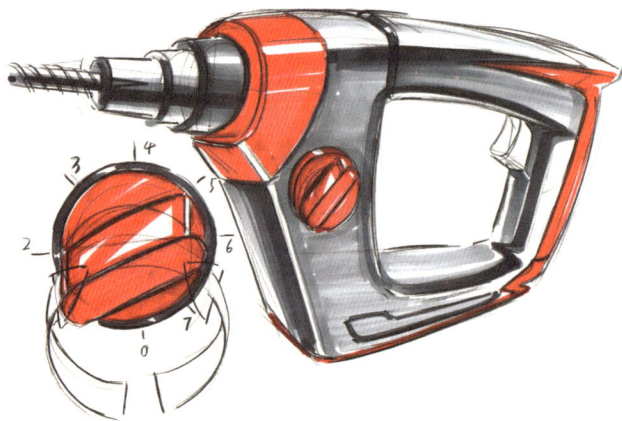

步骤07 用273号马克笔加重整体的明暗交界线，用灰色和红色马克笔刻画档位按钮局部细节。

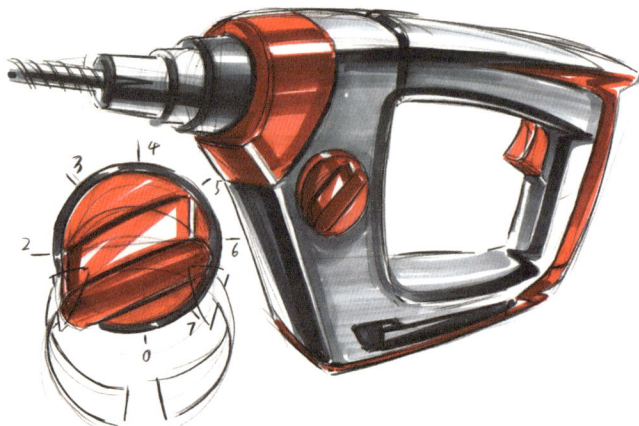

步骤08 用红色马克笔刻画开关，用140号马克笔加重红色部分的明暗交界线，用灰色马克笔刻画冲击钻细节。

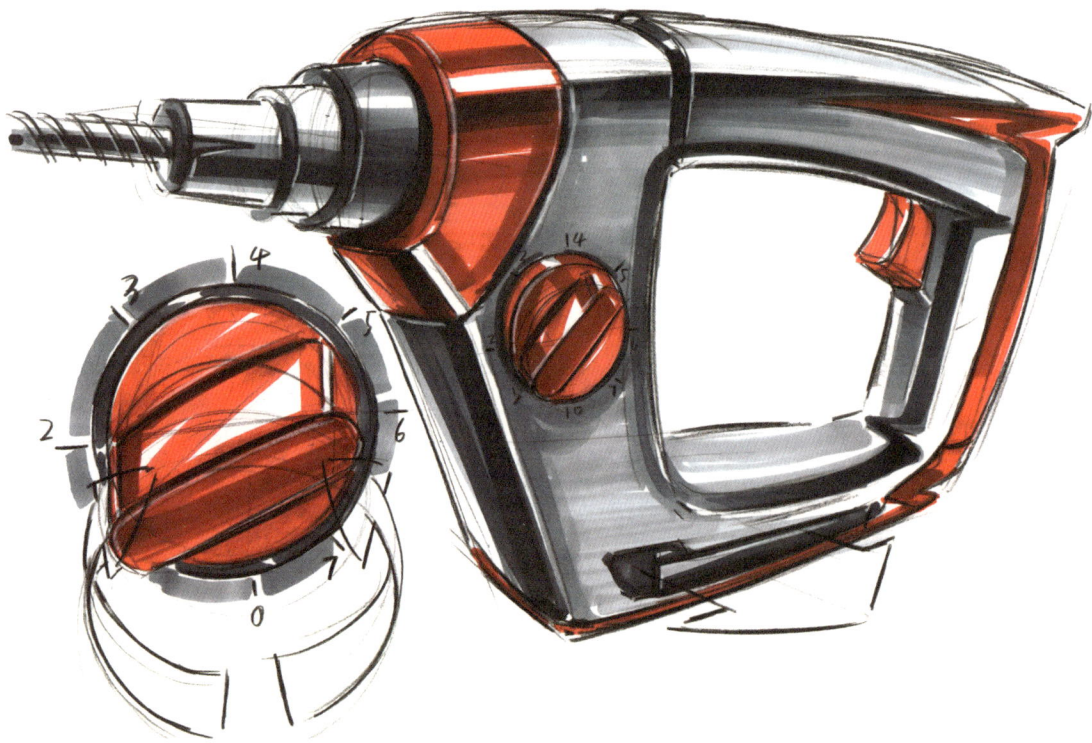

步骤09 处理结构之间的连接处，用白色铅笔刻画结构转折处和分模线上的高光。

270　271　272　273　137　140　241

钻头太长，可以虚化处理

局部细节放大刻画

高光连续刻画

留白处理

档位调节

button

2020.2.28

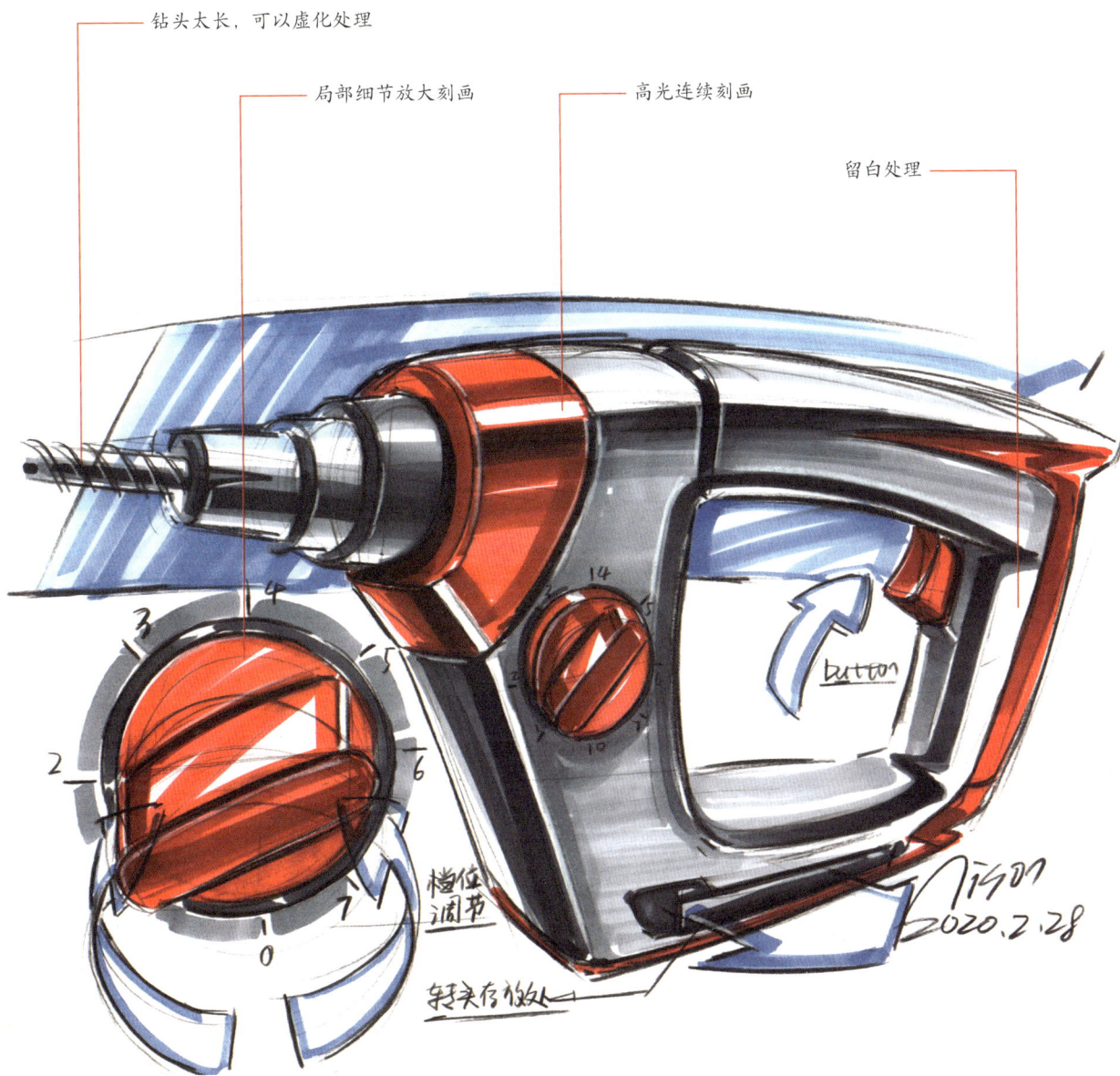

步骤10 注释相应的结构信息，用241号马克笔给产品画出背景和指示箭头，渐变的背景色可以体现前后虚实的效果。

7.8 碎纸机设计

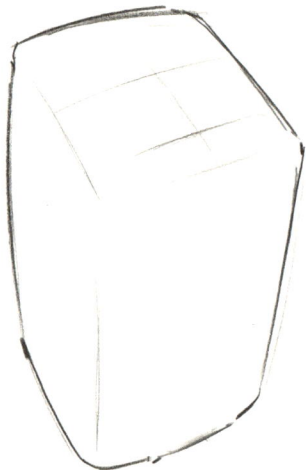

步骤01 用长线画出碎纸机大致的长宽高比例。

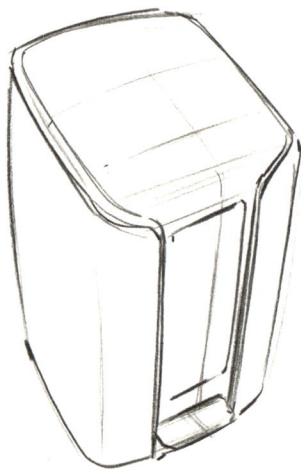

步骤02 根据大体轮廓线和辅助线画出相应的结构。

步骤03 用灰色马克笔（270号~273号）给中间结构铺色，注意运笔方向要顺着结构走势。

步骤04 用4号马克笔给外壳铺层底色，注意在转折处留白。

步骤05 用5号和180号马克笔加重明暗交界线，注意过渡合理，避免生硬。

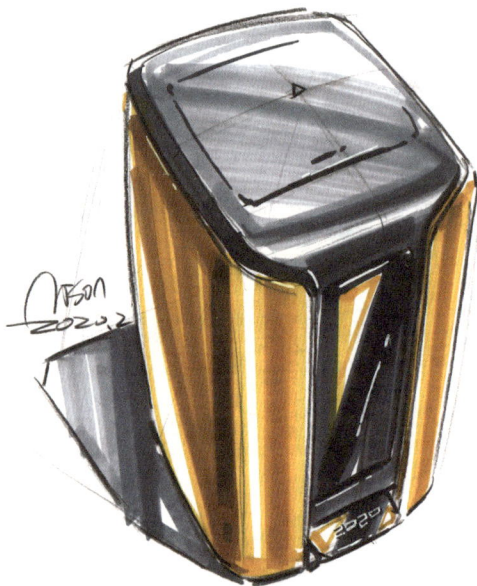

步骤06 用高光笔或白色铅笔刻画显示屏细节。用灰色马克笔画出投影，注意近实远虚的过渡处理。

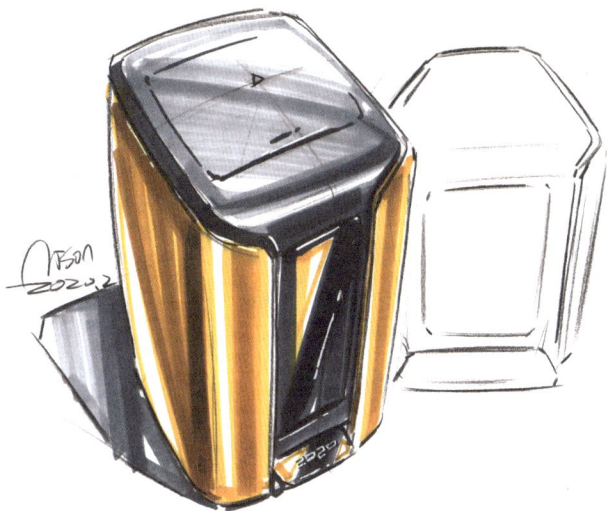

步骤07 画出另一个角度的另一台碎纸机，注意近大远小的
画面透视关系。

步骤08 用271号和272号马克笔将另一台碎纸机上色。

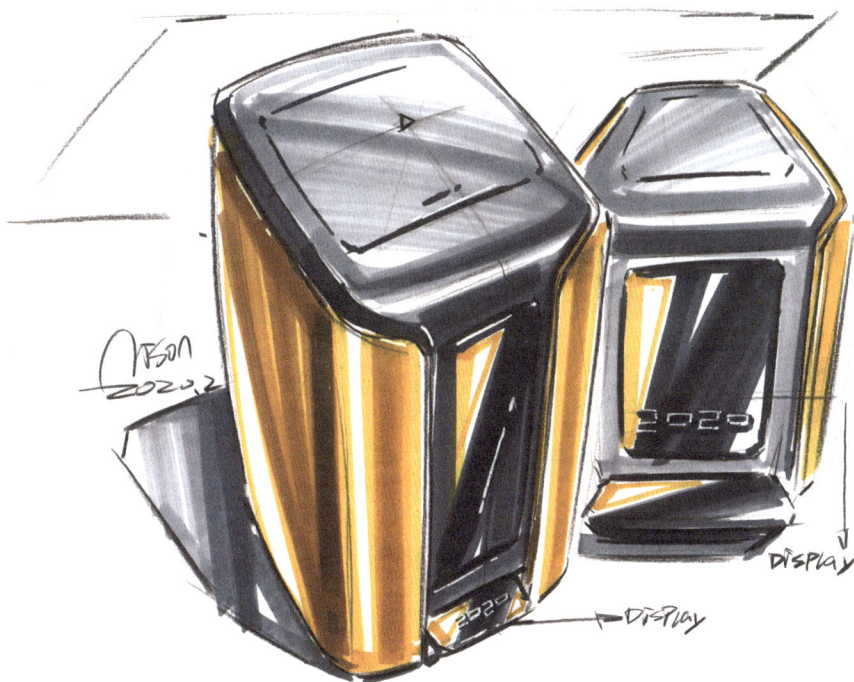

步骤09 刻画另一台碎纸机显示屏，并用高光笔或白色铅笔画出高光，注释相应结构。画出背景轮廓，注意与产品之间的
联系。

270　271　272　273　4　5　180　241

背景平铺上色　　　　　　　环境色反光

高光点缀　　　　　　　　　显示屏幕表现

open

DisPLAY

DisPLAY

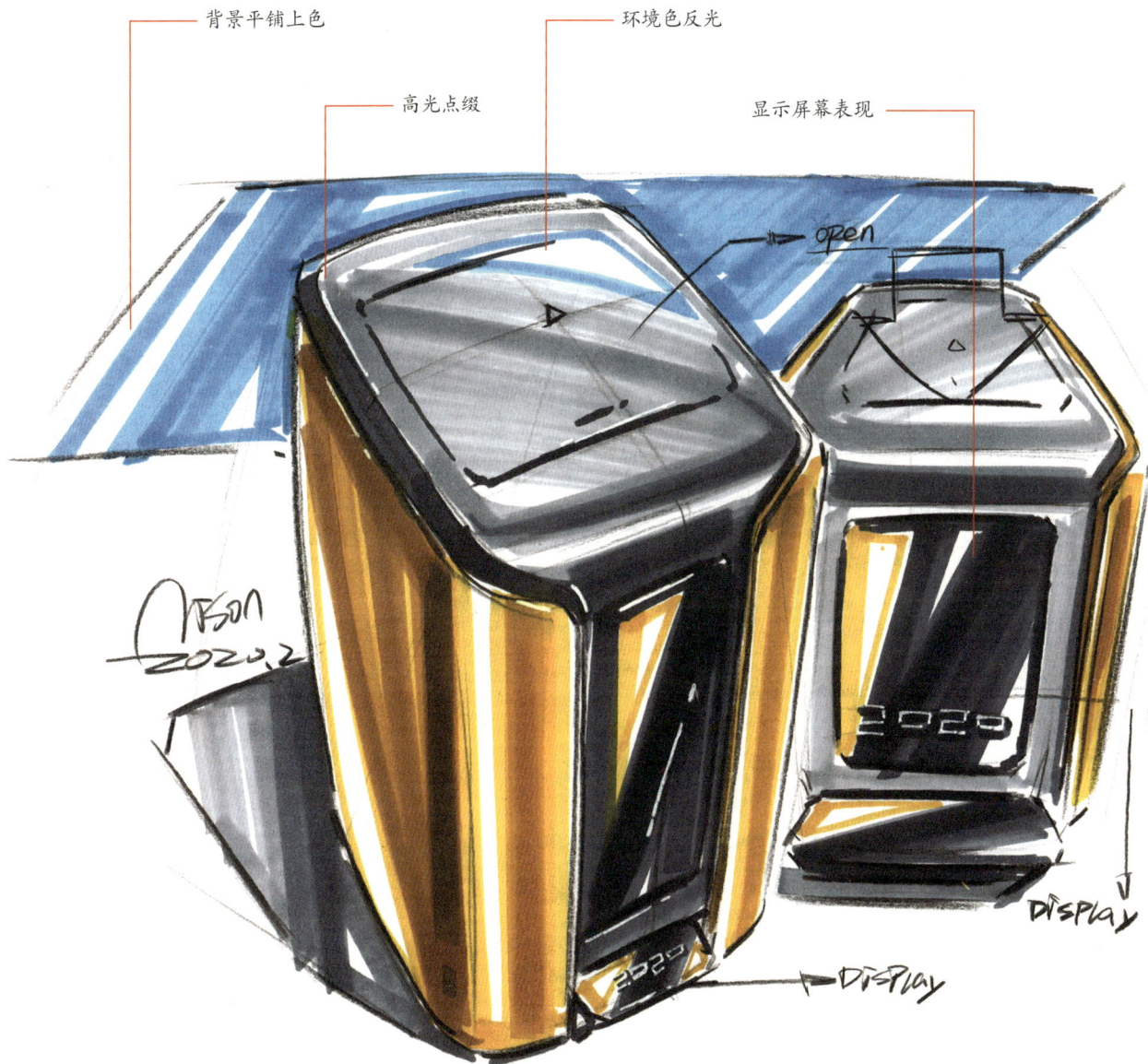

步骤10 用马克笔结合铅笔修整整体的结构转折，不够重的地方可以用273号马克笔进一步加重，高光处留白或者用高光笔刻画。用241号马克笔平涂背景，在两台碎纸机上适当画点背景色表示反光。

7.9 烤面包机设计

步骤01 把烤面包机外形理解成一个几何体，根据透视辅助线画出大致轮廓。

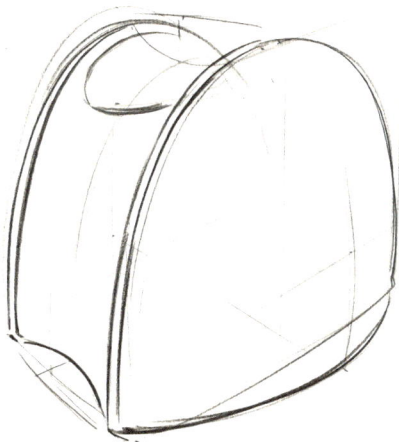

步骤02 在大致轮廓上画出烤面包机的特征结构。

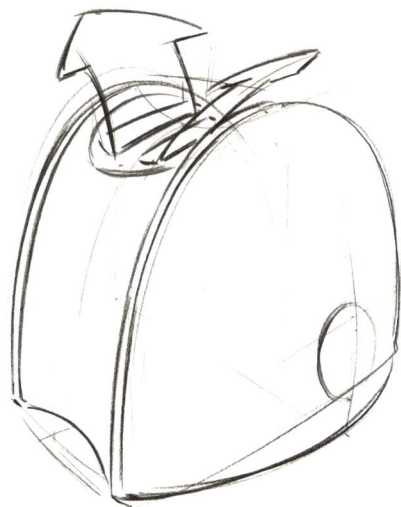

步骤03 确定整体造型并加重线条，注意线条的轻重关系。画出指示箭头。

步骤04 再画一个正面角度的烤面包机以丰富画面。画出烤面包机的投影轮廓。

步骤05 设定光源方向，用271号马克笔给第一台烤面包机的侧面结构铺色。

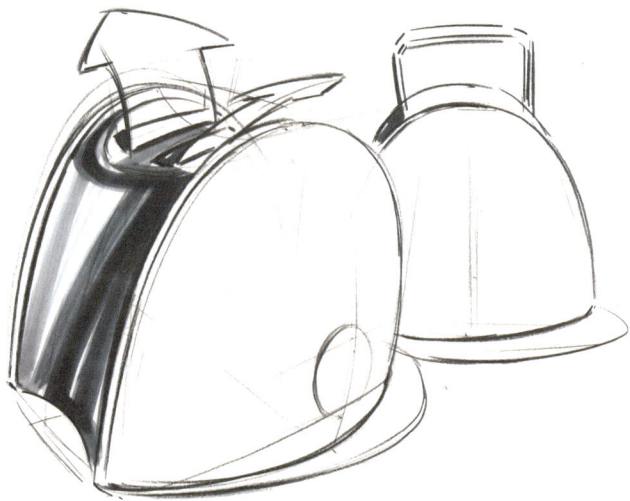

步骤06 用272号马克笔加重第一台烤面包机的结构转折处，强调曲面的明暗变化。

步骤07 用4号马克笔给两台烤面包机的外壳铺色。

步骤08 用5号和180号马克笔加重两台烤面包机曲面外壳的明暗交界线。

步骤09 用灰色马克笔刻画第一台烤面包机曲面上的按钮，用黄色和灰色马克笔概括出第二台烤面包机上的面包的形体，用137号马克笔为箭头上色。

| 271 | 272 | 273 | 4 | 5 | 180 | 137 |

曲面留白处理

指示箭头

明暗交界线

使用面包示意

面包

调节旋钮

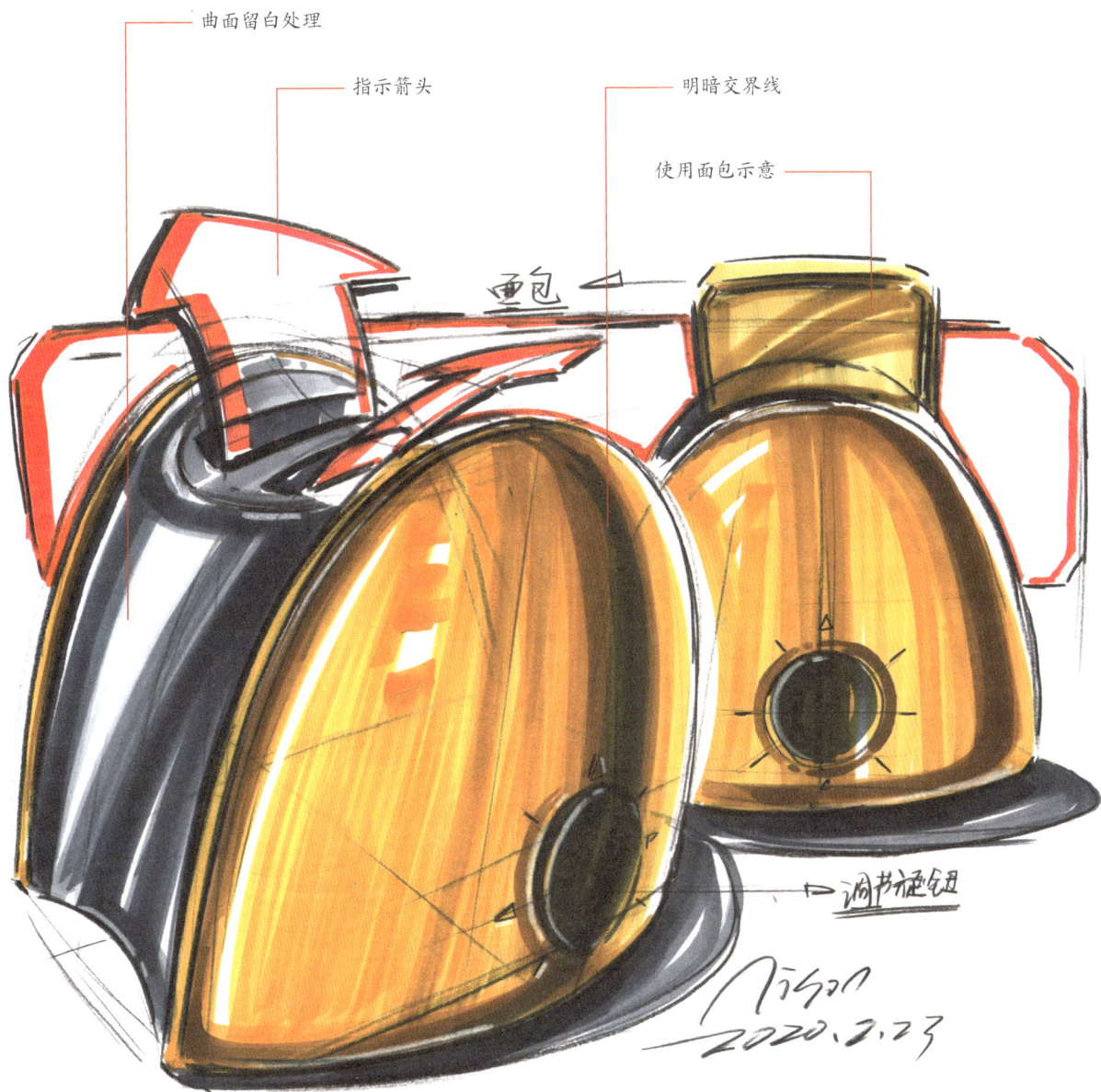

步骤10 用同样的方法画出第二台烤面包机的按钮。用5号马克笔过渡一下两台烤面包机的明暗交界线周围的颜色，用273号马克笔为投影铺色，用137号马克笔为背景上色。注释相应结构，最后用白色铅笔刻画两台烤面包机的按钮细节和高光细节。

7.10 电动螺丝刀设计

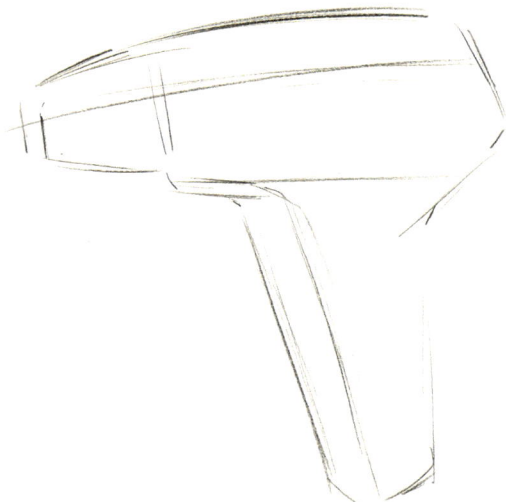

步骤01 用长线快速勾勒出电动螺丝刀的大致轮廓。

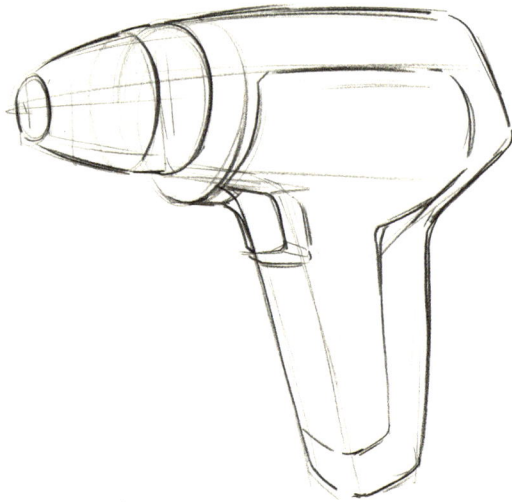

步骤02 调整轮廓的比例和透视关系，加重正确的结构线。

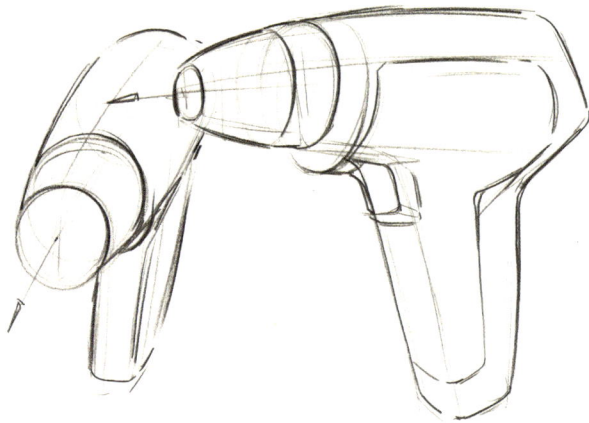

步骤03 画出另一个角度的另一个电动螺丝刀，这样可以多角度地展示产品结构、外形，这一角度的电动螺丝刀可以适当简化处理。

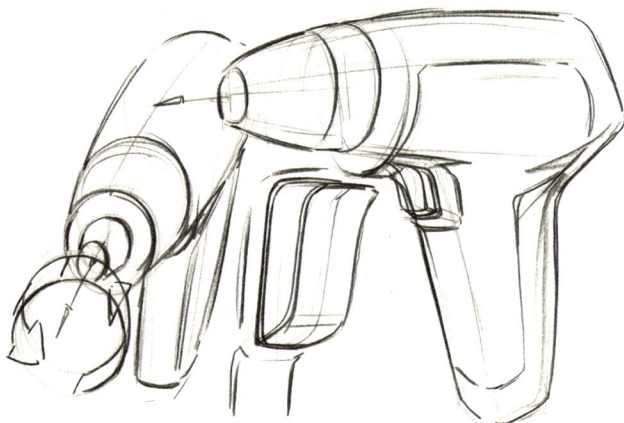

步骤04 将按钮结构放大刻画，注意尽量画在原位旁边。画出指示箭头并加重整体的线条。

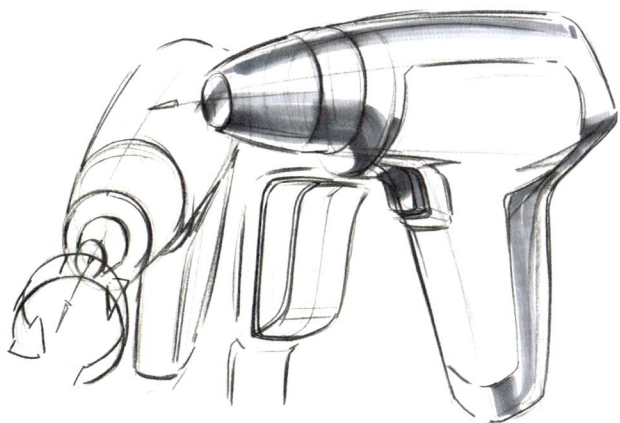

步骤05 用271号马克笔为第一个电动螺丝刀的暗面铺色，注意运笔要顺着结构走势。

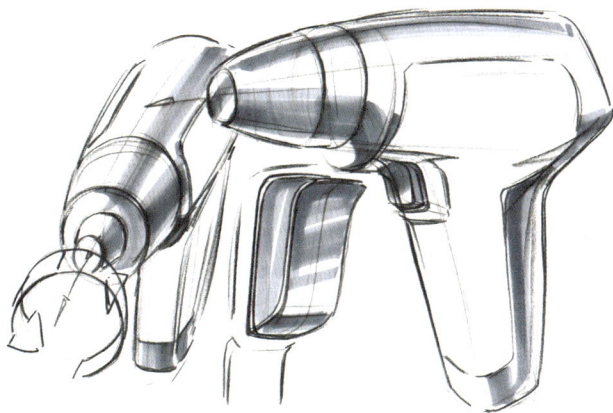

步骤06 用同样的方法为另一个电动螺丝刀和按钮的暗面铺色。

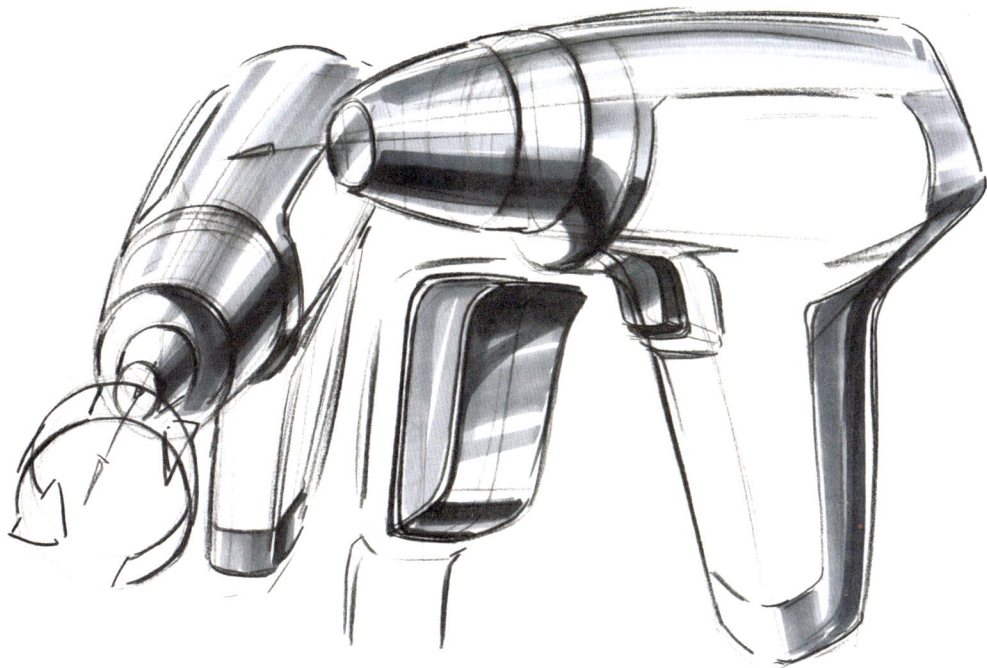

步骤07 用272号和273号马克笔加重明暗交界线，注意运笔的速度尽量快一点，否则颜色容易晕开。

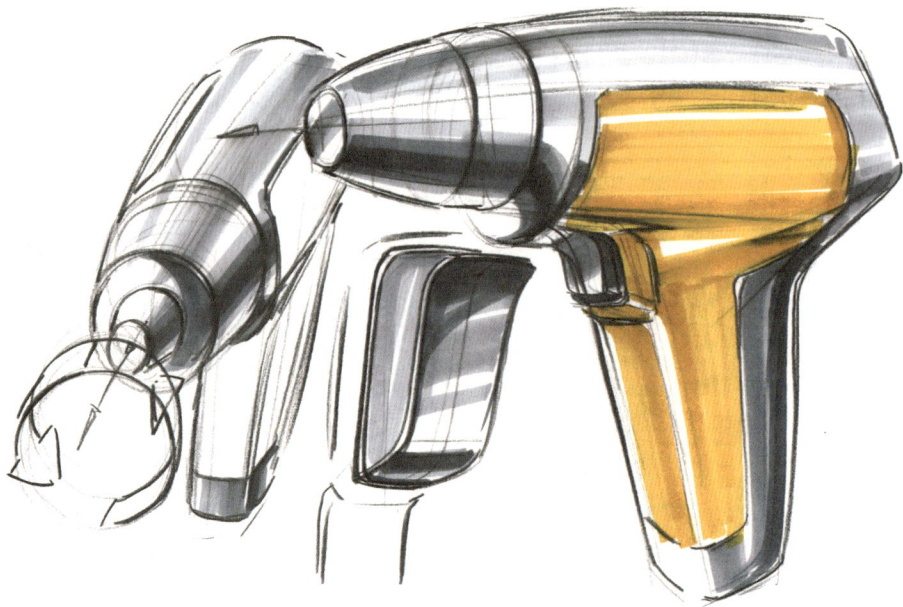

步骤08 用4号马克笔为第一个电动螺丝刀中间位置铺色，用平铺的方法打个底即可，不需要过渡。

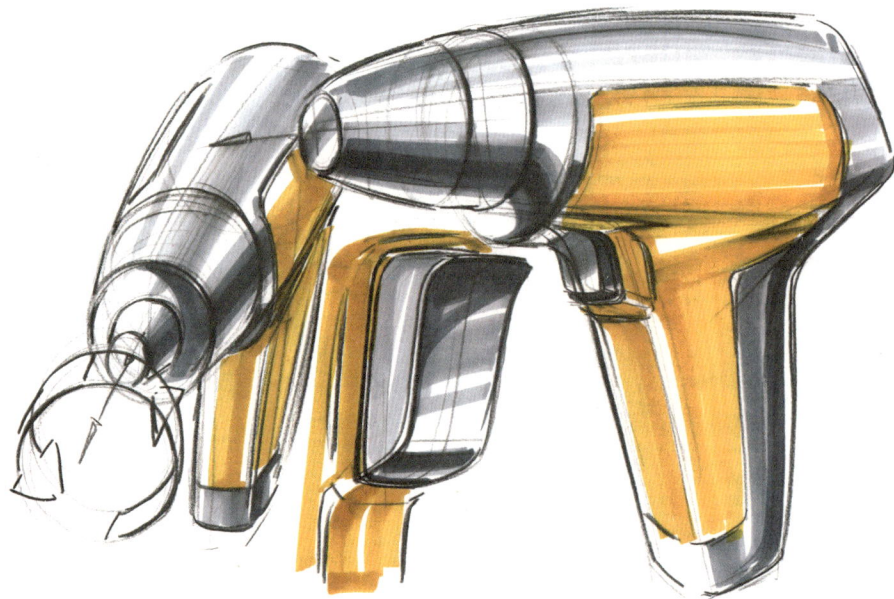

步骤09 用同样的方法为另一个电动螺丝刀和按钮铺色，注意笔触的收尾处不要停顿，否则会出现块状颜色影响画面效果。

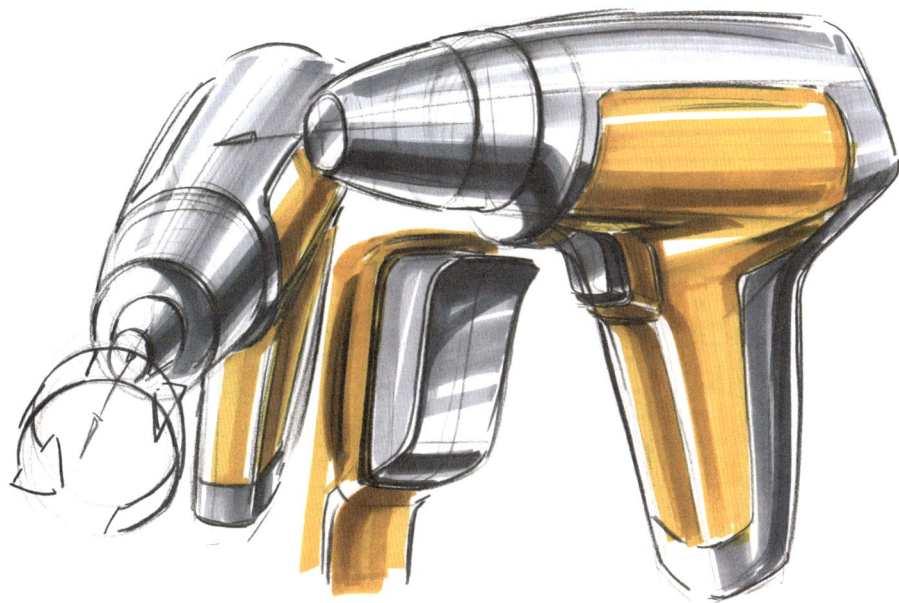

步骤10 根据整体的结构关系，用5号马克笔（深一点的黄色）加重所有黄色结构的明暗交界线。

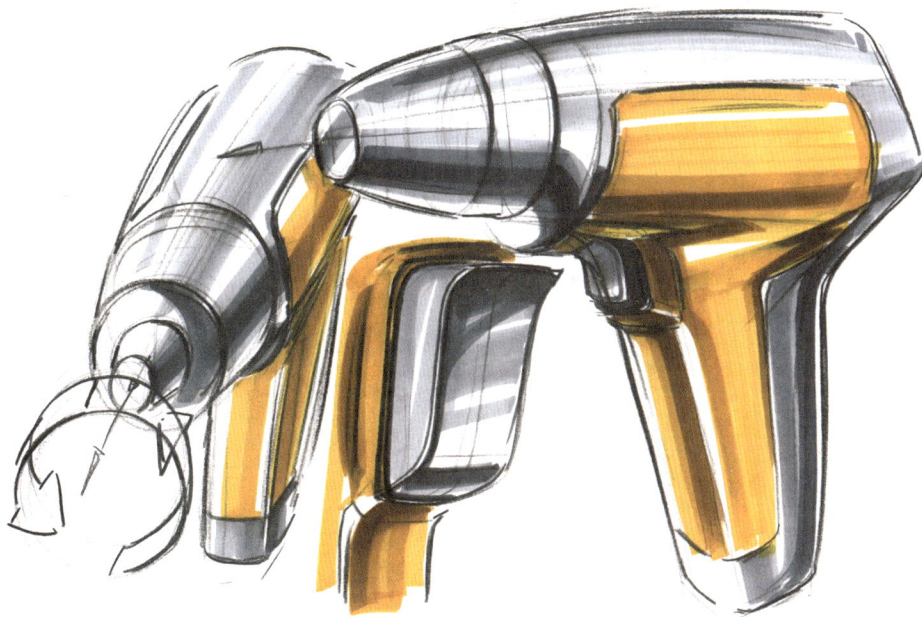

步骤11 用180号马克笔（更重的黄色）进一步加重整体的明暗交界线，可以切换深浅不同的黄色马克笔来刻画明暗交界线的过渡。

271 272 273 4 5 180 137

次要角度弱化处理

局部细节放大刻画

明暗交界线

边缘虚化处理

更换装置

按钮键

螺丝转头

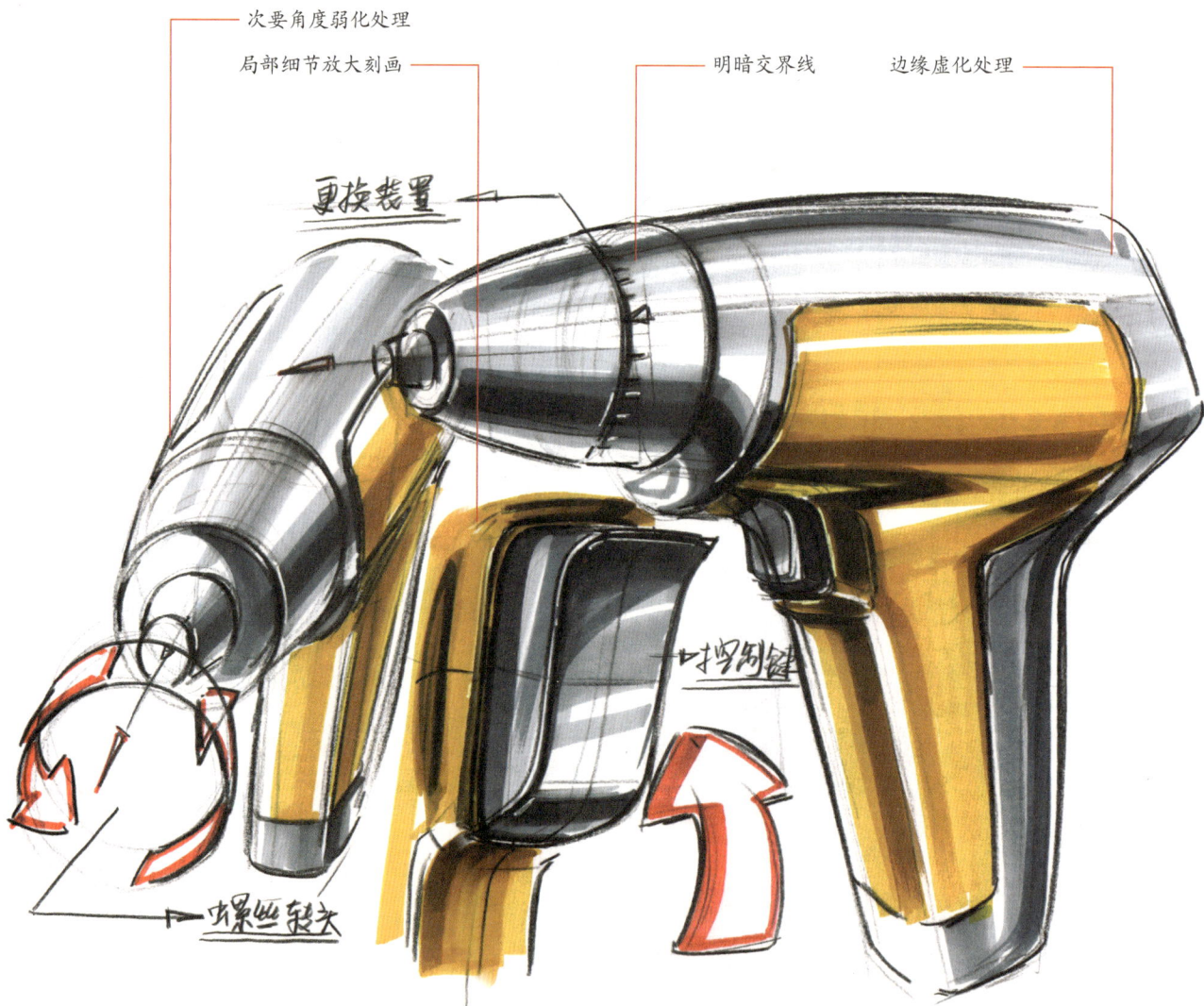

步骤12 用铅笔修整整体的结构线，特别是被马克笔盖掉的主要线条。注释相应的结构，用137号马克笔为箭头上色，最后用高光笔刻画高光细节。

7.11 练习任务

要求： 参考本章的家电类产品设计效果图，选取其中一个案例临摹，可以主观变换视角和配色。

第 **8** 章

通信类产品绘制案例

向上

向右

向左

向下

DISON
2020.2.18

8.1 电话机设计

步骤01 画出电话机的大体轮廓，注意透视关系。

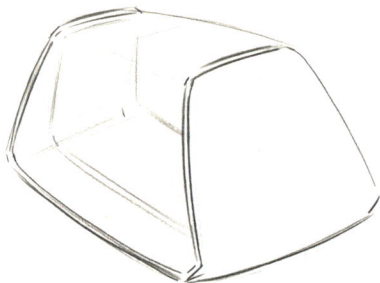

步骤02 确定并加重结构线条，表现出出外壳厚度。

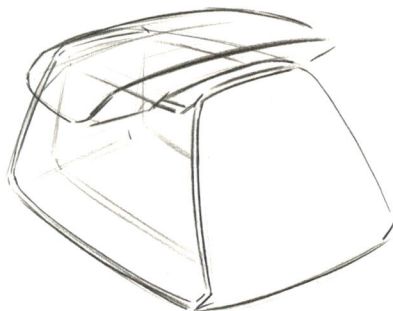

步骤03 借助辅助线画出顶部的结构。

步骤04 画出另一个角度的另一台电话机。表现出电话机的厚度，并将结构分模线画清楚，以方便后面进行材质刻画。

步骤05 用271号马克笔为内部结构铺色，注意转折处的留白与过渡。

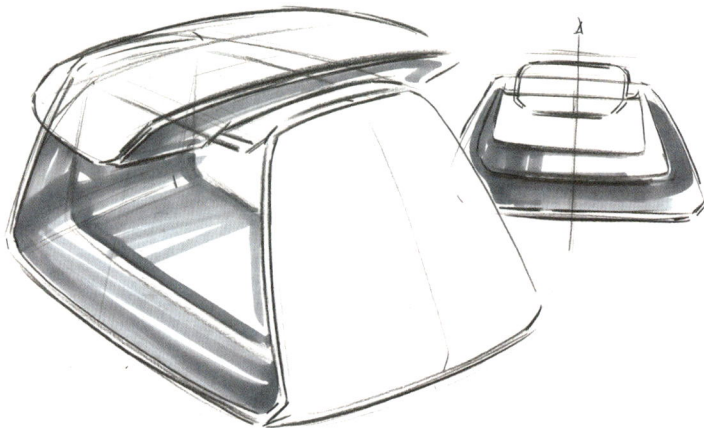

步骤06 用272号马克笔在第一遍颜色的基础上加重明暗交界线。

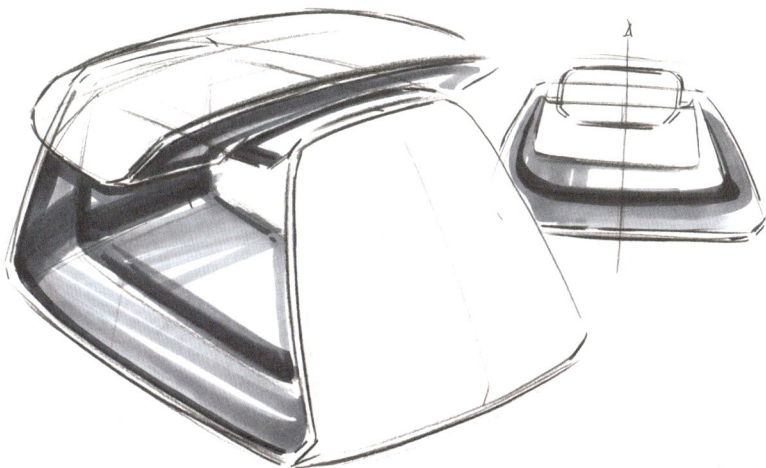

步骤07 用156号马克笔为电话机表面铺色，注意曲面尽量不要铺太满。

步骤08 画出背景，并用241号马克笔为背景上色，体现出两台电话机的关联性。

271　272　273　156　241

强化材质反光对比

亮面高光留白

背景适当留白过渡

非重点位置概括处理

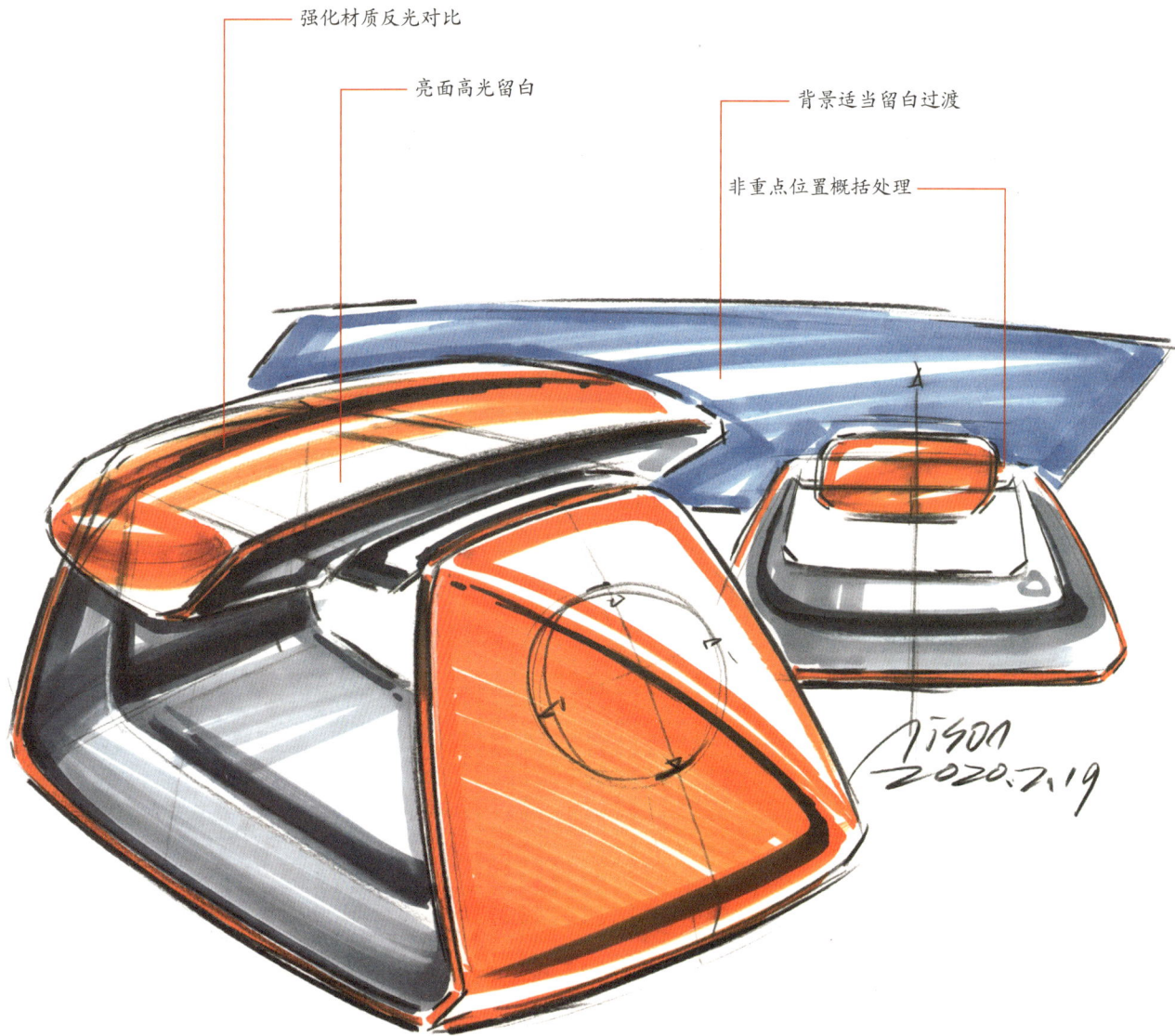

步骤09 为了加强材质的反光对比，可以用273号马克笔在橙色结构的转折处叠涂一两笔，加重一下明暗交界线，注意不要画太多，否则会使画面变脏。

8.2 路由器设计

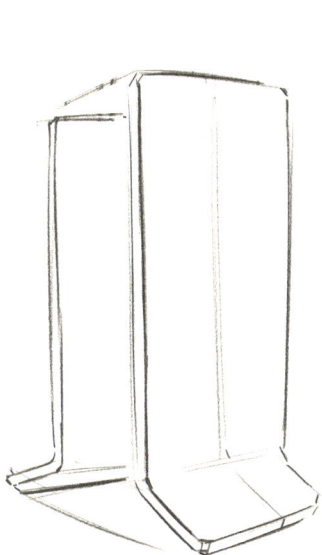

步骤01 将路由器整体看成一个几何体，按照透视关系画出架子轮廓。

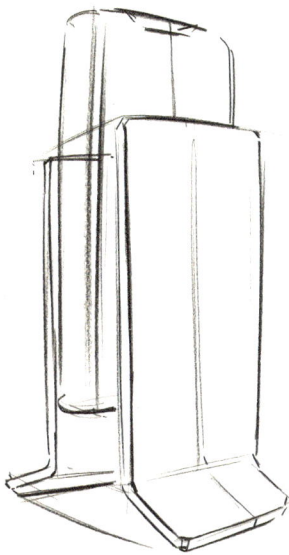

步骤02 在架子上画出辅助线，借助辅助线画出其他结构。

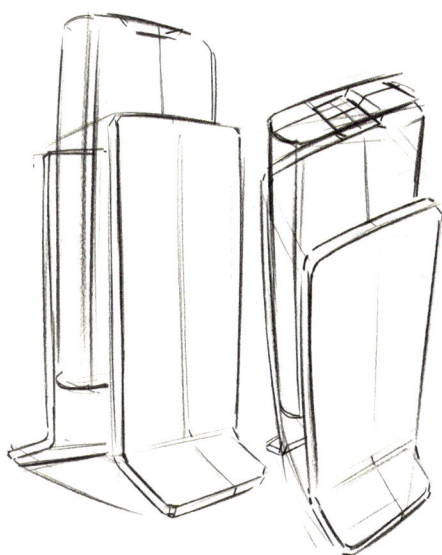

步骤03 画出另一个角度的一台路由器，以多角度展示路由器。

步骤04 放大刻画主机结构细化整体结构并加重结构线，注意近实远虚。画出指示箭头。

步骤05 用271号马克笔为第一台路由器铺色。该路由器形体基本上都是平面，平涂即可，但要注意光影变化。

步骤06 用272号马克笔为第一台路由器暗部铺色，控制笔速的快慢画出渐变效果。

步骤07 用同样的方法为另一台路由器和主机结构铺色，注意主次关系。

步骤08 用273号马克笔再一次加重整体暗部，注意转折的地方越往后颜色越浅。画出投影。

271　　272　　273　　26

从前到后的深浅过渡

转折处最重

大面积铺色时可以斜着运笔

主次对比

指示灯

联动

网线

2020.2.10

步骤09 注释相应的结构。由于整体的颜色都是灰色，因此可以选一种明亮的背景色作为点缀色。此处用的是26号马克笔为背景铺色，在所有路由器留白的位置适当画点环境色以表现反光。

8.3 对讲机设计

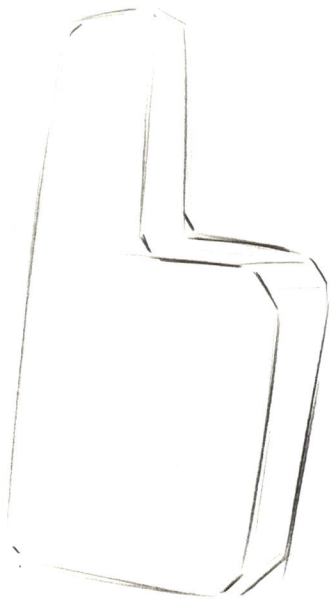

步骤01 画出对讲机的大致轮廓。

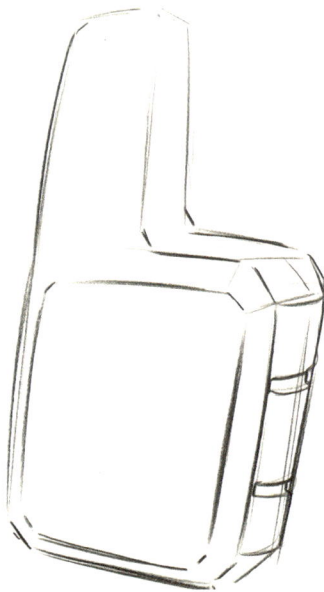

步骤02 画出对讲机的主要结构。

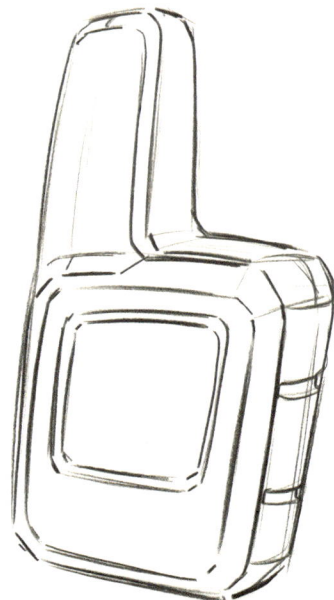

步骤03 细化圆角结构，完善并加重结构线条。

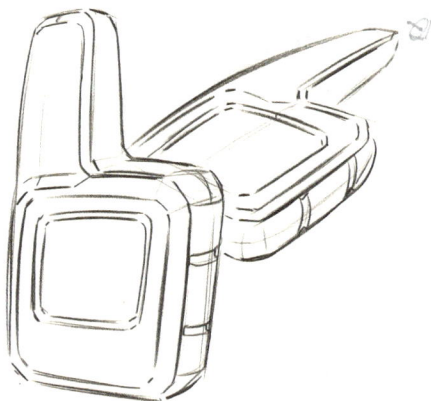

步骤04 画另一个角度的另一个对讲机。

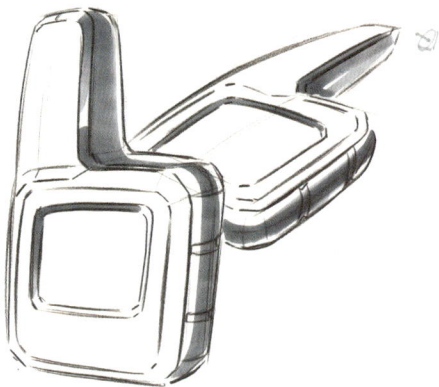

步骤05 定好光源方向，用271号马克笔为两个对讲机暗部铺色。

步骤06 用272号马克笔加重两个对讲机结构转折处，注意其材质特征。

步骤07　用270号马克笔在两个对讲机亮面铺色，适当留白。再用156号马克笔为第一个对讲机表面铺色。

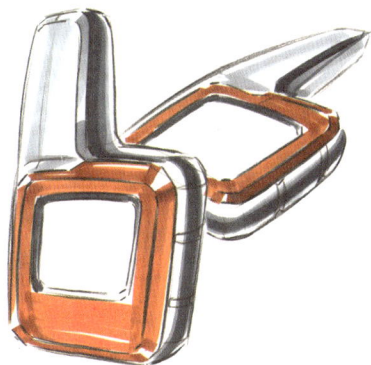

步骤08　用156号马克笔为另一个对讲机表面铺色，平涂即可。

步骤09　用273号马克笔画对角线来表现两个显示屏细节。

步骤10　按照光源的方向用灰色马克笔画出两个对讲机的投影，铺色时注意近实远虚。

步骤11　用241号马克笔画出背景色，这样可以起到平衡画面的作用。

270 271 272 273 156 241

受光面的留白处理

笔触的粗细控制

显示屏的刻画

白色铅笔刻画高光

信号接收器

显示屏

麦克风

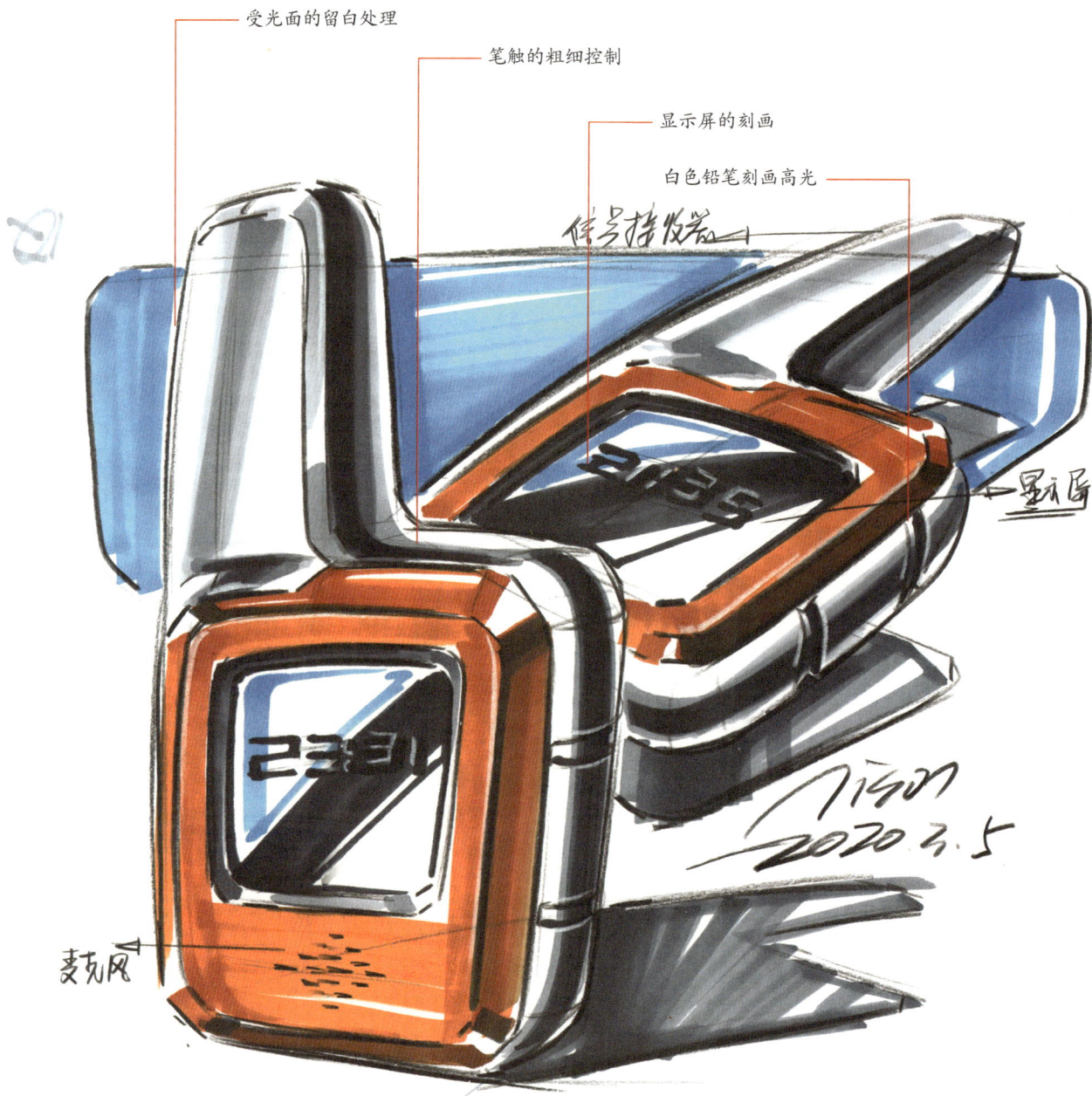

步骤12 在两个显示屏中写上时间以突出特点，注释相应的结构，用白色铅笔刻画整体高光。

8.4 监控器设计

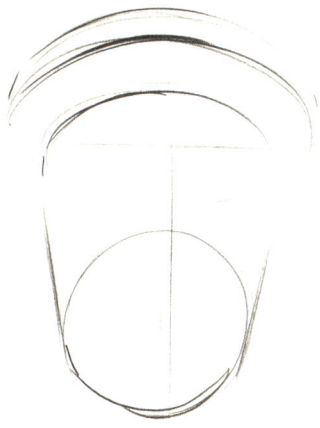

步骤01 根据辅助线画出监控器的大致轮廓，注意圆的透视。

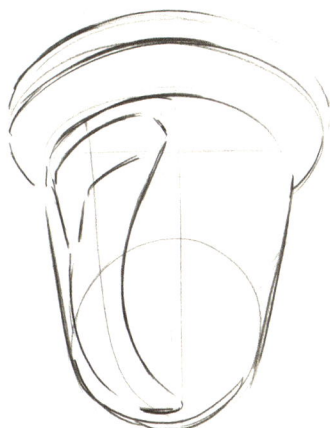

步骤02 加重结构线，大体画出其他结构。

步骤03 画出一个其他角度的监视器，重点表现镜头部分。

步骤04 根据光源方向，用270号马克笔画出两个监控器的明暗交界线。

步骤05 用271号马克笔画出两个监控器的暗面并加重明暗交界线。因该产品是球体与柱体的结合，所以要注意刻画曲面的渐变。

步骤06 用272号和273号马克笔加重两个监控器的暗面和明暗交界线，注意铺色区域和留白区域的比例。

步骤07 修整两个监控器过渡部分的笔触，注意主次关系。用灰色马克笔画出投影以增强空间感。

270　271　272　273　4

金属材质的亮面留白

金属材质的明暗交界线

圆形背景丰富画面

指示箭头

向上

向右

向左

向下

ПISОП
2020.2.18

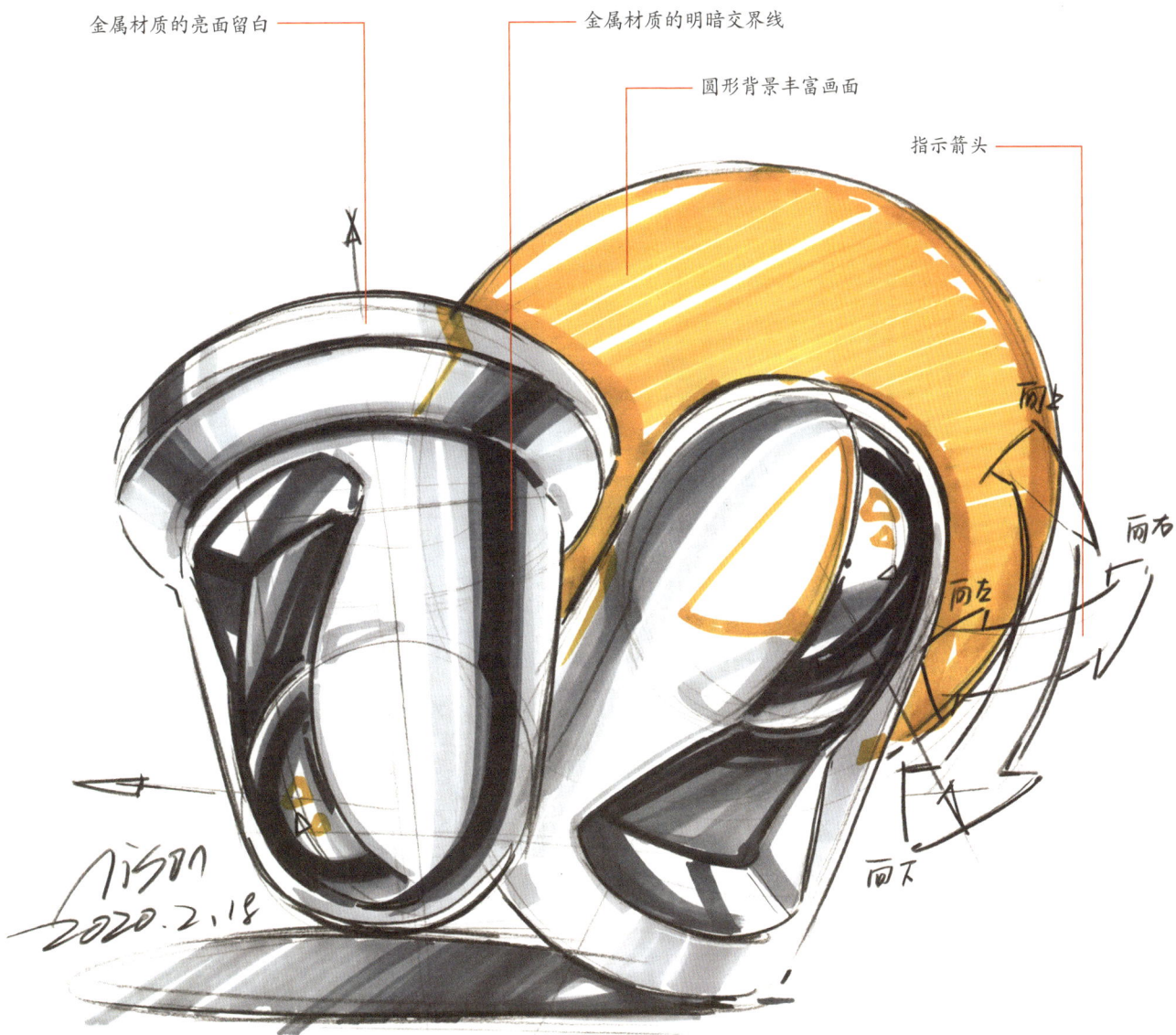

步骤08 画出箭头，用箭头指示镜头的转动方向。用4号马克笔画出圆形作为背景，并在两个监控器的受光处适当加点环境色。

8.5 遥控器设计

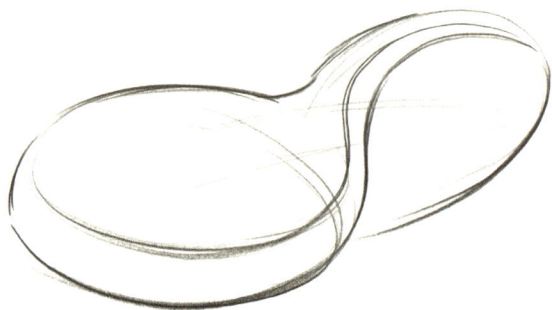

步骤01 采用形体组合连接的方法绘制遥控器的大结构。

步骤02 细化遥控器结构并画出另一个角度的另一个遥控器。曲面产品的曲线尽量保持流畅，注意控制线条的轻重。

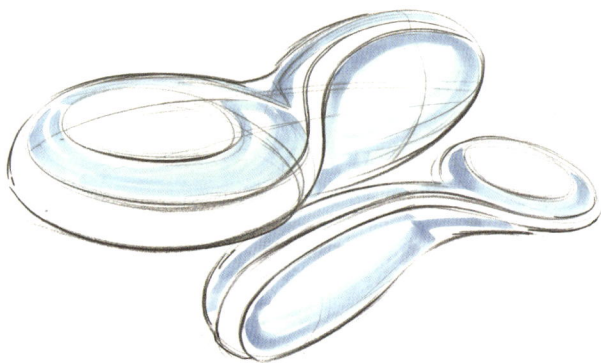

步骤03 用240号马克笔按照形体的结构走势为两个遥控器铺色。

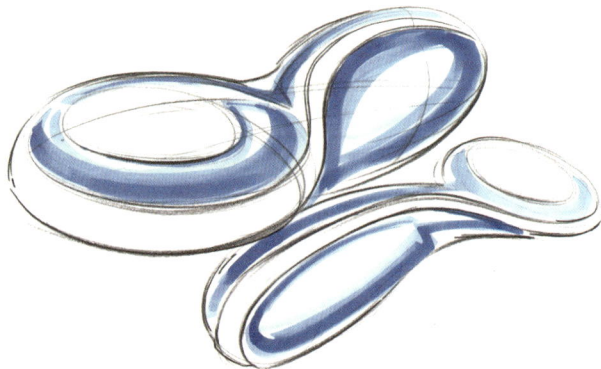

步骤04 用241号马克笔强调两个遥控器的明暗交界线。

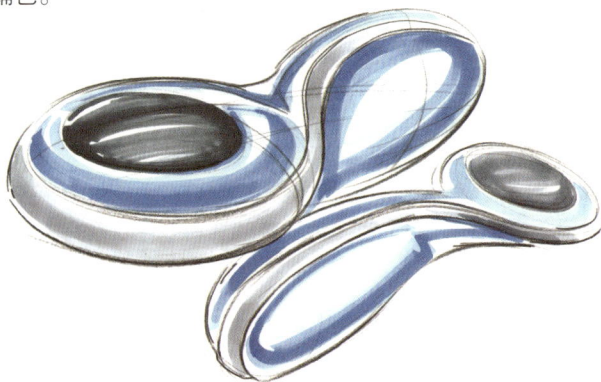

步骤05 用271号和272号马克笔给两个遥控器的按钮部分和暗面铺色，注意表现微突变化。

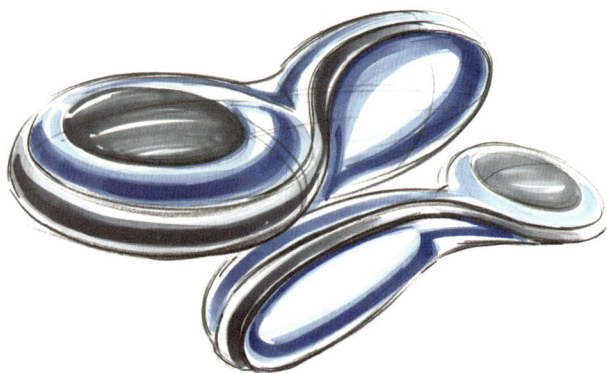

步骤06 用242号和273号马克笔进一步加重两个遥控器的明暗交界线，注意控制笔触的粗细。

271　272　273　5　240　241　242

活跃的弧线

按键细节刻画

颜色对比减弱

弧面的明暗交界线处理

button

ñSON
2020.7.18

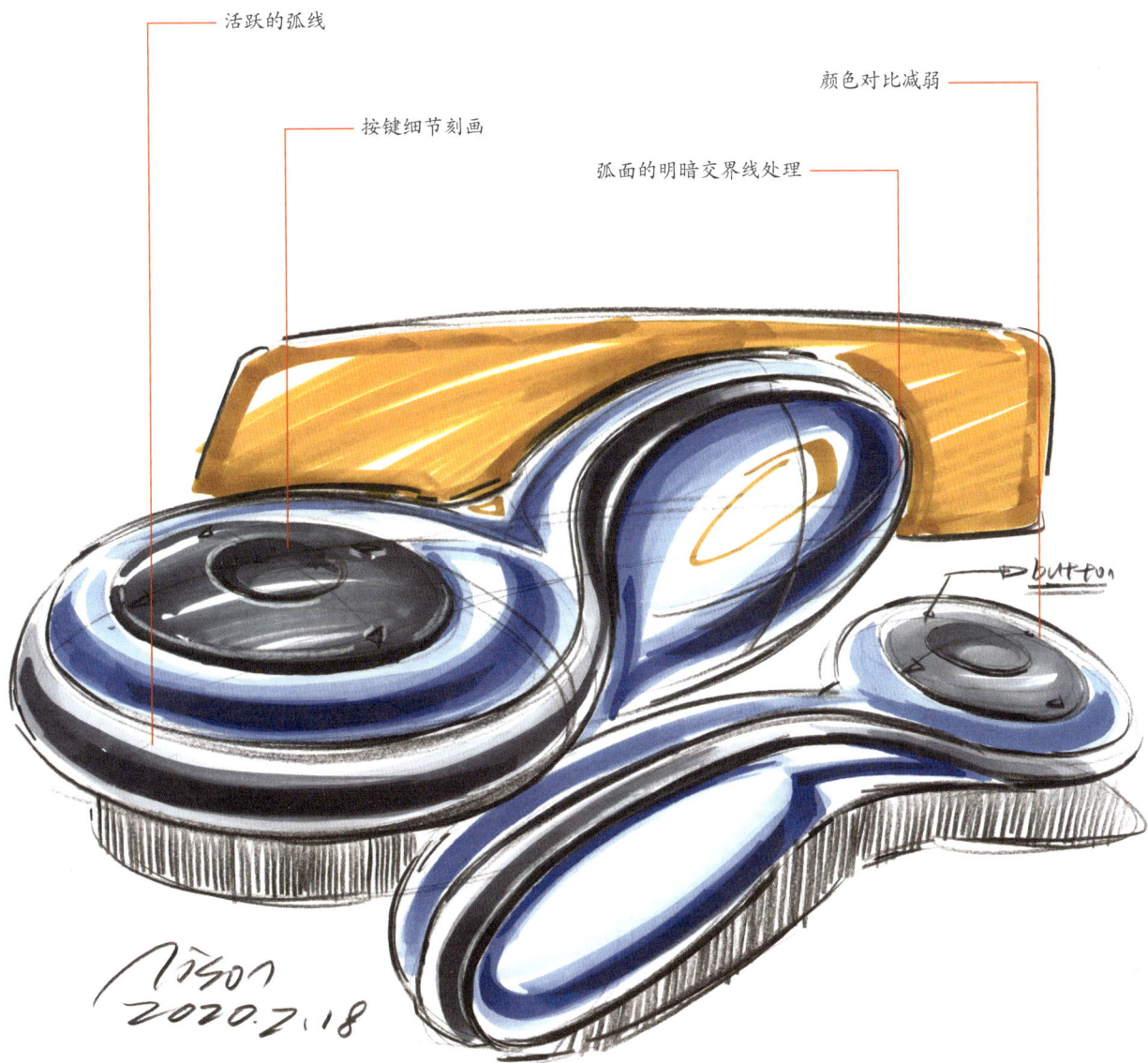

步骤07 用灰色马克笔刻画两个遥控器的按钮的细节，用白色铅笔刻画出整体的高光，用排线的方法画出产品的投影。注释相应的结构，用5号马克笔为背景铺色，并在两个遥控器的高光处适当加点环境色。

8.6 老年手机设计

步骤01 画出手机的大致轮廓。

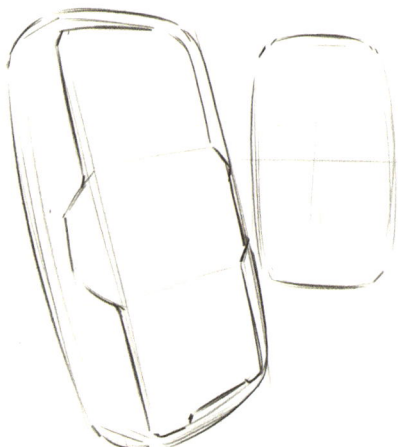

步骤02 根据轮廓画出结构线，注意透视关系。画出一个正视角度的老年机大致轮廓。

步骤03 在正视图中画出操作手势，勾勒出手的轮廓即可。

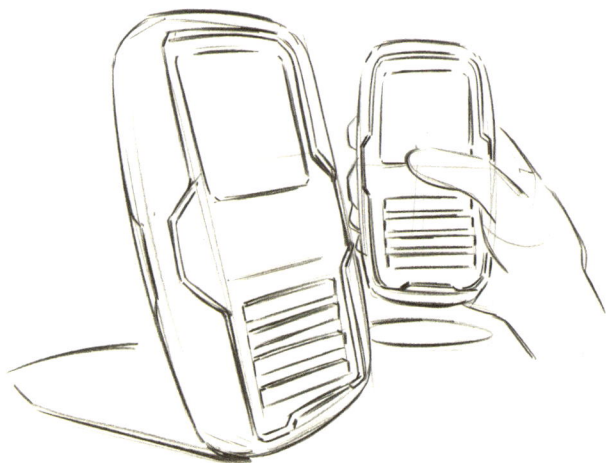

步骤04 加重轮廓线条，根据比例画出两个老年手机的按键和屏幕。画出投影轮廓线。

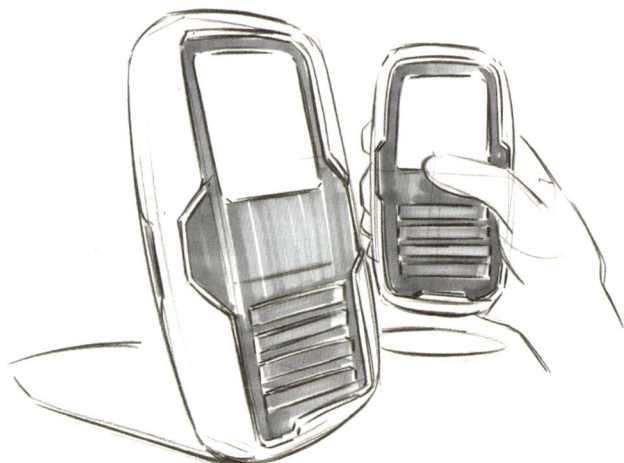

步骤05 用271号马克笔为两个老年手机的正面概括地铺色。

步骤06 用272号马克笔加重两个老年手机结构转折处和按键，表现出厚度。

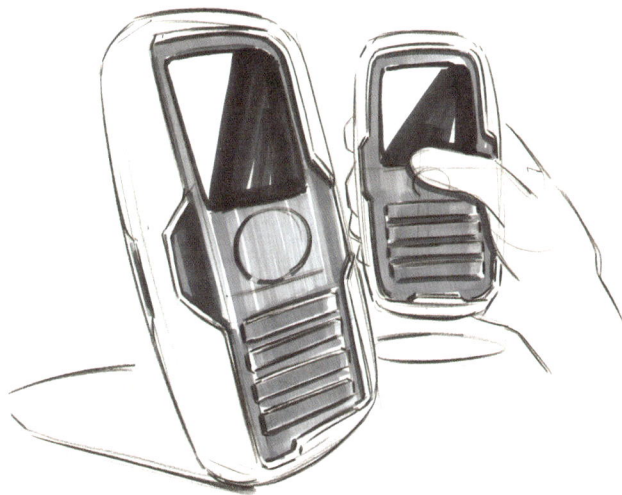

步骤07 用273号马克笔画出两个老年手机的显示屏阴影。

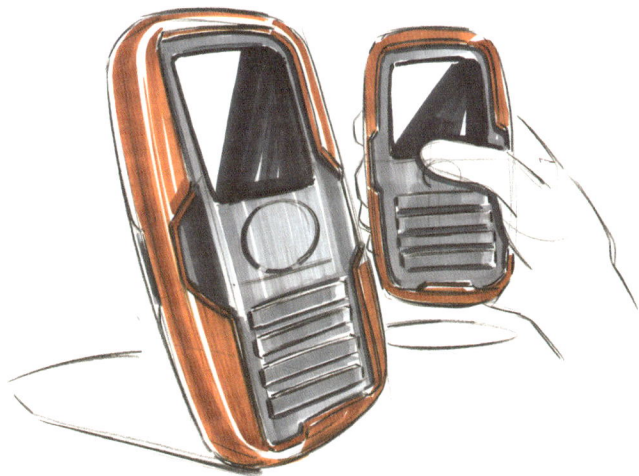

步骤08 用156号马克笔为两个手机的外壳铺色，注意转折的地方留白以作高光。

步骤09 用272号马克笔加重两个手机上凸起来的结构以增强立体感，再用铅笔刻画按键。给投影铺上铅笔调子。

271　272　273　156　241

铅笔调子表现投影

显示屏信息刻画

对比色的背景衬托

操作手势示意

步骤10 刻画两个手机的显示屏信息和按键细节，用白色铅笔刻画高光。用241号马克笔为背景上色，并在显示屏上适当添加环境色。

8.7 蓝牙耳机设计

步骤01 定好辅助线，画出耳机的大致轮廓。

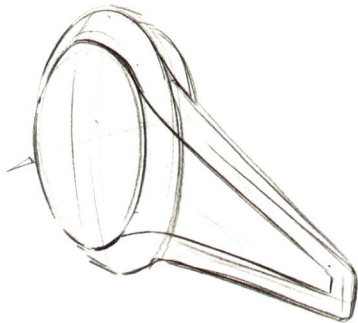

步骤02 调整并加重结构线，注意圆的大小变化。

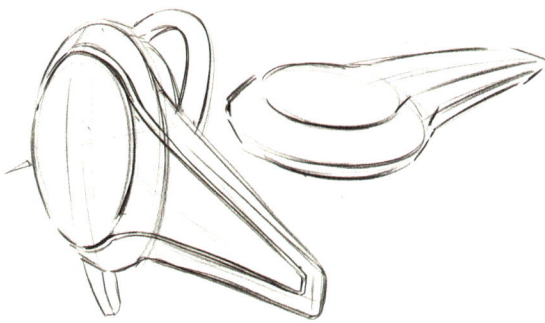

步骤03 用同样的方法画出另一个角度的另一个蓝牙耳机，可先画出圆的结构再根据比例延伸画出其他结构。

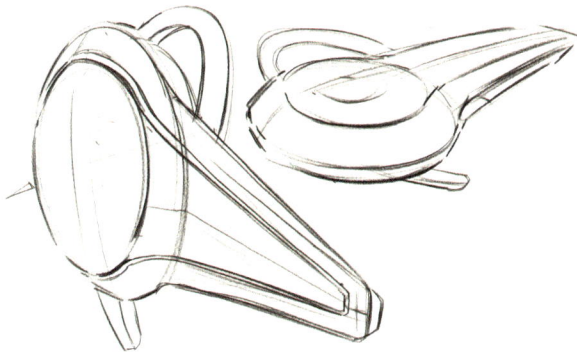

步骤04 修整整体线条，用橡皮把一些没有用的杂线清理干净。

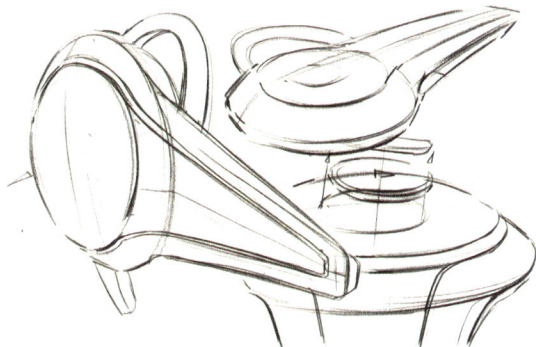

步骤05 把按键放大刻画。

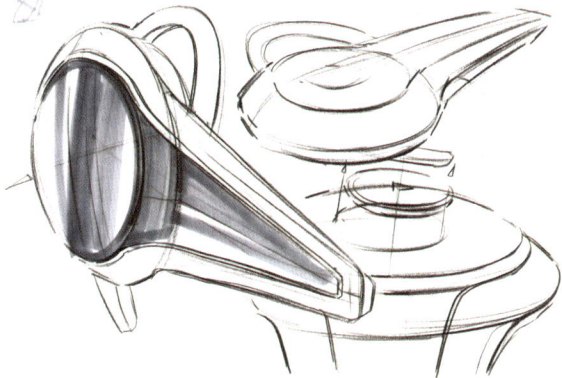

步骤06 用270号和271号马克笔为第一个蓝牙耳机的内部结构概括铺色。

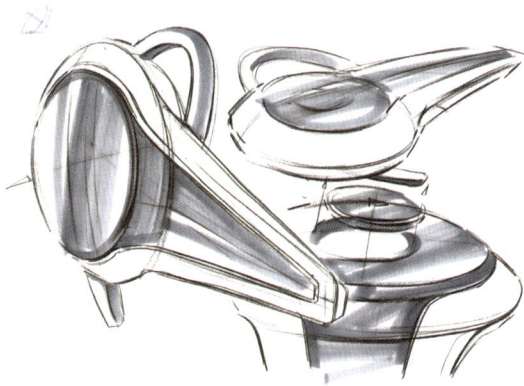

步骤07 用同样的方法为另一个蓝牙耳机铺色。

步骤08 用272号和273号马克笔加重整体的暗面。

步骤09 用156号马克笔为第一个蓝牙耳机的外壳铺色。

步骤10 用同样的方法为另一个蓝牙耳机的外壳和按键铺色。铺色的时候注意适当留白，不然会没有光感。

步骤11 用178号马克笔加重整体结构转折的地方。用铅笔画出投影。

270　271　272　273　156　178

亮面概括

暗面转折加重

描边强调产品形状

功能注释

耳朵固定件

声音减小

接听/播放

声音加大

2020.2.20

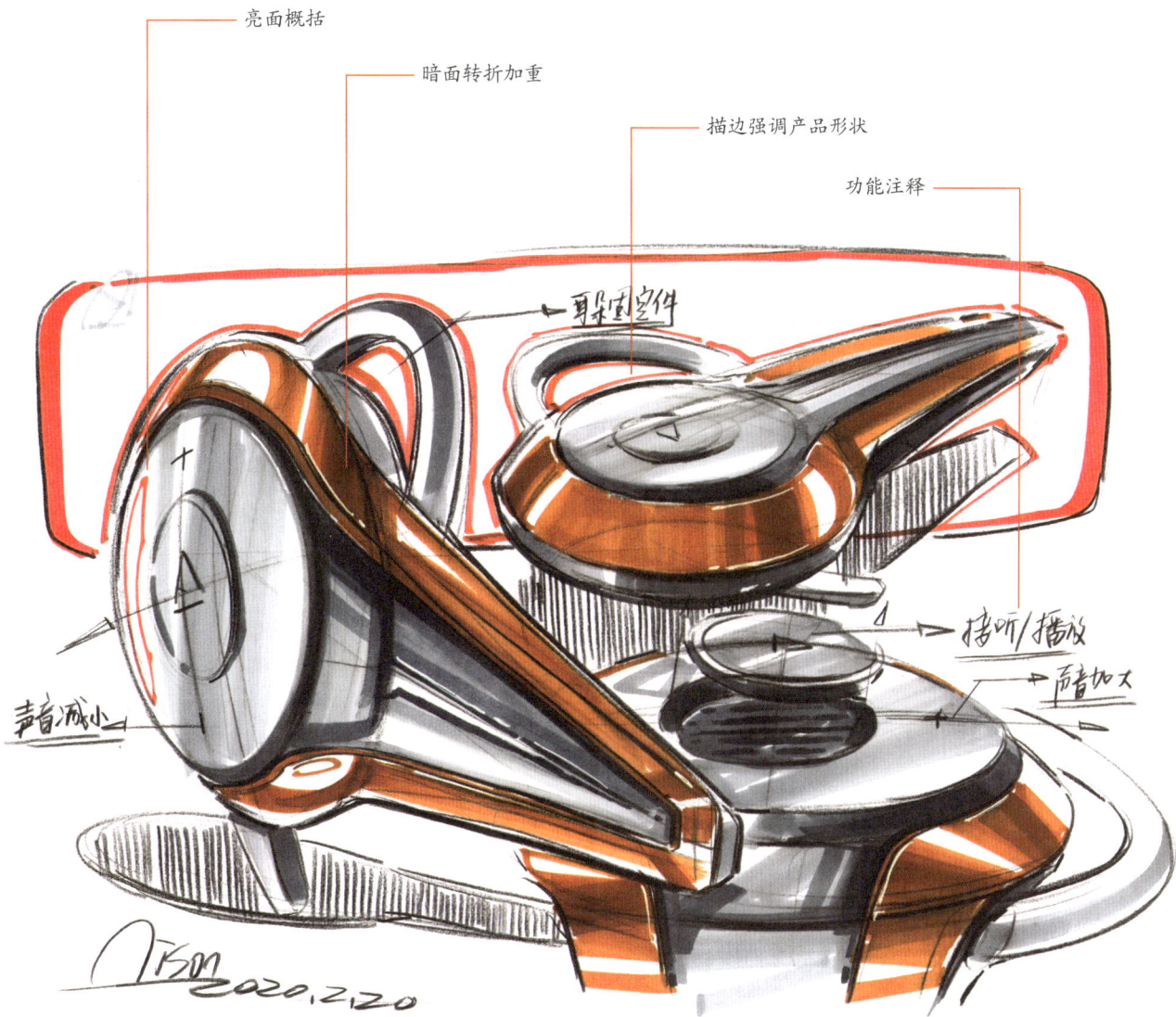

步骤12 刻画所有耳机的按键细节并注释相应的结构，用156号马克笔画出背景以装饰画面，并在蓝牙耳机上适当添加环境色。

8.8 智能手表设计

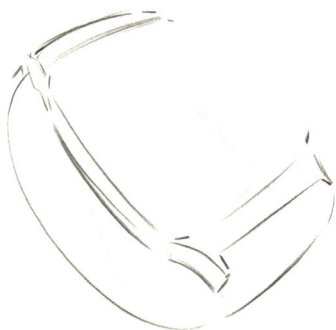

步骤01 用浅线条画出智能手表的大致轮廓，注意整体透视关系。

步骤02 确定整体造型并加重线条，画出智能手表的厚度。

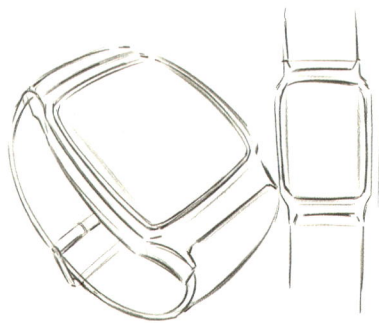

步骤03 划分出显示屏的位置，再画出智能手表的正视图。

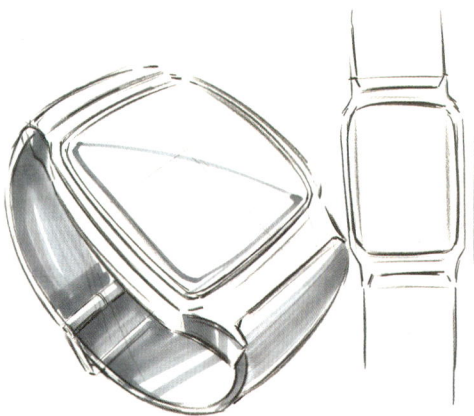

步骤04 用271号马克笔给主体的表带铺色。

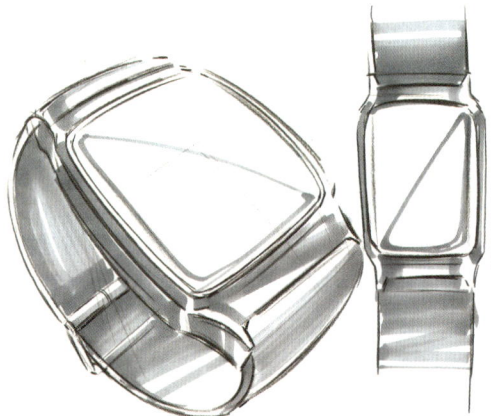

步骤05 用271号马克笔为正视图铺色，平铺即可。

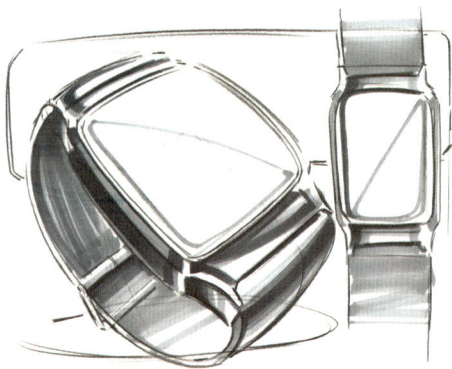

步骤06 用272号马克笔加重暗面。用铅笔画出背景和投影轮廓。

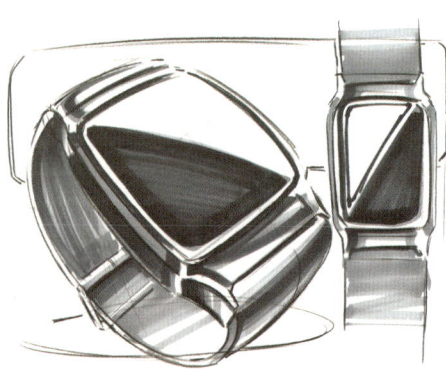

步骤07 用273号马克笔刻画智能手表的显示屏。

271　272　273　5

环境色的刻画

显示屏的显示信息

白色铅笔刻画高光

正视图概括处理

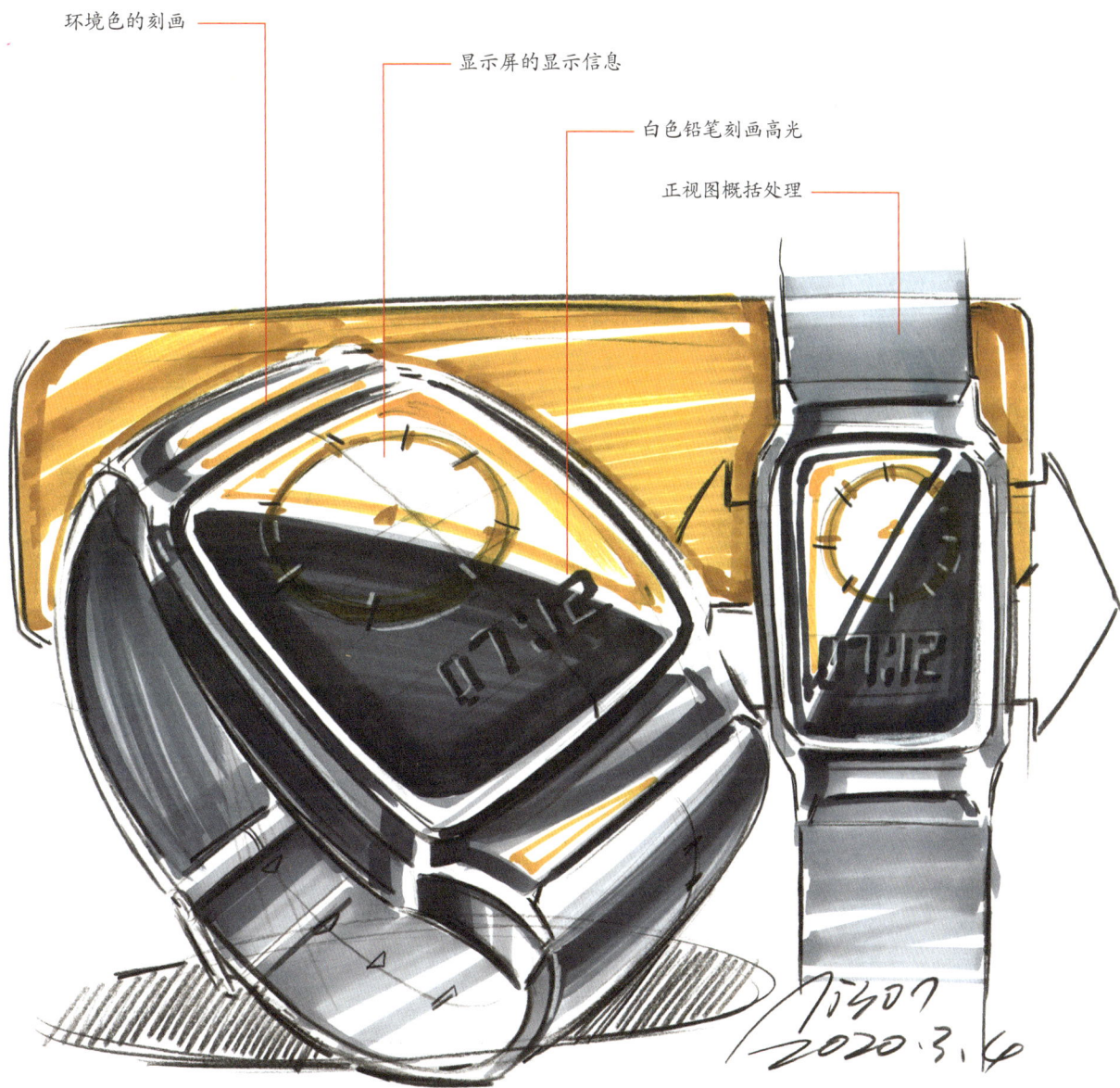

步骤08 用铅笔在两个显示屏上刻画信息，增强智能手表的识别性。用5号马克笔为背景铺色，并在手表反光处适当画点环境色，用铅笔画出投影。

8.9 VR眼镜设计

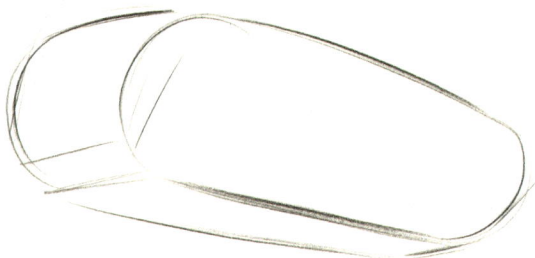

步骤01 把产品看作是一个几何体，根据比例画出大体轮廓。

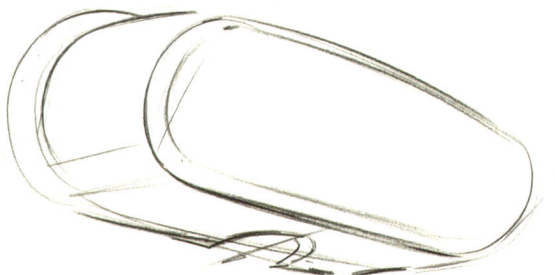

步骤02 确定整体造型并加重线条，注意线条的轻重变化。

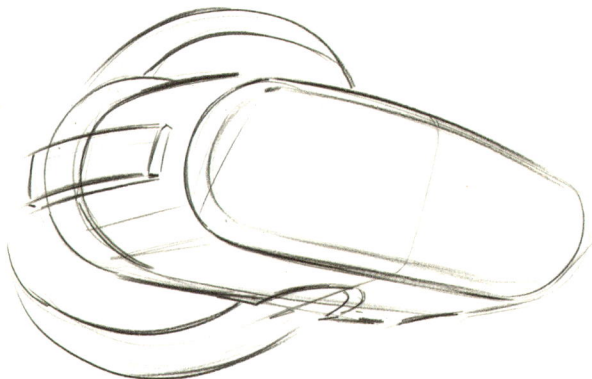

步骤03 画出固定绑带，注意虚化收尾。

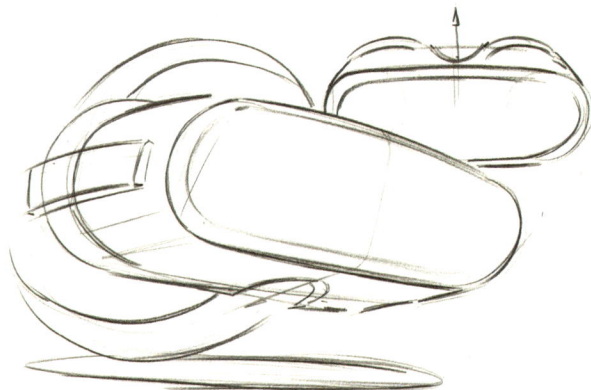

步骤04 再画出VR眼镜的正视图，并且画出主体的投影轮廓，以增强画面的空间感。

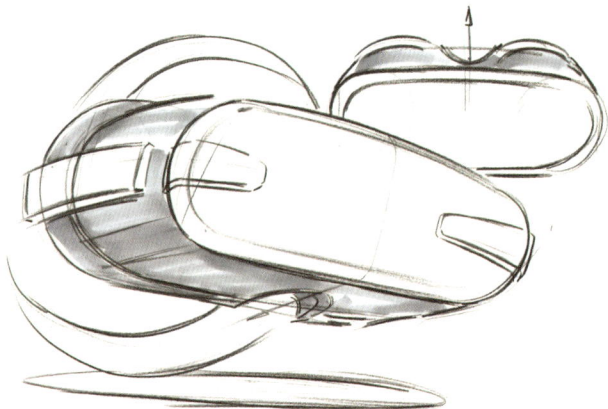

步骤05 用271号马克笔铺底色。

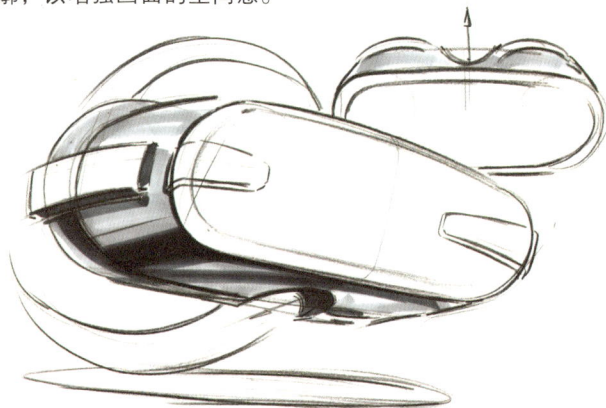

步骤06 用272号马克笔加重明暗交界线。

步骤07　使用深浅不同的270号~272号马克笔修整过渡处的颜色。

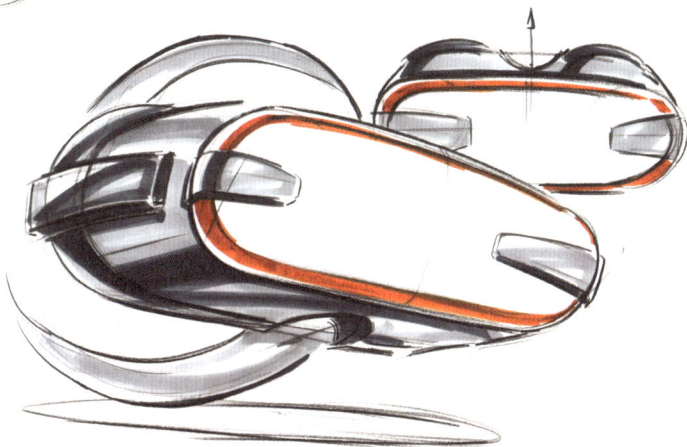

步骤08　用271号马克笔为主体的侧面结构铺色。用156号马克笔画出前面结构的暗部轮廓。

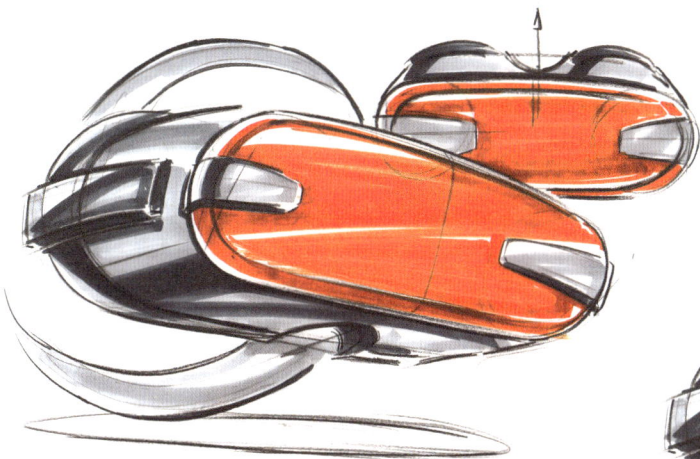

步骤09　用156号马克笔为整体的前面结构上色，根据透视的方向斜着运笔即可。因为此处是亮面，所以要适当留白。

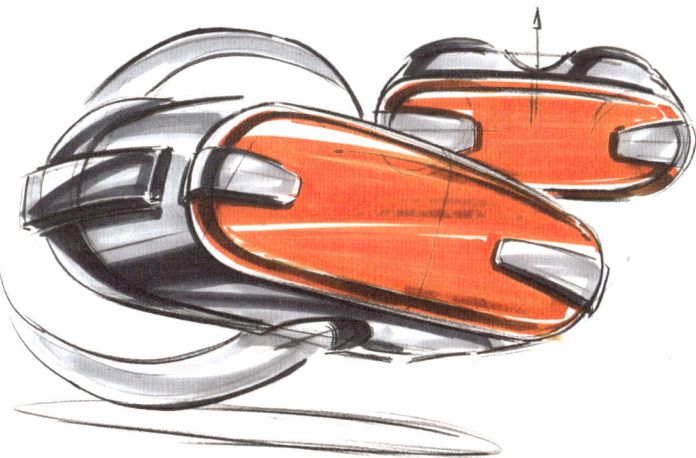

步骤10　用273号马克笔加重整体的暗部，加强对比。

270 271 272 273 156

虚化处理　　　　　线缝细节刻画

铅笔刻画表面肌理

弱化笔触深浅对比

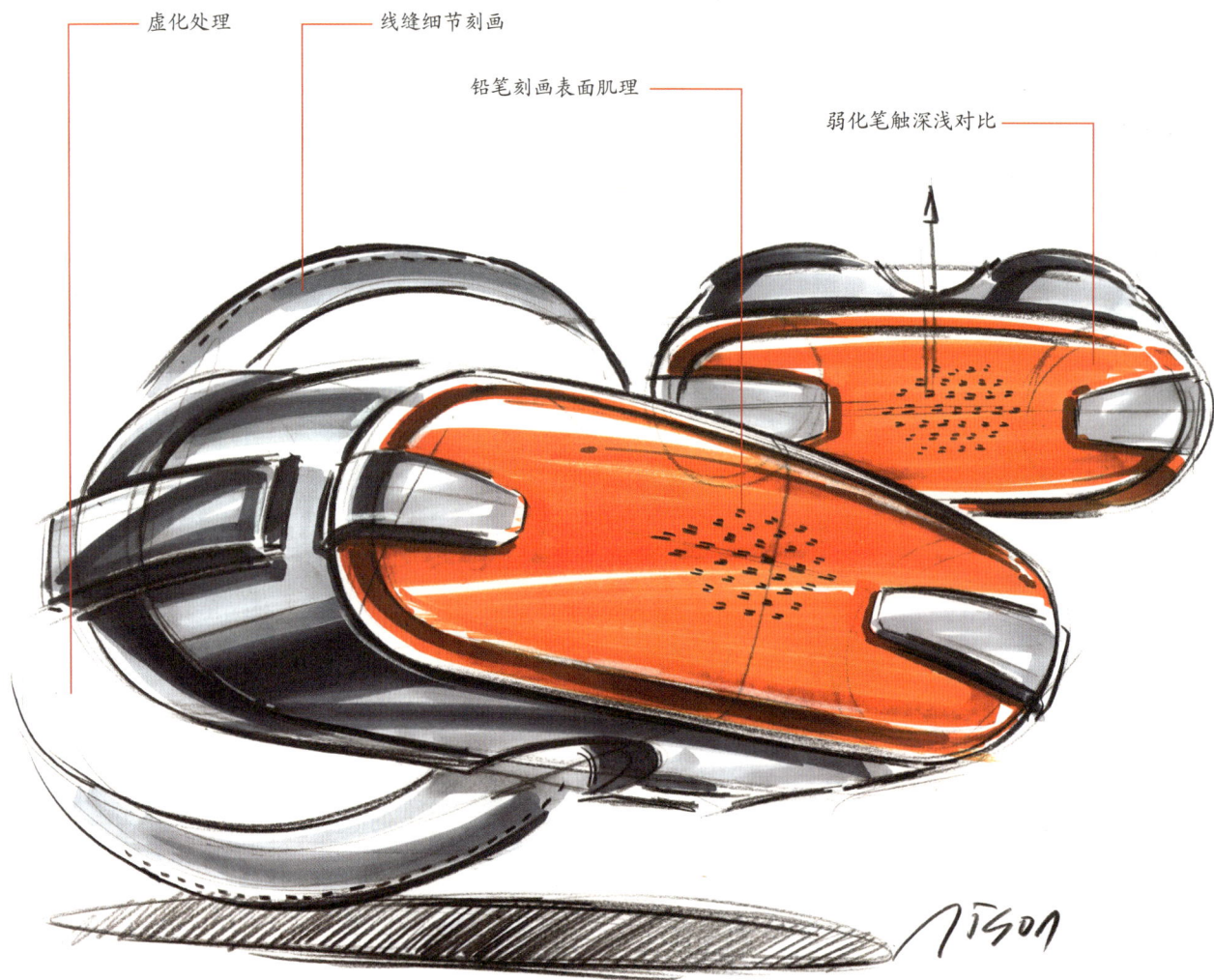

步骤11 用排线的方法画出投影，用铅笔刻画整体的前面结构的肌理和固定绑带的线缝细节。

8.10 练习任务

要求：参考本章的通信类产品设计效果图，选取其中一个案例临摹，可以主观变换视角和配色。

Infrared ray

inductor
njson
button
020.2.17.

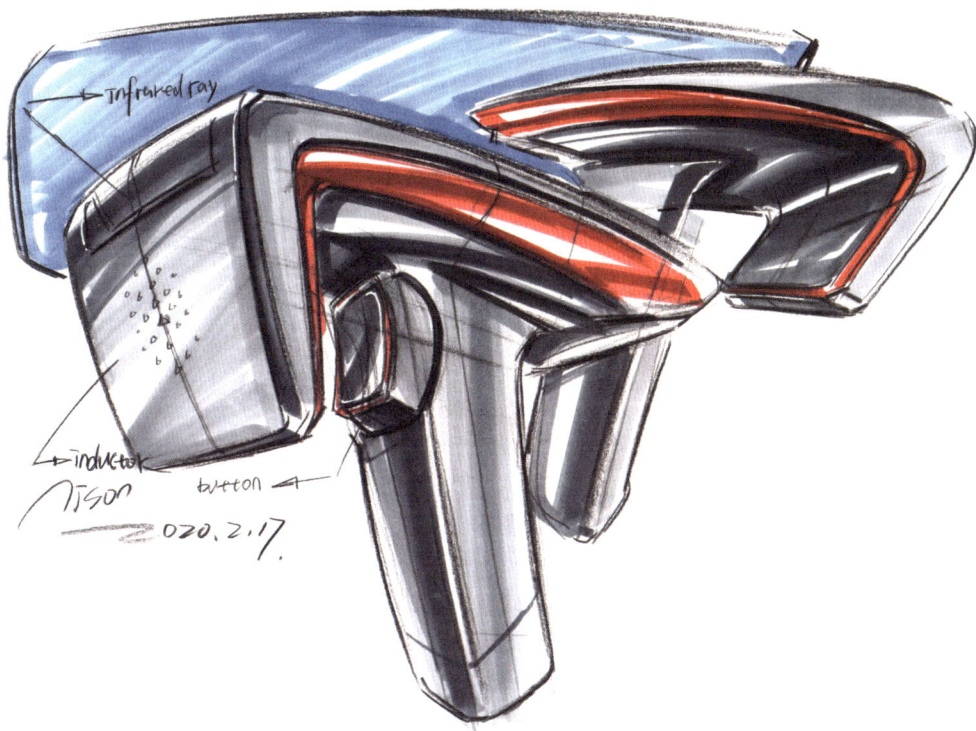

9.1 卷笔刀设计

步骤01 根据长宽高比例画出卷笔刀的大致几何体轮廓。

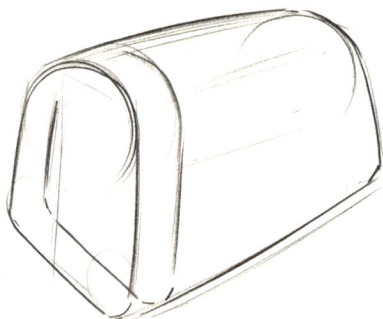

步骤02 在几何体的基础上画出卷笔刀的大致轮廓。

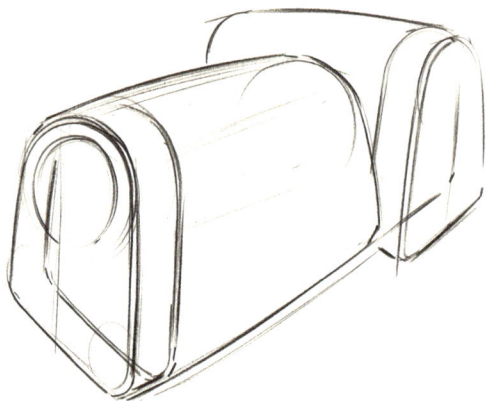

步骤03 画出另一个角度的另一个卷笔刀。

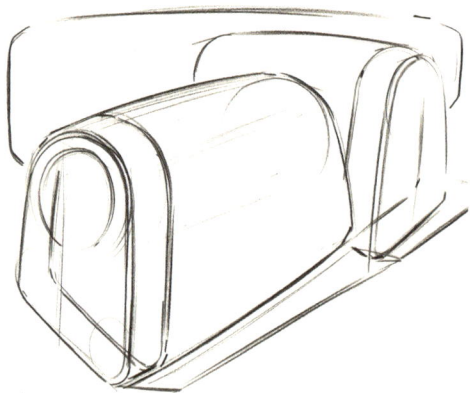

步骤04 给画面添加背景以平衡画面，画出铅笔刀投影。

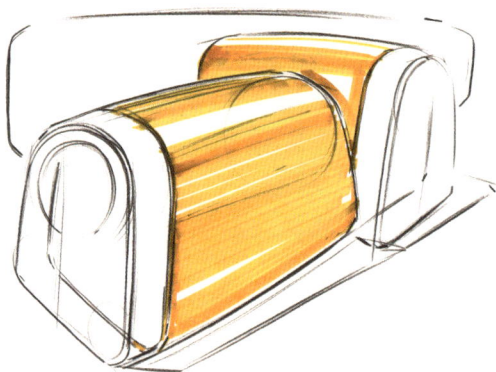

步骤05 用4号马克笔给两个卷笔刀的主体结构铺底色，高光处留白。

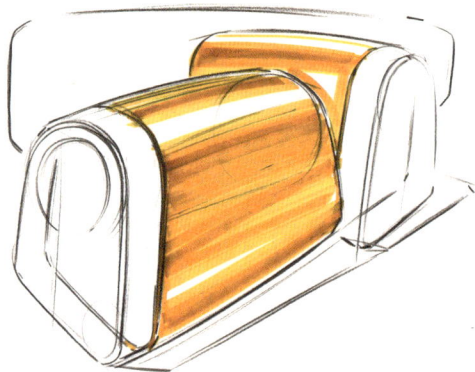

步骤06 用5号马克笔稍微加重结构转折的地方以丰富层次。

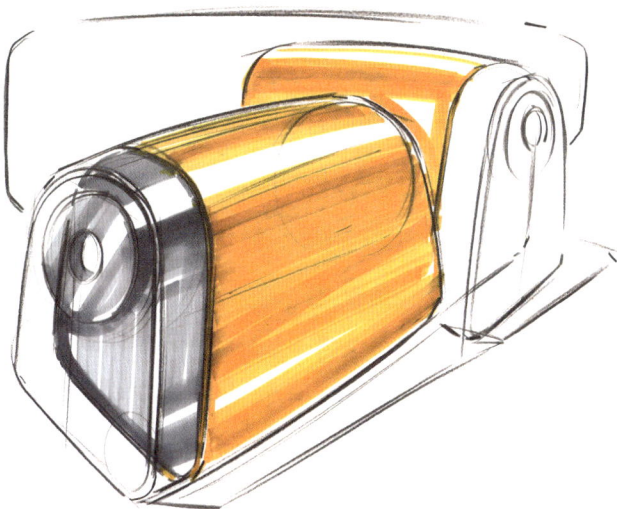

步骤07 因为卷笔刀前面的结构是透明材质，所以先用271号马克笔铺第一个卷笔刀内部的颜色。

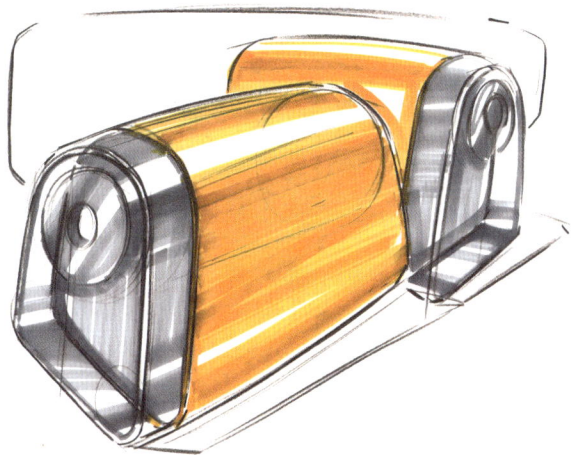

步骤08 用270号马克笔为另一个角度的卷笔刀铺色，注意明暗交界线与黄色结构一致。

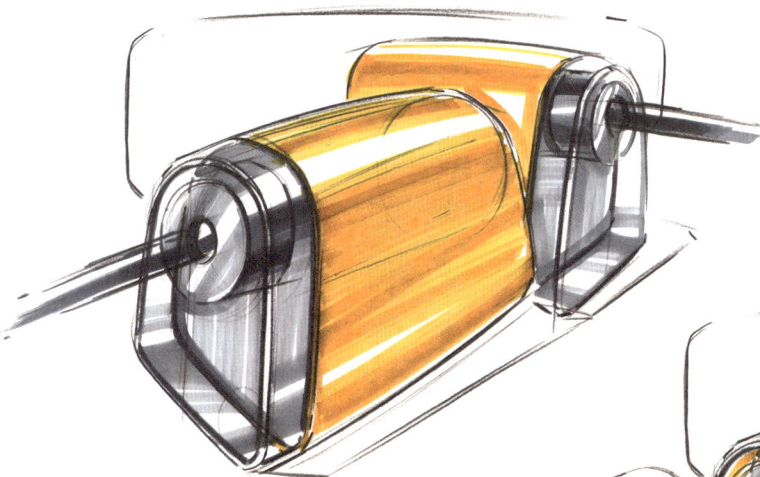

步骤09 用272号马克笔加重两个卷笔刀透明结构的暗部，并画出卷笔刀上的铅笔。

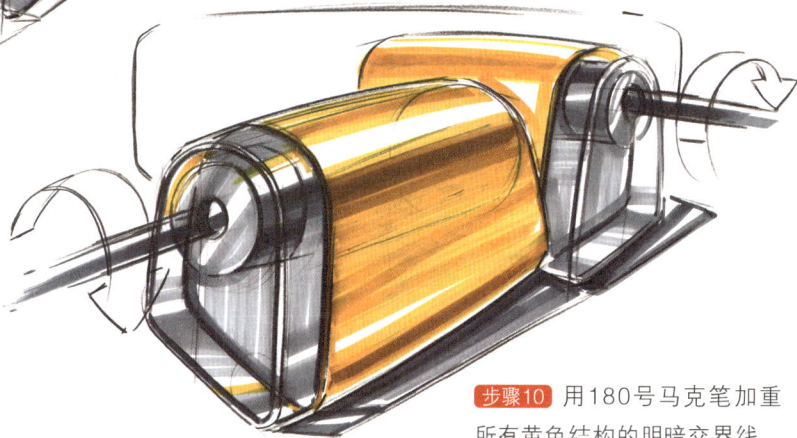

步骤10 用180号马克笔加重所有黄色结构的明暗交界线，用灰色马克笔画出投影。画出指示箭头。

270　271　272　4　5　180　241

转动示意箭头

透明材质表现

笔触的层次变化

颜色对比减弱

PENCIL SHARPENER

铅笔

透明材质

Tyson
2020.2.25.

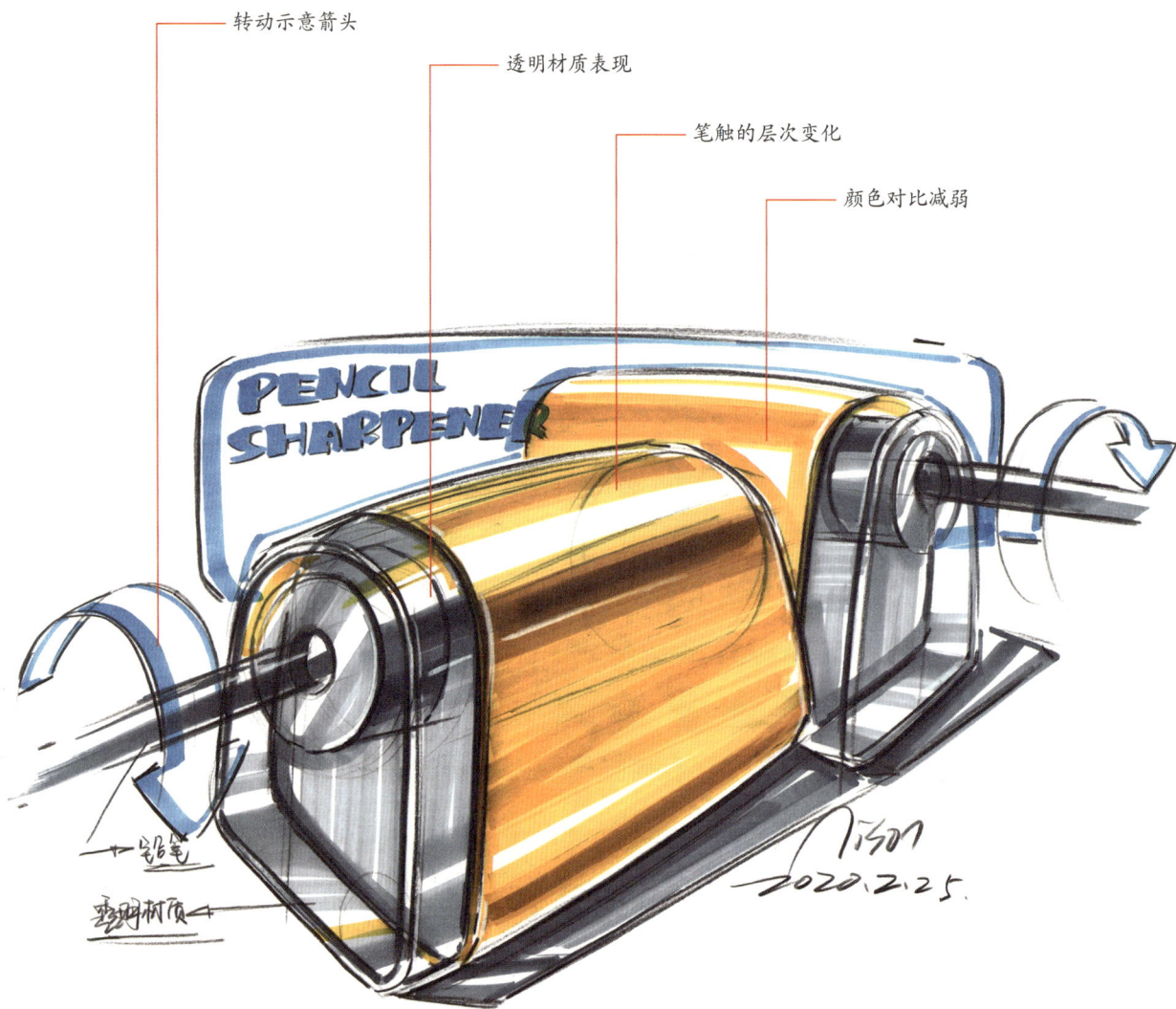

步骤11 用241号马克笔为箭头和背景上色，在所有透明结构上可以适当画几笔附近的颜色作为环境色。注释相应结构，最后用白色铅笔刻画高光细节。

9.2 订书机设计

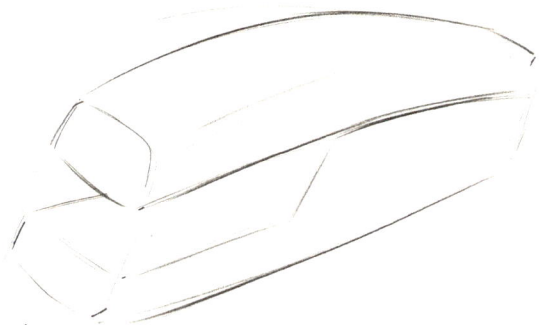

步骤01 画出订书机的外轮廓，并将上下部分连起来。

步骤02 调整外轮廓的比例，加重主要的结构线。

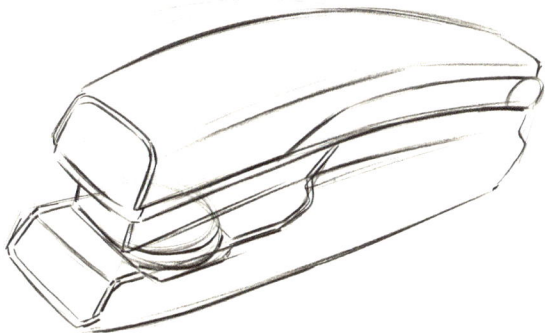

步骤03 修整并连接主要结构线，画出订书机材质的厚度。

步骤04 画出两个其他角度的订书机。

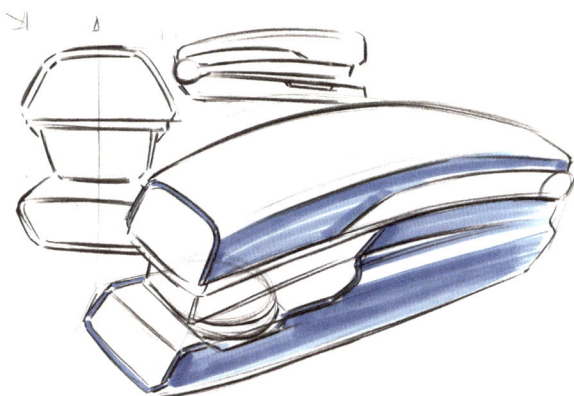

步骤05 定好光源方向，用241号马克笔平铺第一个订书机的暗面。

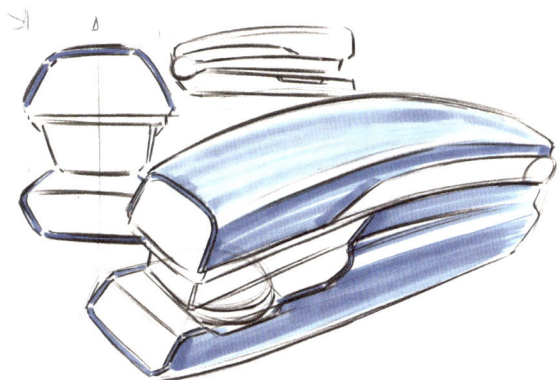

步骤06 用241号马克笔为第一个订书机的顶部铺色。

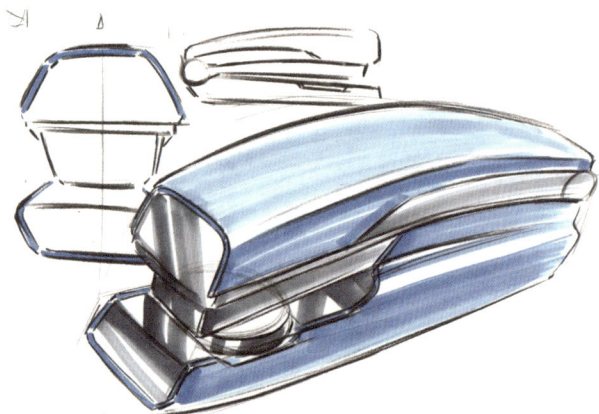

步骤07 用271号马克笔为第一个订书机里面的结构铺色，注意刻画金属材质的反光对比。

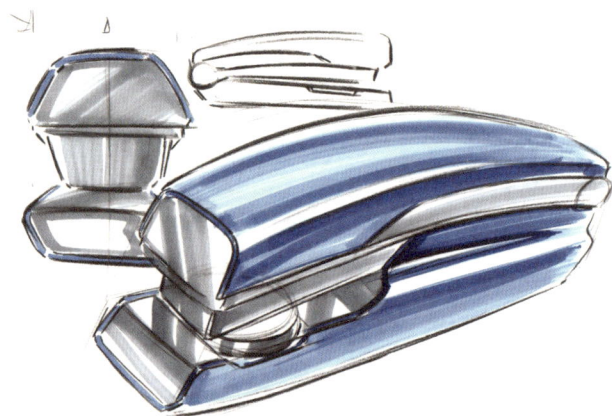

步骤08 用242号马克笔加重结构转折的地方，注意向下过渡。用271号马克笔为正面角度的订书机铺色。

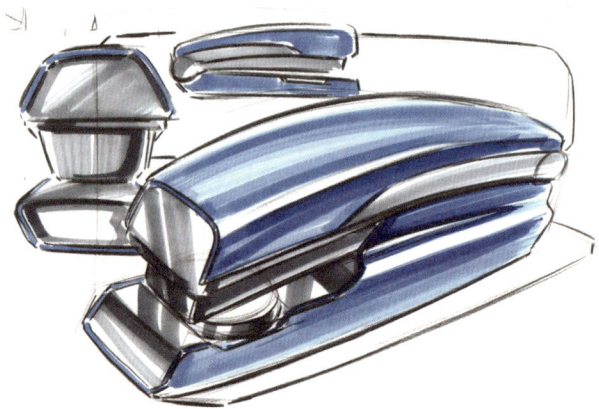

步骤09 用272号马克笔加重金属材质的暗面和转折处，强调对比。用同样的方法为侧视角度的订书机上色，并画出背景轮廓。

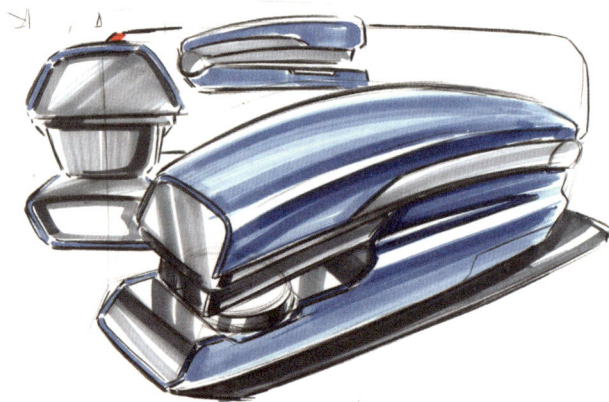

步骤10 用272号马克笔适当加重所有蓝色结构的明暗交界线，强调对比。用273号马克笔画出投影。

271　272　273　241　242　137

正视图概括处理

高光笔触的大小变化

运笔顺着曲面的弧度

投影的虚实变化

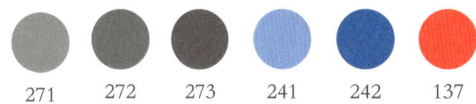

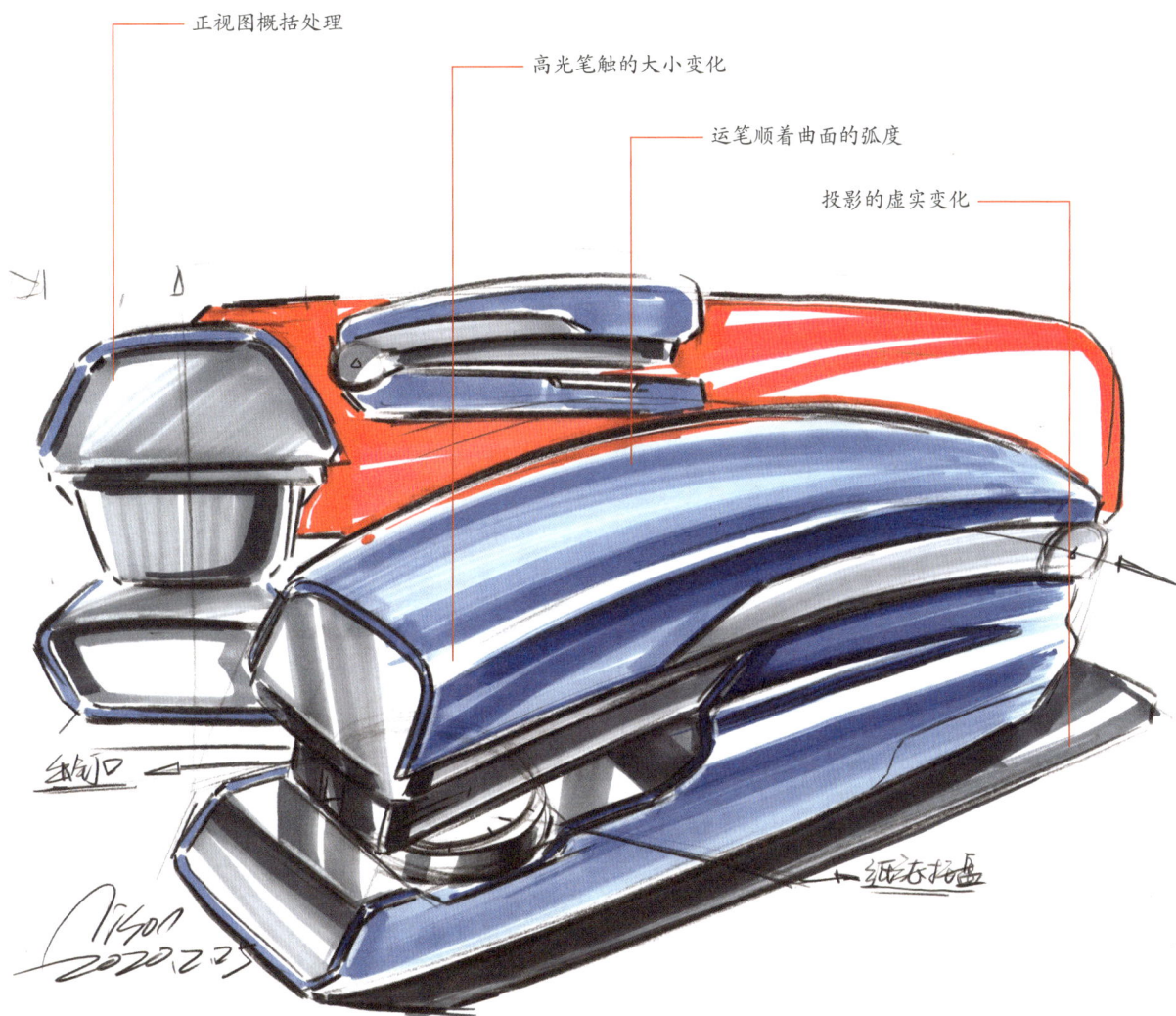

步骤11 用137号马克笔涂出背景色以平衡画面，注释相应结构，最后用白色铅笔刻画高光。

9.3 剃须刀设计

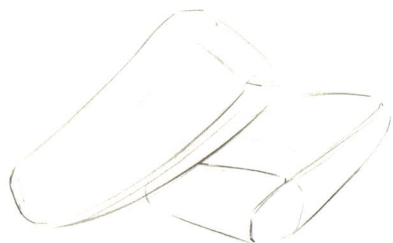

步骤01 画出两个不同角度的剃须刀的轮廓。

步骤02 根据比例画出大致结构，并加重线条。

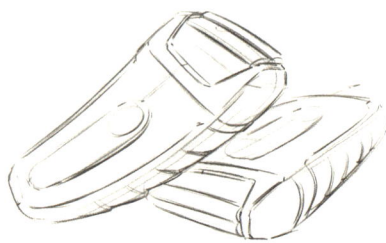

步骤03 细化剃须刀表面的结构特征。

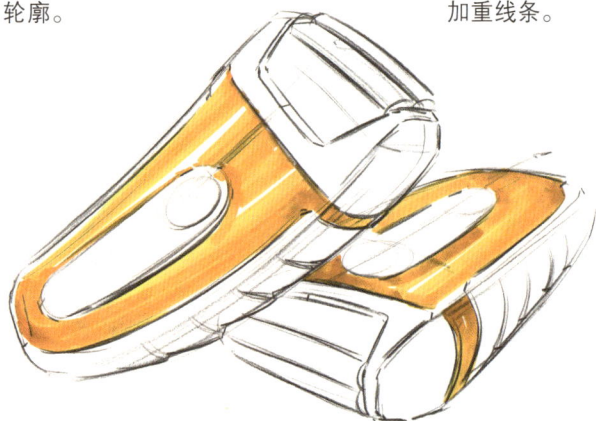

步骤04 用4号马克笔平铺表面区域。

步骤05 用5号和180号马克笔加重明暗交界线。

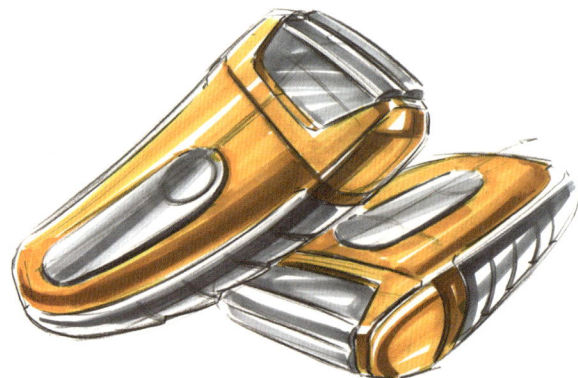

步骤06 用271号和272号马克笔为剃须刀两边的结构上色。

步骤07 用273号马克笔画出剃须刀的投影，用铅笔刻画剃须刀刀头部分的细节，以及背景和箭头的轮廓。

271	272	273	4	5	180	137

小笔头铺画点缀

运笔速度加快，颜色连成一片

刀头的细节刻画

刻画时注意主次分明

2020.2.28

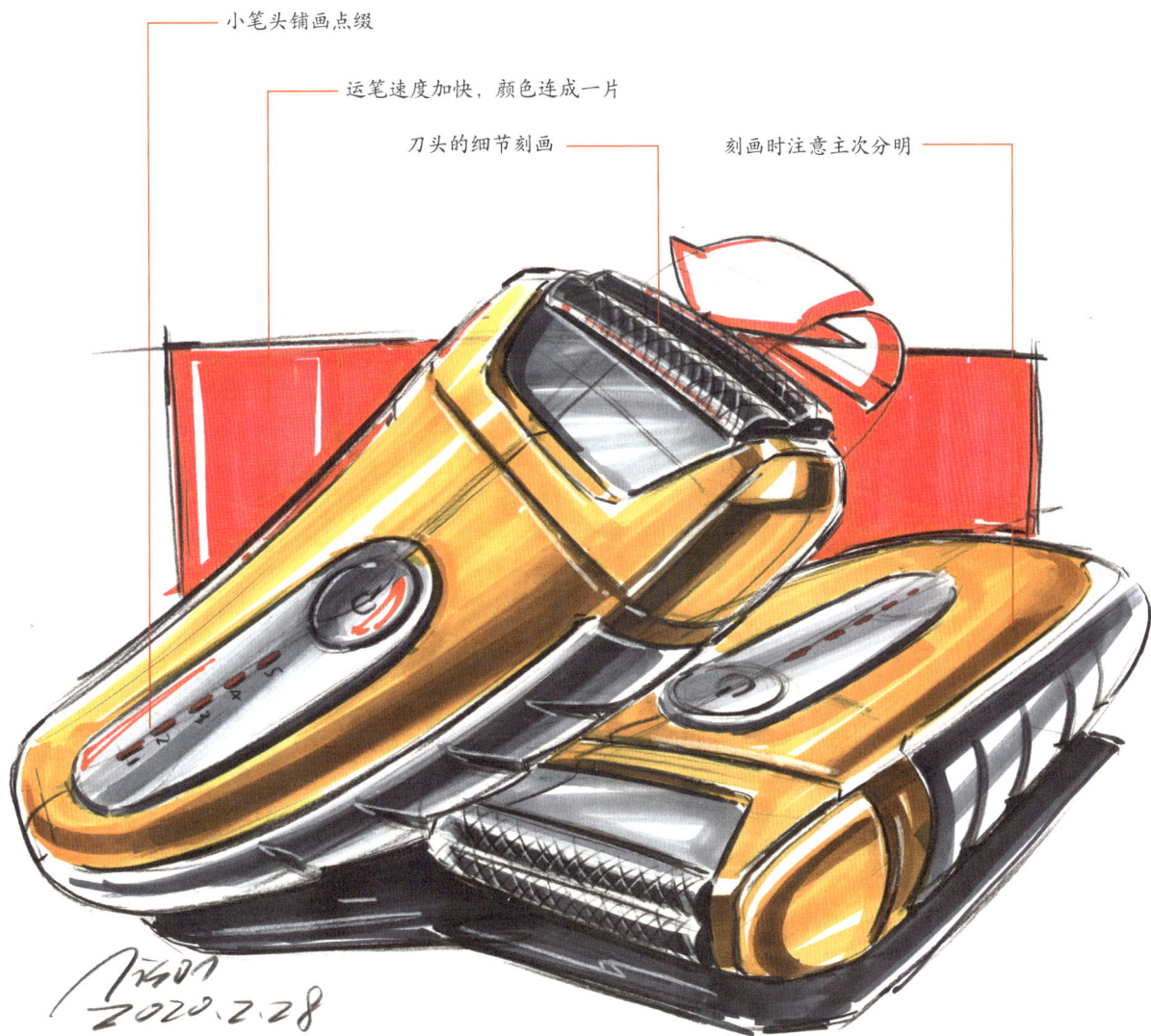

步骤08　刻画按键和刀头的细节，用137号马克笔为背景和箭头上色，用白色铅笔刻画结构转折处的高光。

9.4 美容仪设计

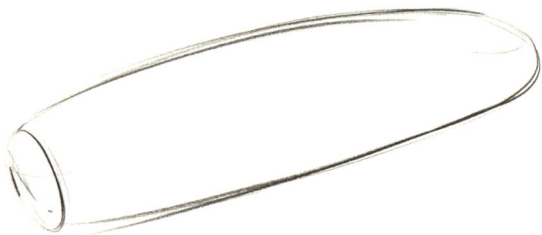

步骤01 把美容仪简化成圆柱体，画出大致轮廓，暂时忽略重点结构。

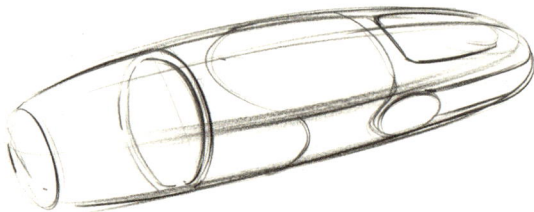

步骤02 在圆柱体的基础上划分出美容仪的结构。

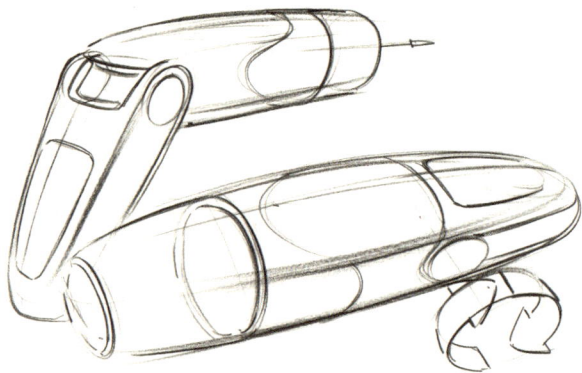

步骤03 画出不同使用状态下的另一个美容仪。画出指示箭头。

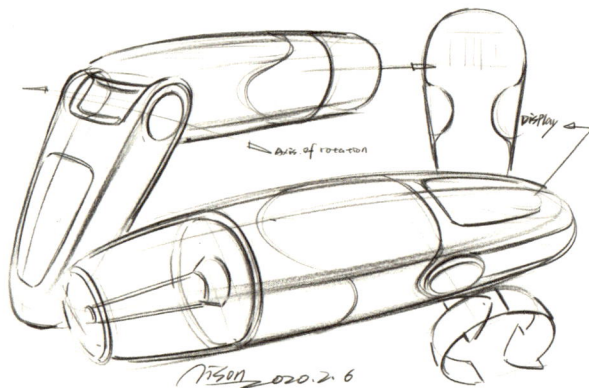

步骤04 细化结构线条，把结构连接处刻画清晰。放大刻画显示屏，注释相应结构。

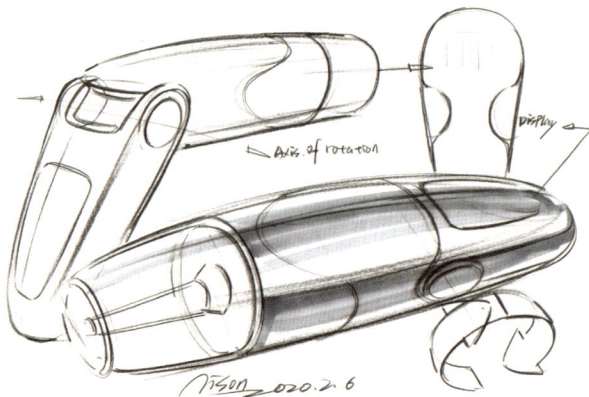

步骤05 用271号马克笔画出平直状态美容仪的暗面。

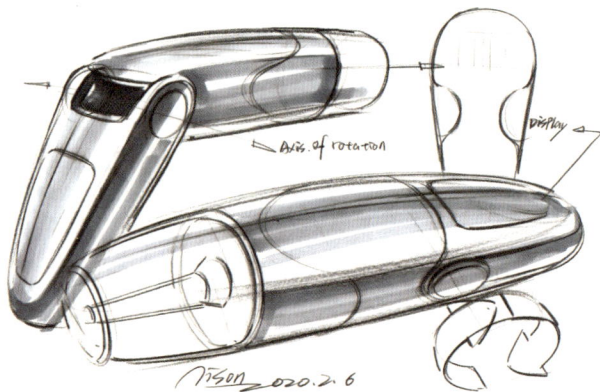

步骤06 用271号马克笔画出弯折状态美容仪的暗面，注意不同状态美容仪上的高光位置要统一。

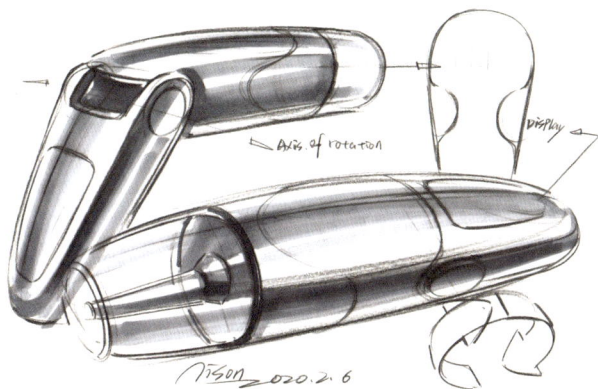

步骤07 用272号马克笔加重两个美容仪的明暗交界线。为透明结构上色时，应先为结构里面的部分上色。

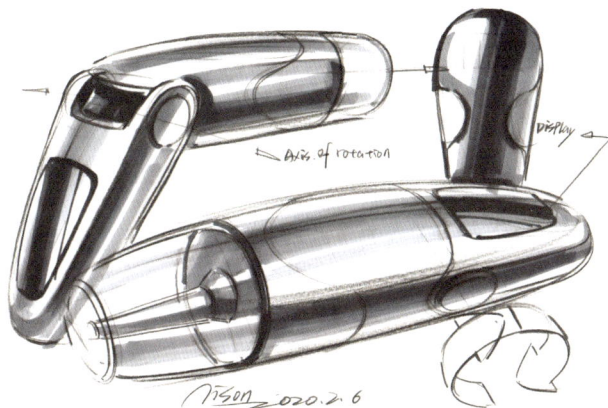

步骤08 用273号马克笔给所有显示屏铺色，可以切换马克笔的大小笔头来进行刻画。

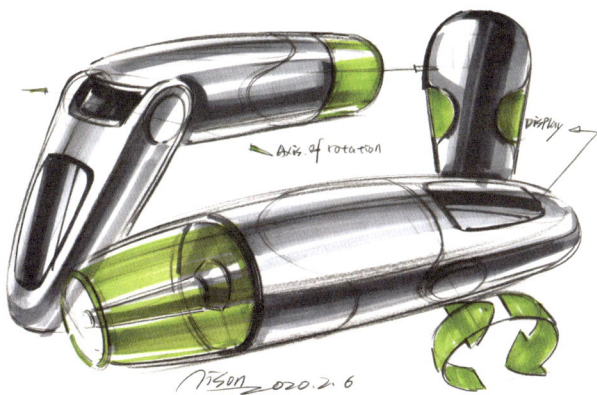

步骤09 用26号马克笔为透明结构和箭头铺色。26号属于比较浅的颜色，可以直接平铺。

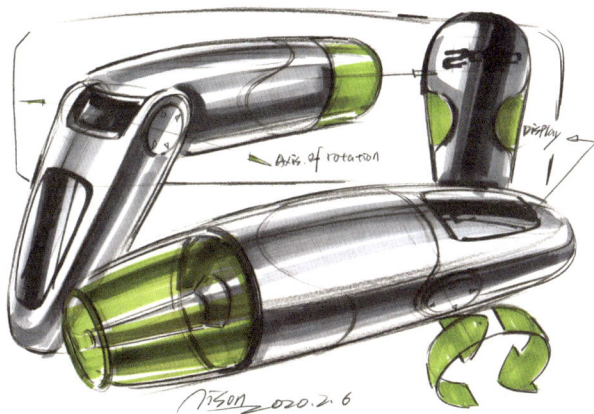

步骤10 用27号和30号马克笔加重透明结构的明暗交界线，注意明暗交界线要和整体统一。画出背景轮廓线。

271 272 273 5 26 27 30

不同使用状态的表现

连接处的笔触

整体的笔触概括

显示屏刻画

Axis of rotation

DisPlay

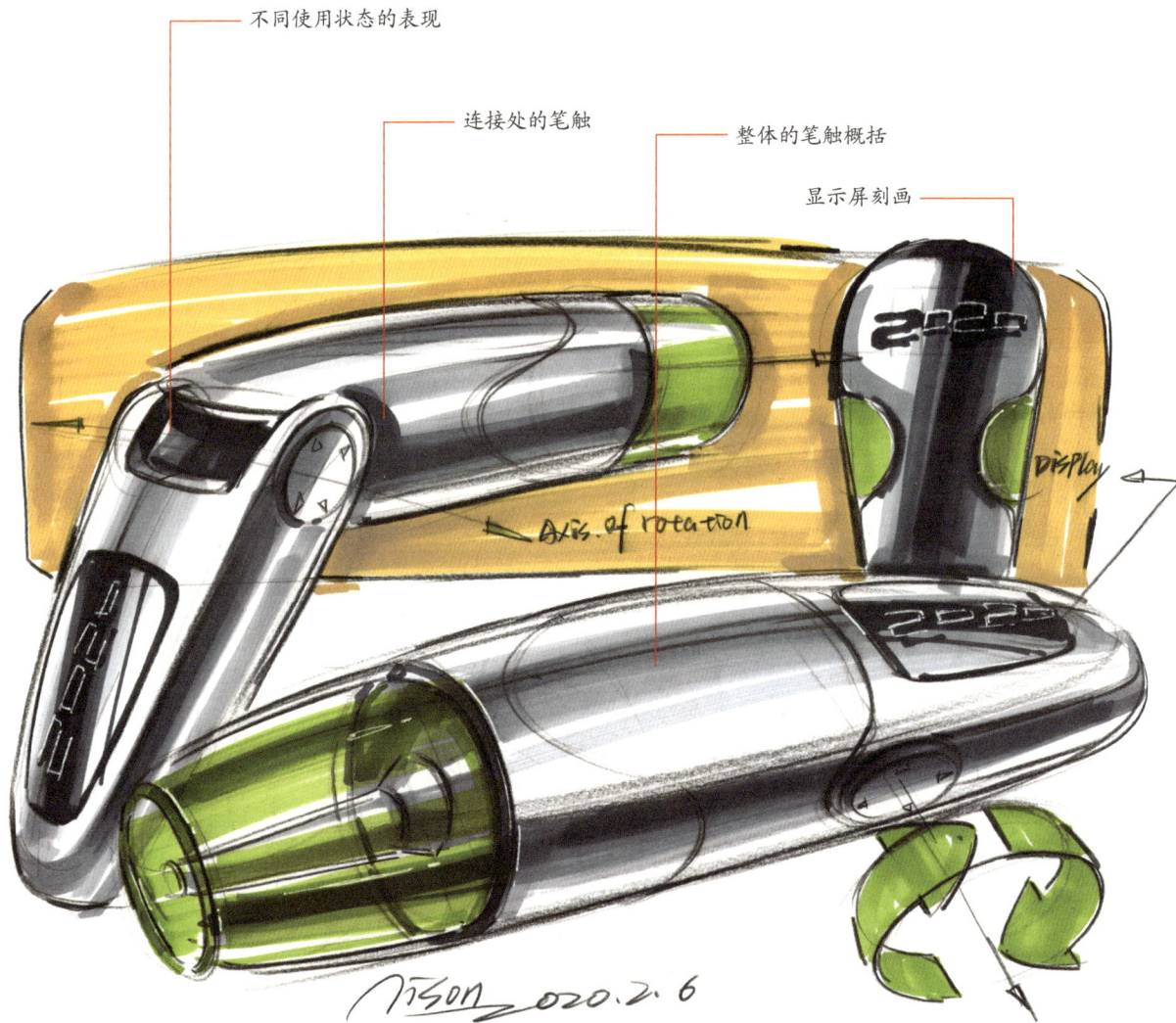

步骤11 刻画所有显示屏的细节，可以写上时间作为显示内容。用5号马克笔为背景铺色，用白色铅笔刻画高光，增强光感。

9.5 草坪机设计

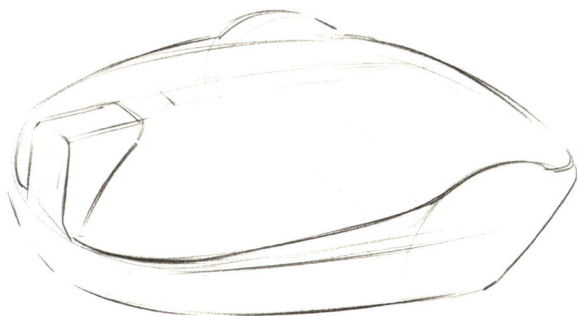

步骤01 先画出透视辅助线，借助辅助线画出草坪机轮廓。

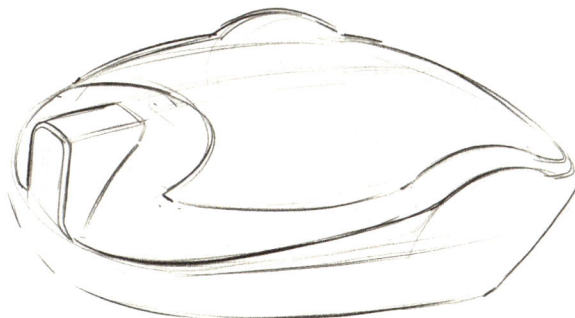

步骤02 加重主要结构线。

步骤03 根据中心辅助线画出草坪机里面的结构。

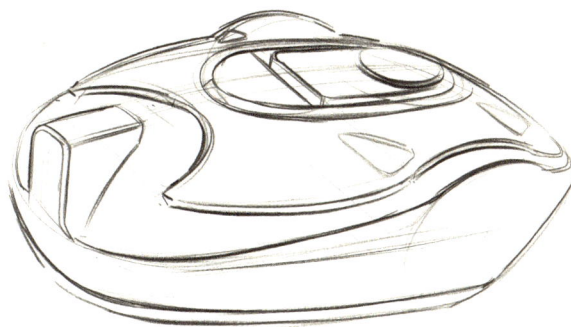

步骤04 修整整体的结构线，用橡皮把多余的杂线清理干净。

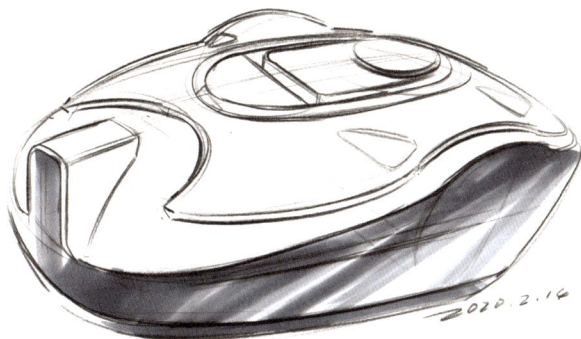

步骤05 用271号马克笔给侧面结构铺色，注意前后过渡自然。

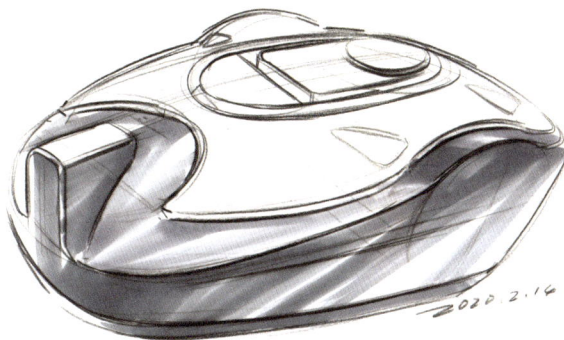

步骤06 用270号马克笔平铺顶部亮面，注意不要铺太满。

步骤07 顶部用270号马克笔平铺的颜色为底色，用271号马克笔过渡以丰富层次。

步骤08 用272号马克笔加重暗部和转折处的明暗交界线，注意控制运笔速度的快慢，连接好不同深浅的笔触。

步骤09 用156号马克笔给顶部的外壳铺色，注意曲面转折处的颜色深浅变化，高光处留白。

步骤10 用颜色更深的273号马克笔加重结构表现出厚度，使草坪机立体感更强，用铅笔强调被马克笔模糊掉的结构线。

270　271　272　273　156　241

边缘留白处理

亮面留白处理

不规则背景营造氛围

由前到后的虚实变化

2020.2.16

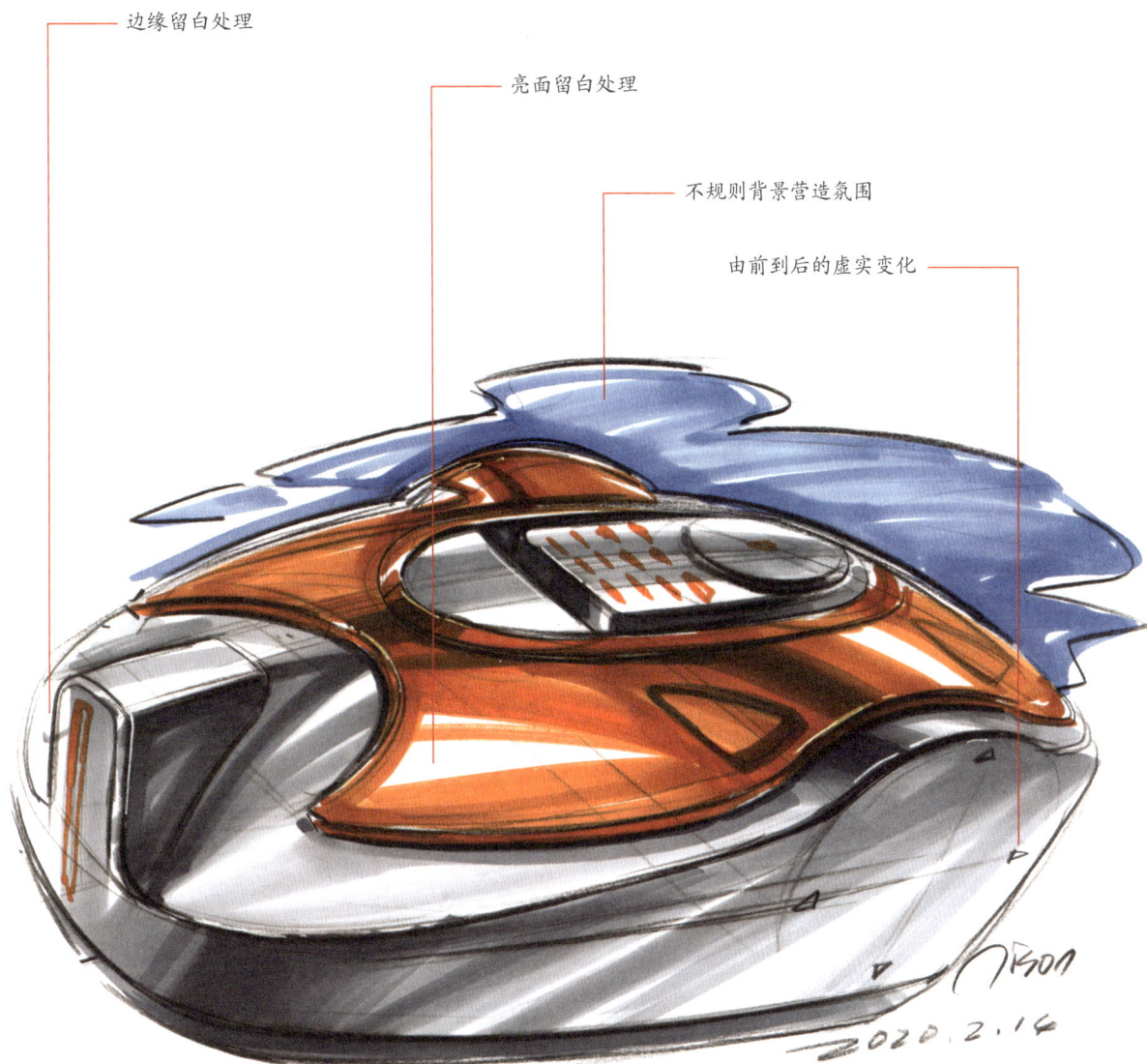

步骤11 用272号马克笔强调整体的明暗交界线，橙色结构中不要画太多重色。用241号马克笔为草坪机的背景铺色以丰富画面。

9.6 望远镜设计

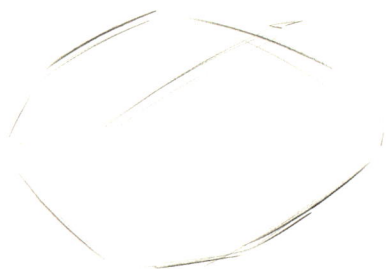

步骤01 用直线勾勒出望远镜的大致长宽比例。

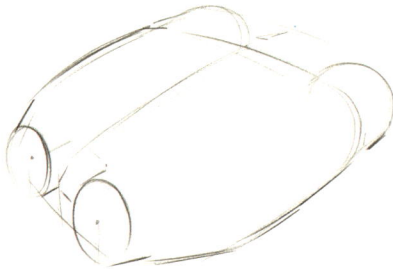

步骤02 根据比例画出望远镜的主要特征，画出前后的圆作为参考。

步骤03 调整圆的位置并加重线条，根据圆柱体的特征慢慢地把圆与其他结构连接上。

步骤04 画出投影的轮廓线，把整体的线条处理清晰，用橡皮将多余的杂线清理干净。

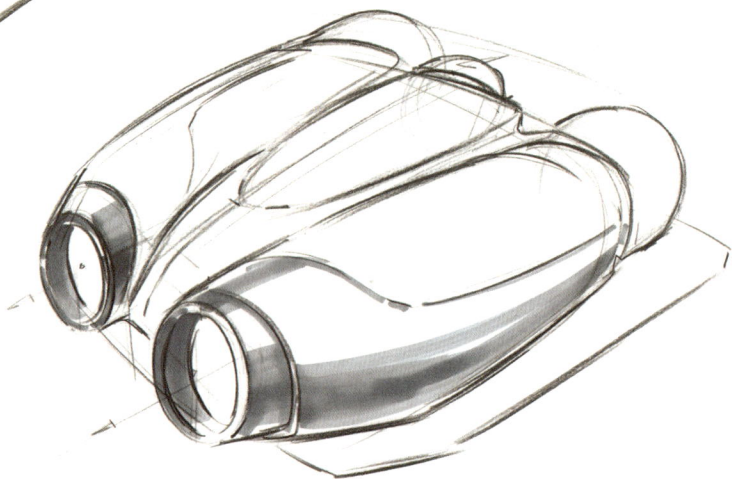

步骤05 根据圆柱的形体特征，用271号马克笔画出暗部和明暗交界线。

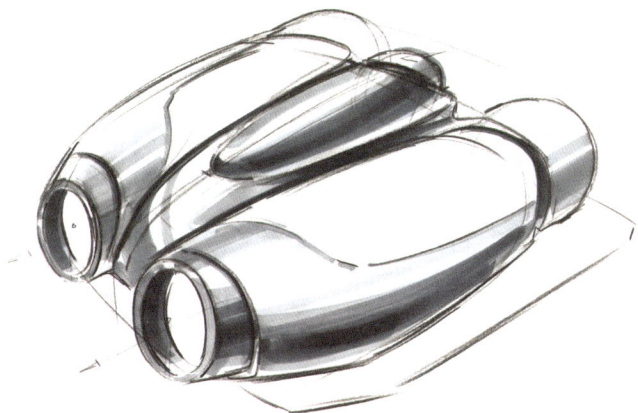

步骤06 用272号马克笔加重明暗交界线，注意前后的深浅和虚实变化。

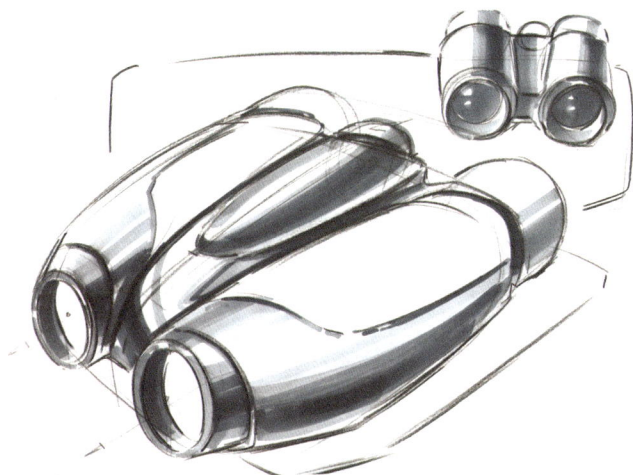

步骤07 画出望远镜的正视图，简单概括出主要形体即可。用同样的方法为望远镜的正视图上色，并画出背景轮廓线。

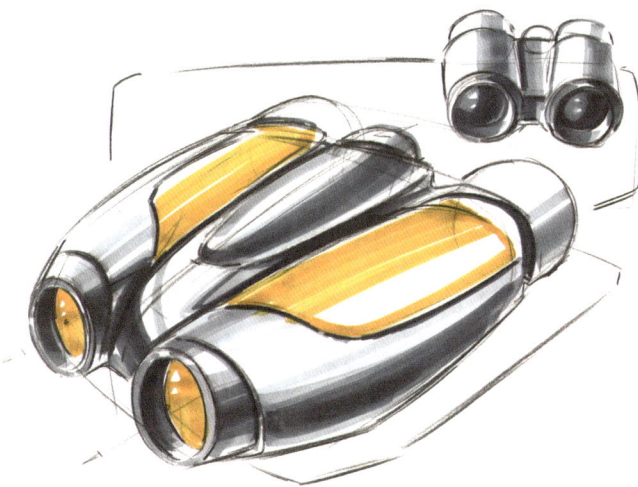

步骤08 用5号马克笔为顶部的皮革材质铺上底色，高光位置与整体保持一致，留白处理。

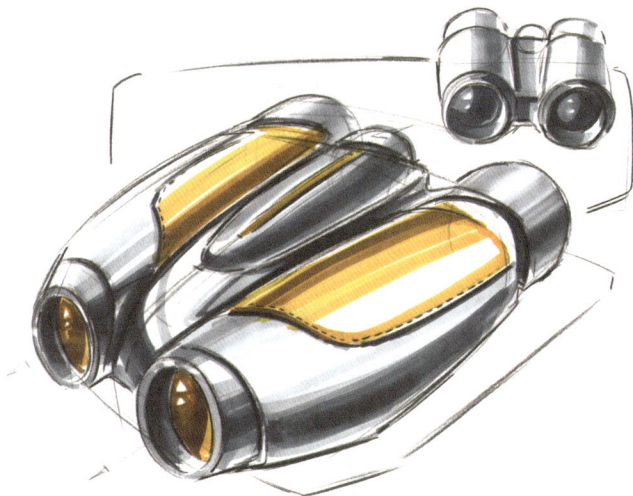

步骤09 用180号马克笔画出亮面与暗面的过渡，镜片中最突出的位置要留白以作高光。

271 272 273 5 180 241

边缘留白处理

深浅颜色过渡

描边强调造型

简单概括

TELESCOPE

镜片

皮革材质

TSON
2020.2.27

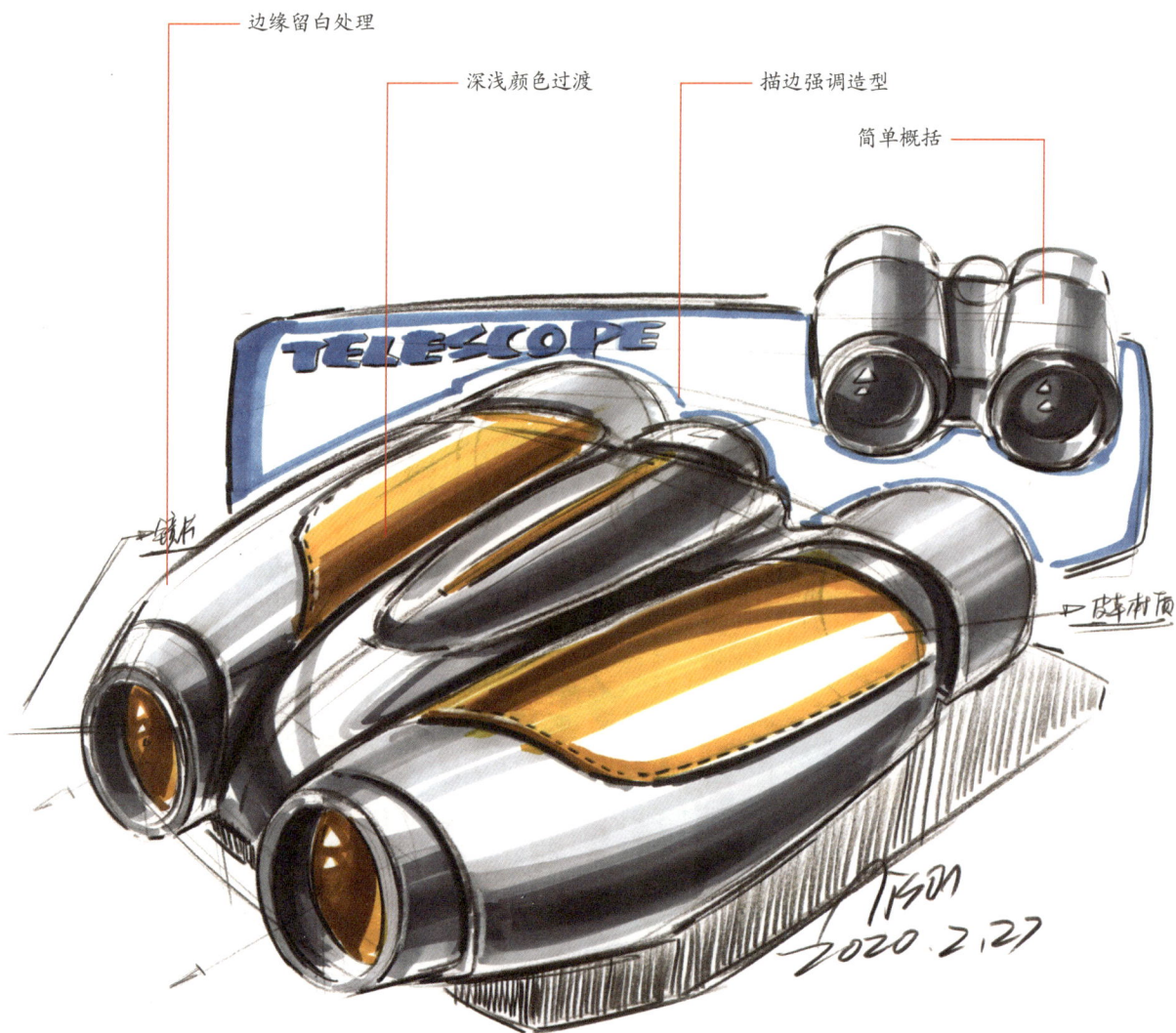

步骤10 用272号和273号马克笔加重相应的明暗交界线，用铅笔刻画皮革材质的线缝细节，用241号马克笔为背景上色，注释相应结构，最后用白色铅笔刻画高光。

9.7 灭火器设计

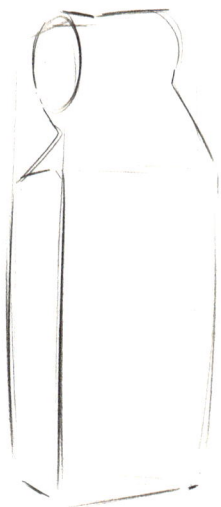

步骤01 勾勒出灭火器大致轮廓，此时可忽略小结构。

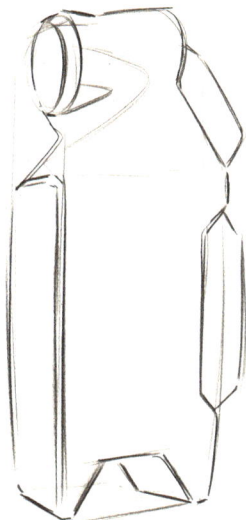

步骤02 确定整体造型并加重线条。

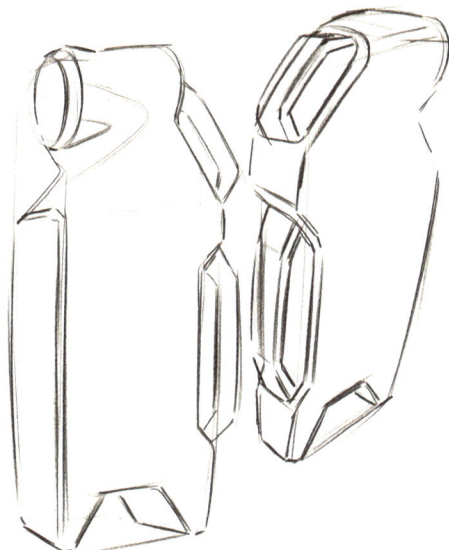

步骤03 画出另一个角度的另一台灭火器，注意线条的虚实之分。

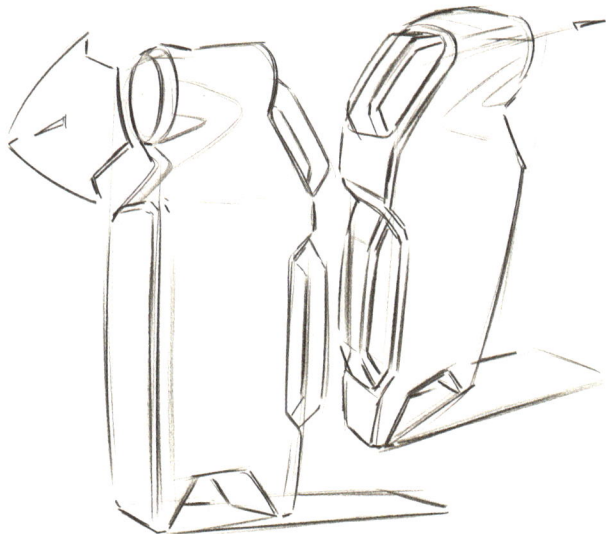

步骤04 细化两台灭火器整体的结构线，根据光源方向画出投影。

步骤05 用137号马克笔给第一台灭火器铺底色，在结构转折处留白。

步骤06 用同样的方法为另一台灭火器铺底色。

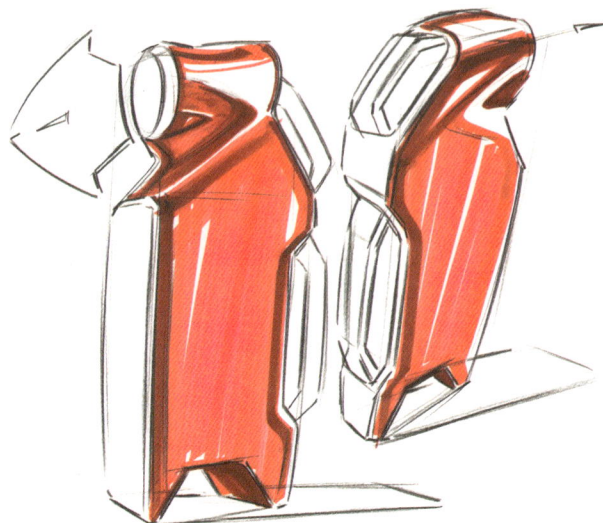

步骤07 用140号马克笔在两台灭火器结构转折的地方过渡涂色。

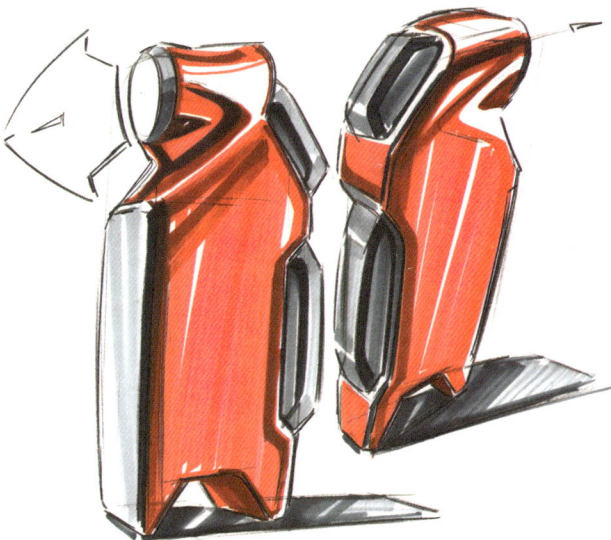

步骤08 用270号和273号马克笔分别给两台灭火器的亮面和暗面铺色，注意笔速要快。同时为投影上色。

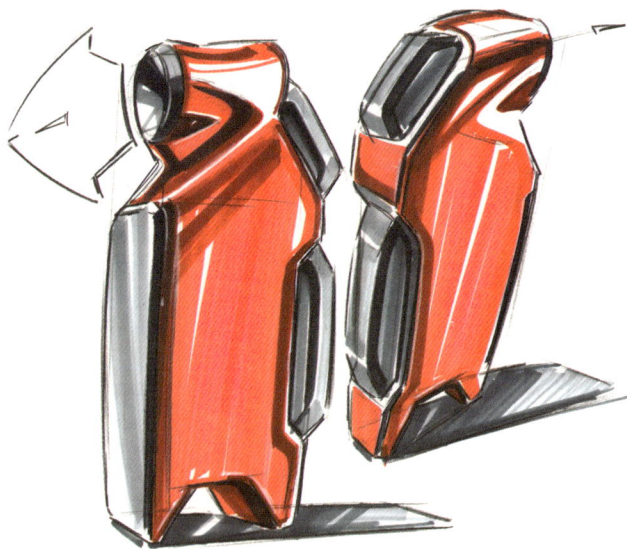

步骤09 用272号马克笔加重两台灭火器的暗部，刻画喷嘴结构的细节。

270　272　273　137　140　241

喷洒方向指示箭头

明暗变化

大面积铺色时尽量不要叠笔

投影增强空间感

Handel

nozzles

Tison 2020.3.4

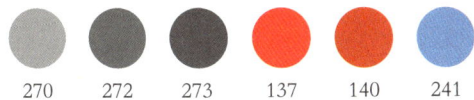

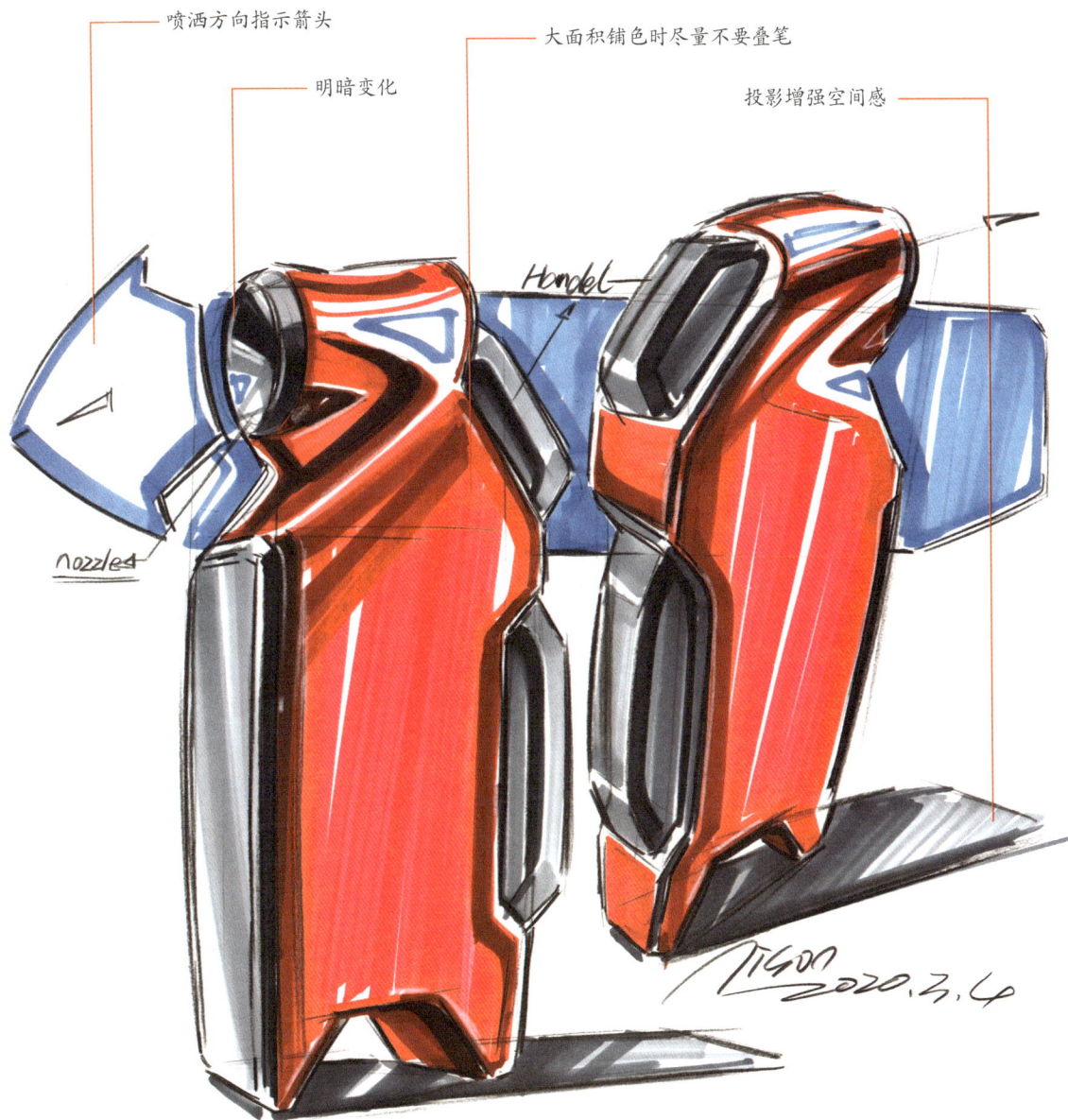

步骤10 用241号马克笔为背景铺色，两台灭火器的受光面上可以适当画点环境色表示反光。注释相应结构。

9.8 防毒口罩设计

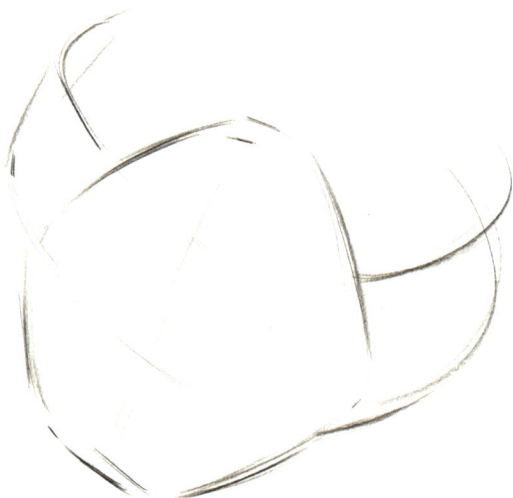

步骤01 起稿，把口罩的大致轮廓勾勒出来。

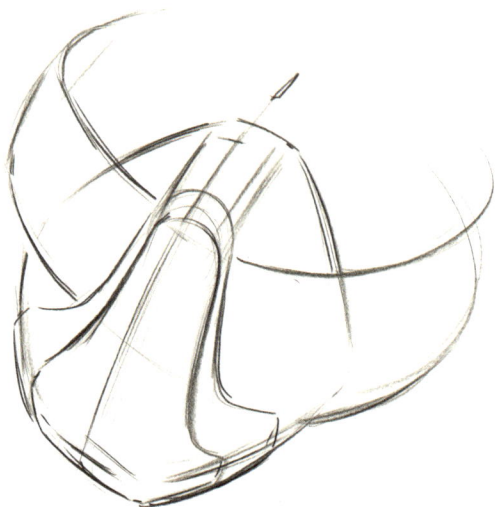

步骤02 调整整体形态并加重关键结构线。

步骤03 画出另一个角度的另一个防毒口罩。

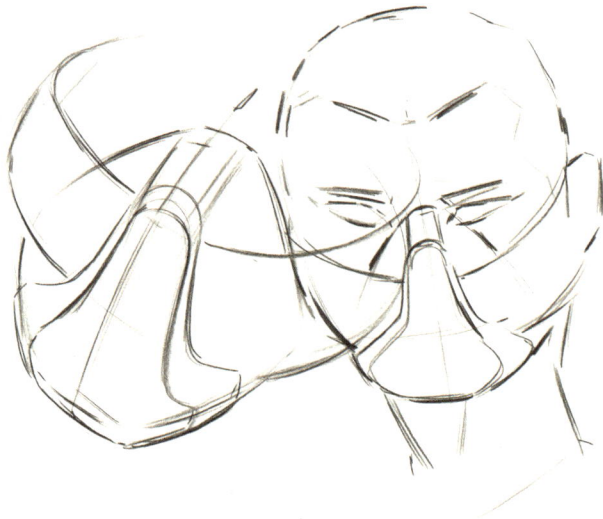

步骤04 给另一个防毒口罩画出头部以展示佩戴方式。

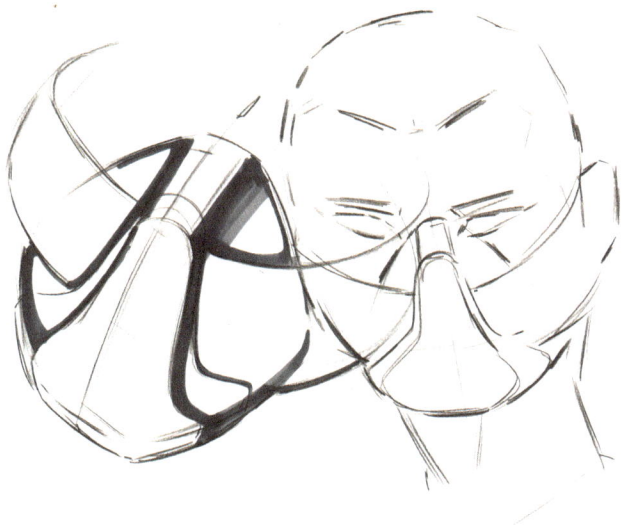

步骤05 用272号马克笔将第一个防毒面罩的暗部划分出来。

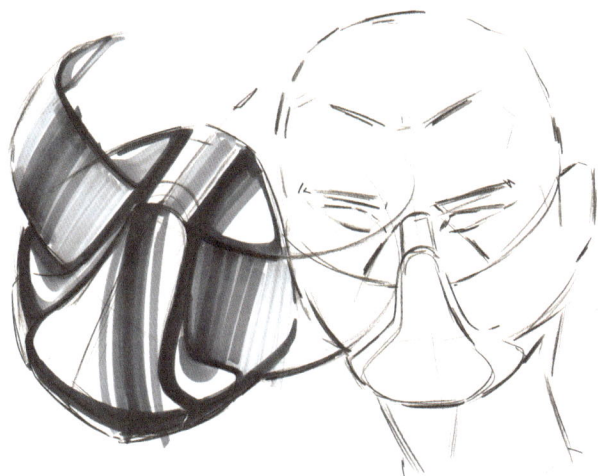

步骤06 用271号马克笔为第一个防毒口罩的整体概括铺色，注意明暗面的深浅变化。

步骤07 用同样的方法为另一个防毒口罩铺色，但使用稍浅的270号马克笔，运笔时注意结构的转折。

步骤08 用272号和273号马克笔加重所有防毒口罩相应的结构转折处。用铅笔画出背景轮廓。

270　271　272　273　26

线缝细节刻画

顺着结构走势运笔

头部佩戴效果

固定带

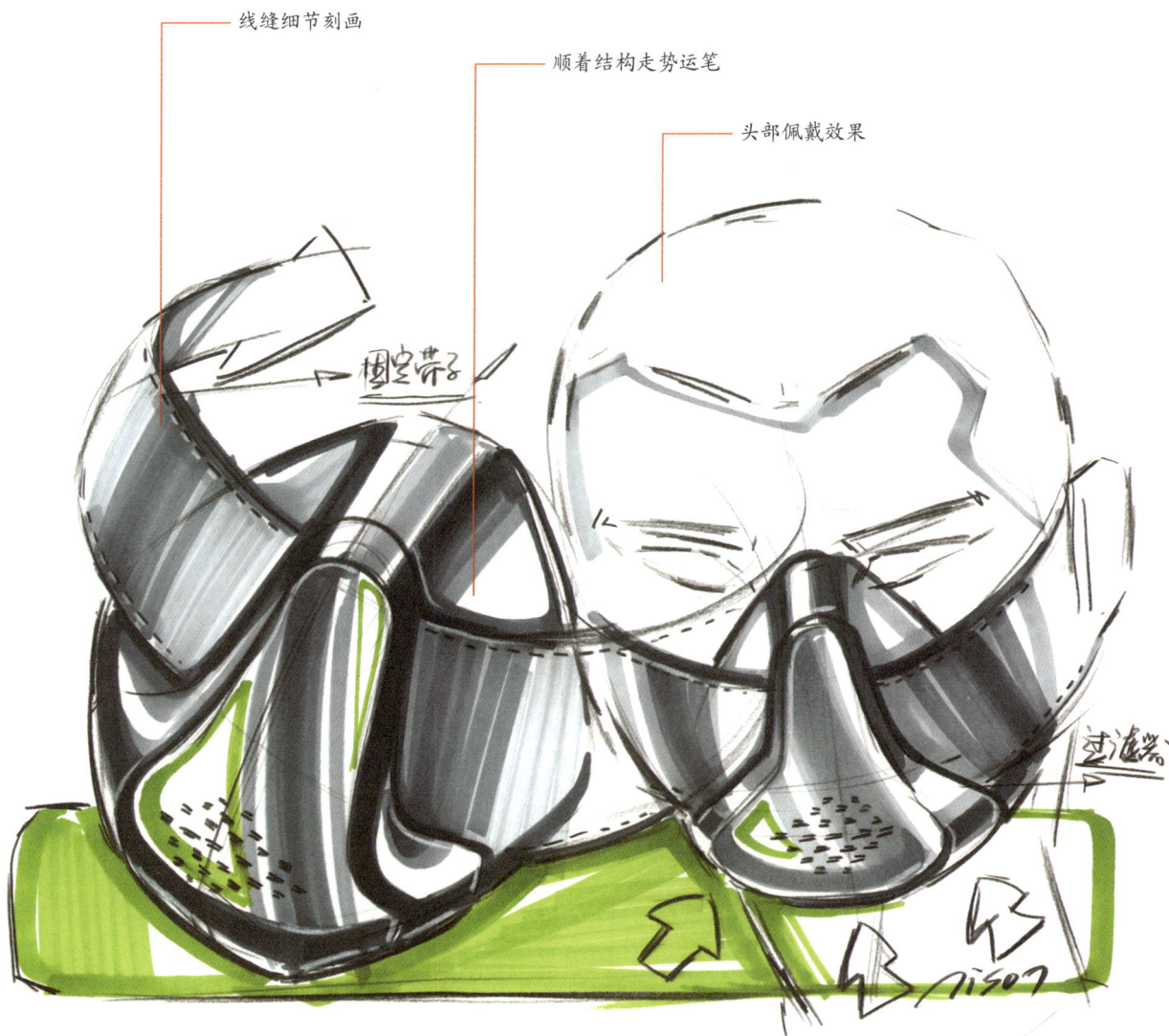

步骤09 刻画两个防毒口罩的进气口的肌理和固定绑带的线缝细节，用白色铅笔刻画高光以丰富层次。注释相应结构，用26号马克笔为背景铺色。

9.9 高尔夫球杆设计

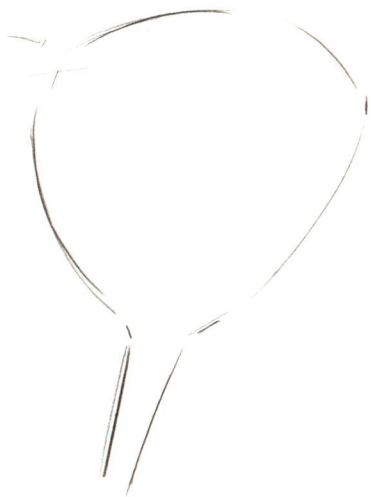

步骤01 根据造型比例勾勒出高尔夫球杆大致的轮廓。

步骤02 画出辅助线，再根据辅助线画出相应的细节结构。

步骤03 细化高尔夫球杆上面的结构，注意先画大结构再画小结构。

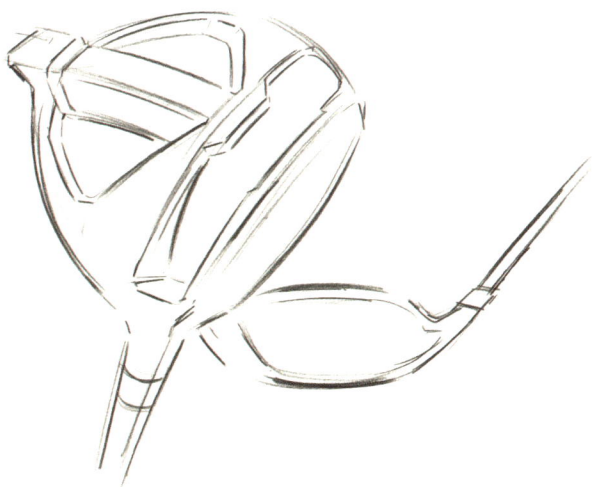

步骤04 确定整体的结构并将其刻画清晰，若有脏线则用橡皮擦除。画出另一个角度的另一支球杆。

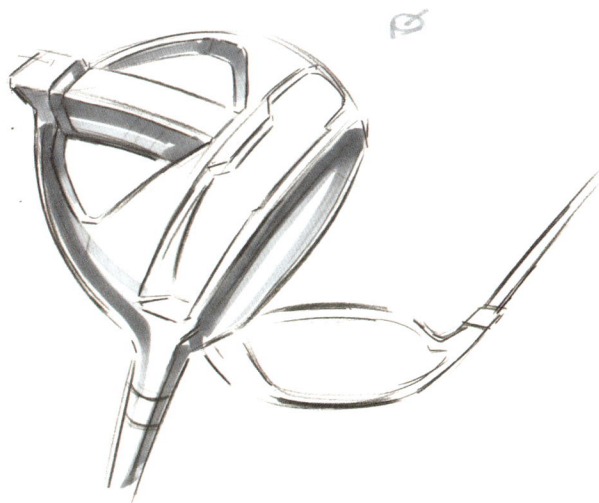

步骤05 定出光源方向，用271号马克笔铺画第一支球杆暗部。

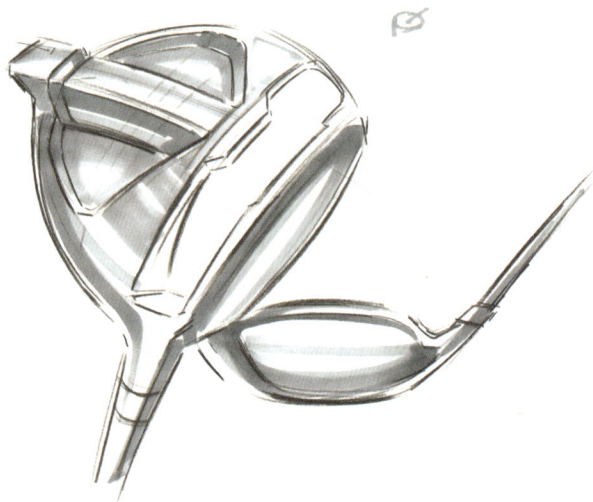

步骤06 用270号马克笔铺画两支球杆顶部亮面，运笔时切勿停顿，否则会出现晕开的色块，从而影响画面效果。

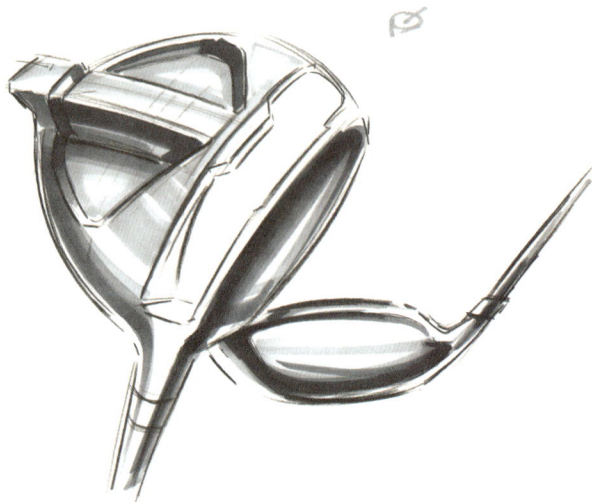

步骤07 用272号马克笔加重两支球杆的暗部，注意弧面特点，颜色最重的地方就是最凸出的地方。

步骤08 马克笔容易把主要的结构线盖住，此时可以用铅笔修整一下。用铅笔画出背景和高尔夫球的轮廓，以及第二支高尔夫球杆的投影。

步骤09 用26号马克笔为背景上色，以平衡画面色彩，用灰色马克笔为高尔夫球上色，增强画面的识别性。

270　271　272　273　26　30

远处的概括笔触

明暗面的转折处理

丰富产品识别辅助信息

弧面的高光

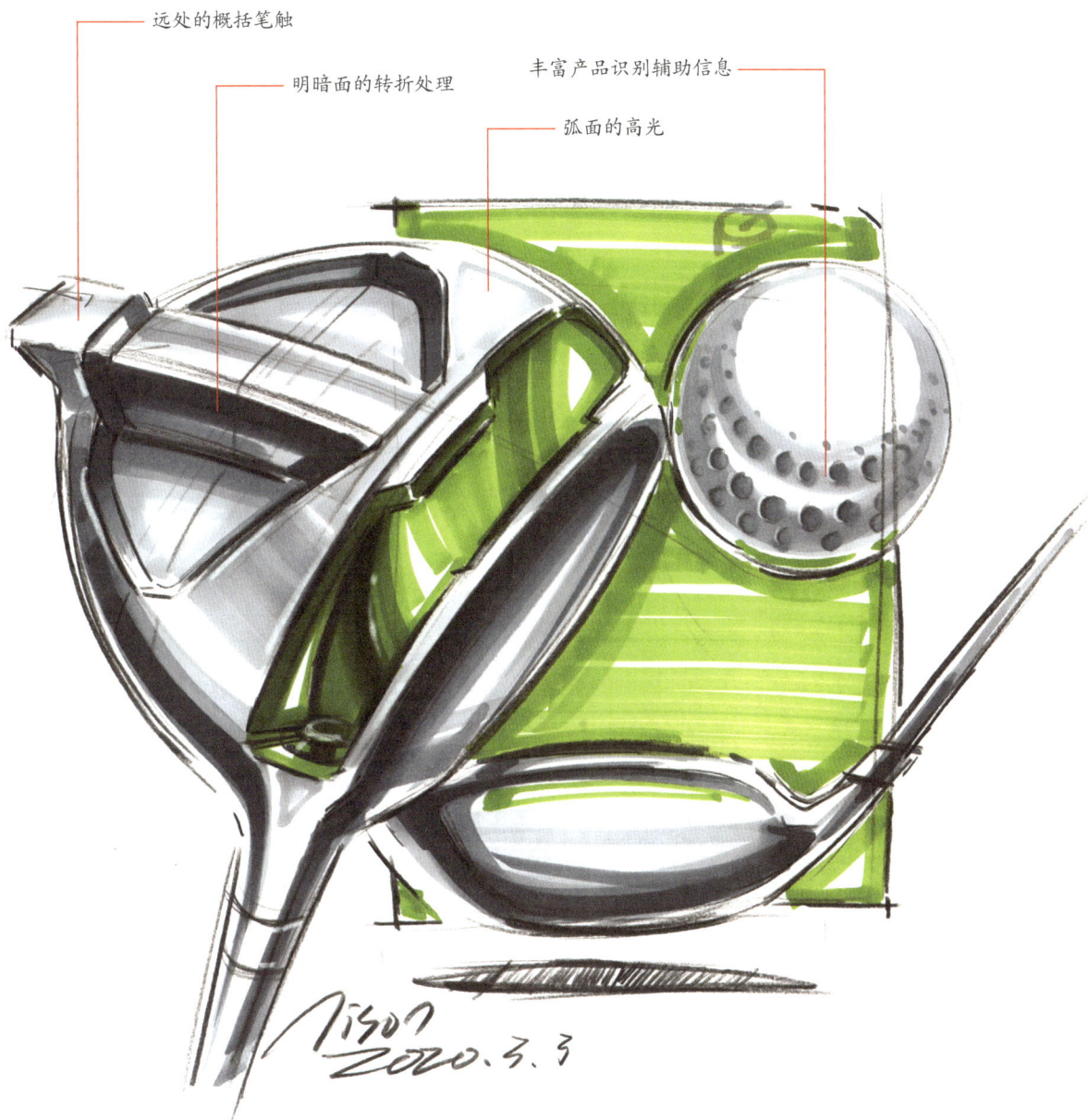

步骤10 用272号和273号马克笔加重整体的暗部和明暗交界线，用30号马克笔加重绿色暗部，注意过渡要均匀，最后用白色铅笔刻画高光以丰富层次。

9.10 登机牌扫码器设计

步骤01 利用大长线勾勒出登机牌扫码器的大致轮廓。

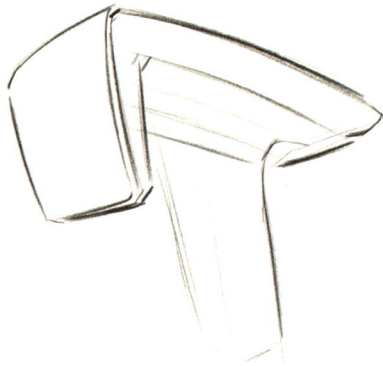

步骤02 修整整体造型并加重主要的结构线。

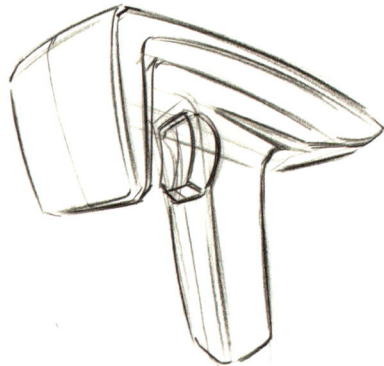

步骤03 完善结构线并画出按钮，画按钮时可以借助辅助线。

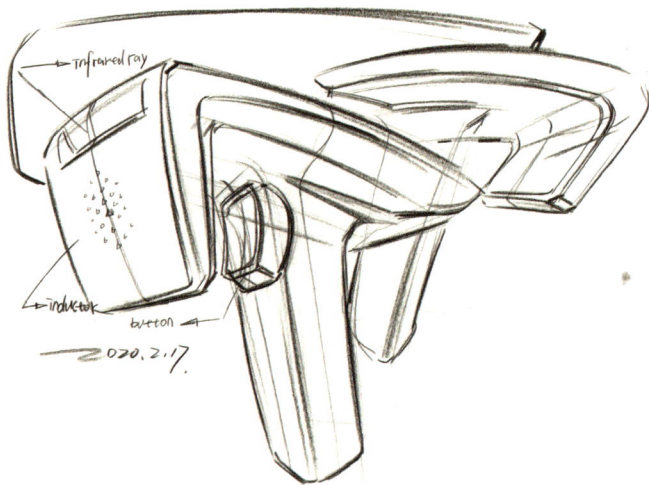

步骤04 画出另一个角度的另一个扫码器，注意近大远小的透视关系。注释相应的结构，并画出背景轮廓。

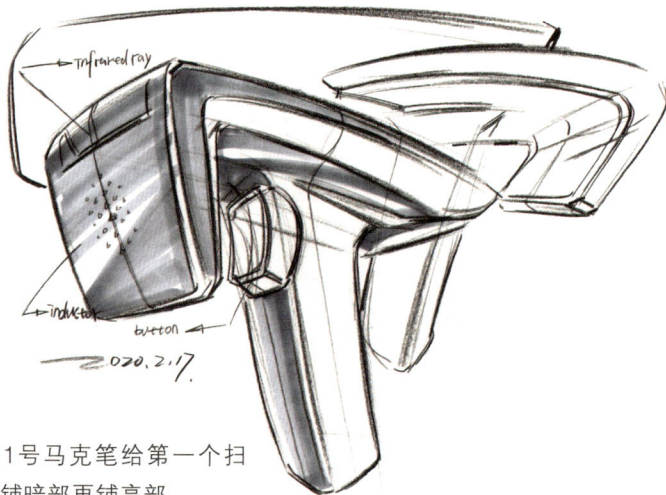

步骤05 用271号马克笔给第一个扫码器铺色，先铺暗部再铺亮部。

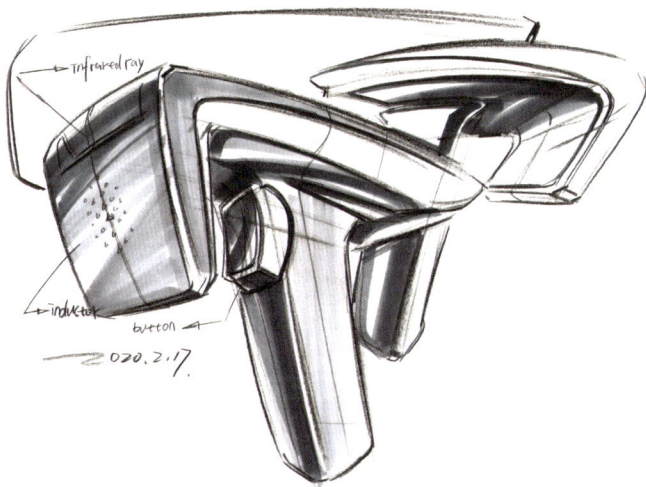

步骤06 两个扫码器的圆角转折的地方用272号马克笔压暗，把手处用270号马克笔上色。

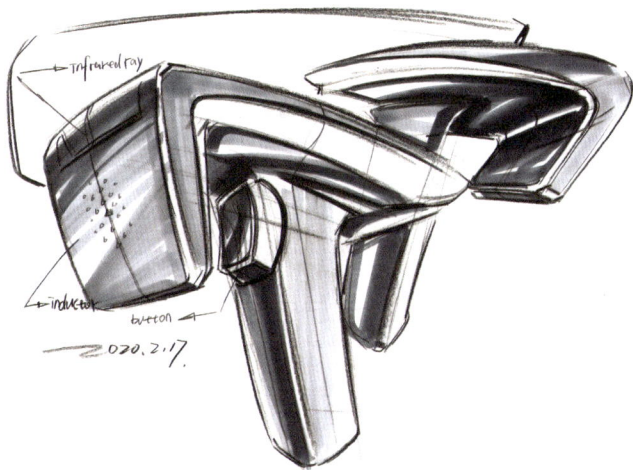

步骤07 用273号马克笔将两个扫码器的暗部与亮部的颜色过渡好，注意运笔时一定要顺着结构。

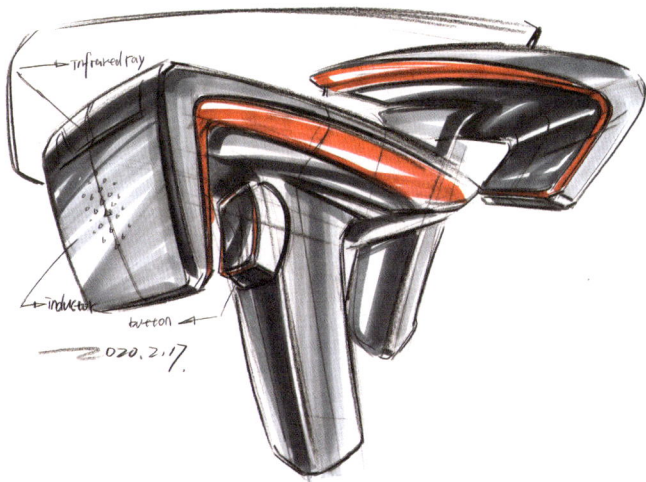

步骤08 用137号马克笔为两个扫码器的中间结构铺色，运笔速度要尽量快，适当留白表现材质反光。

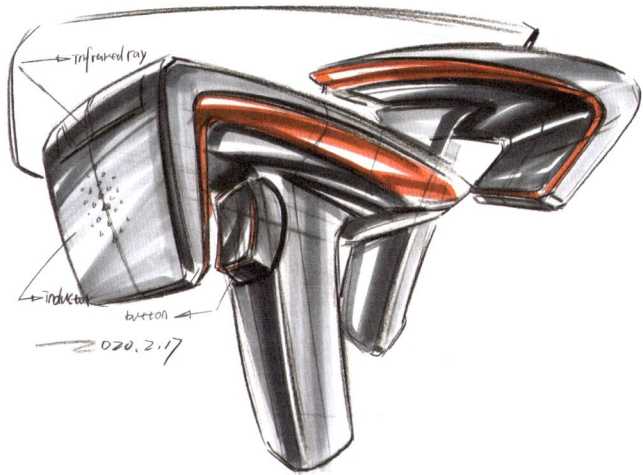

步骤09 用140号马克笔在两个扫码器的红色结构的转折处加重。

由上至下的深浅变化　　　　笔触的留白技巧　　　　笔触的均匀过渡

明暗交界线的走势

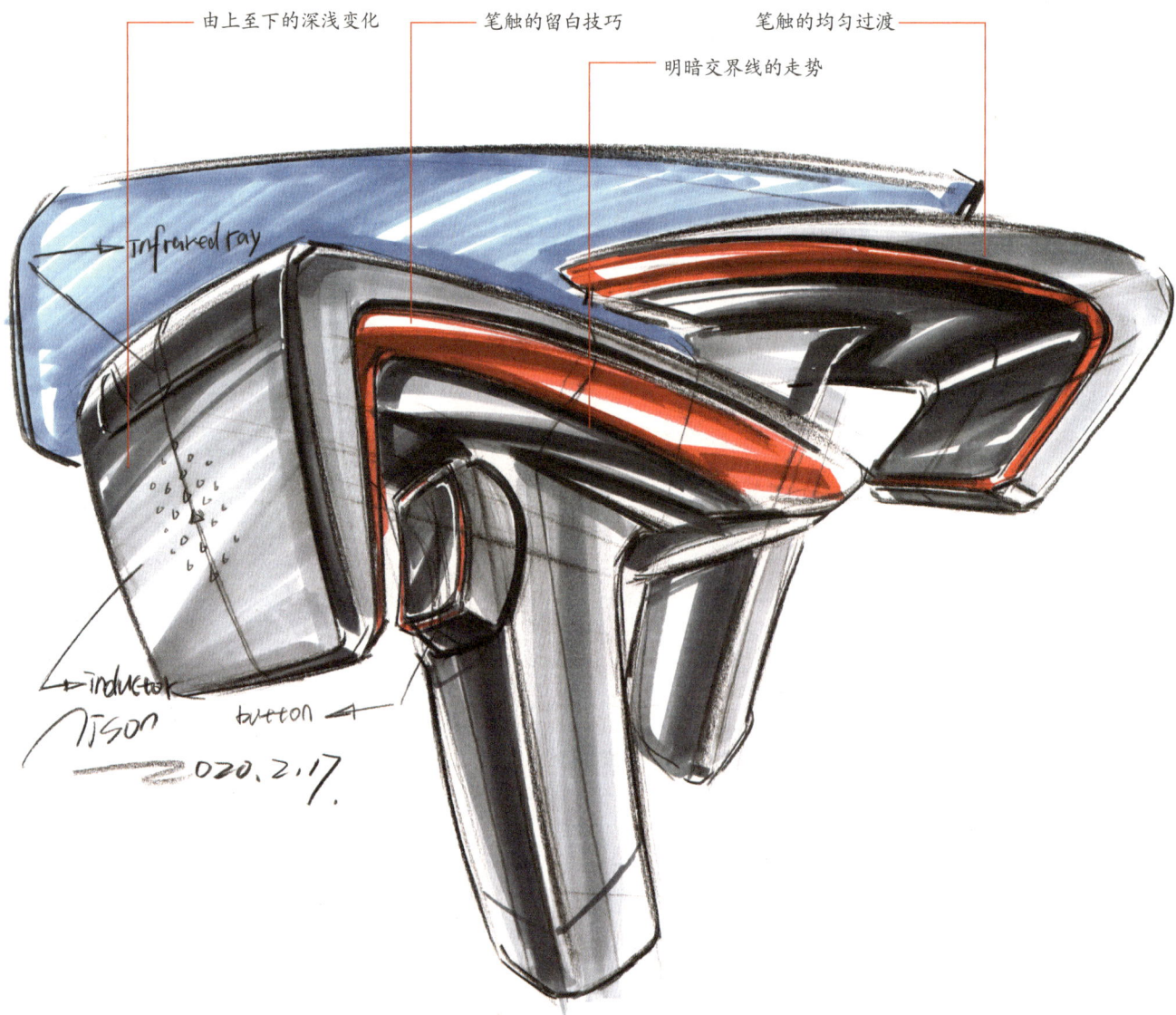

步骤10 用铅笔刻画出两个扫码器的分模线和截面线，用241号马克笔为背景铺色以平衡画面。

9.11 轮滑鞋设计

步骤01 用铅笔勾勒出轮滑鞋的大致轮廓，注意比例关系。

步骤02 画出鞋的细节和轮子的大致轮廓。

步骤03 加重结构线，把轮子之间的连接关系处理好。

步骤04 用270号马克笔给轮滑鞋表面铺底色。

步骤05 根据光源方向用272号马克笔为轮子的暗部铺色。

步骤06 用272号马克笔加重暗部和转折处。

步骤07 用273号马克笔的小笔头刻画鞋带，注意鞋带的连接关系。

步骤08 用156号马克笔刻画小结构，过于小的结构可以用小笔头刻画。

270　271　272　273　156

大箭头作为背景

深浅笔触叠加

皮革材质线缝特征

结构线强化

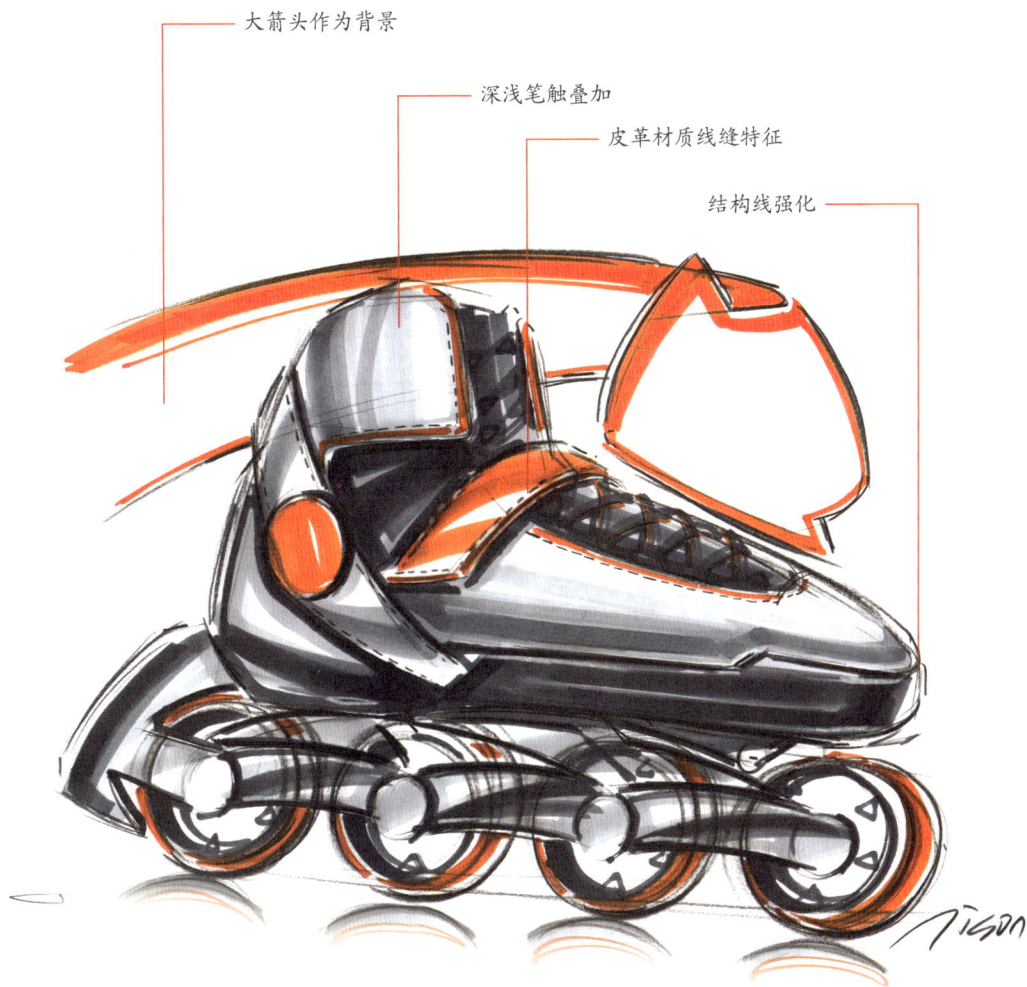

步骤09　用273号马克笔的小笔头刻画结构表现其厚度，这同时强调了结构的形状。用271号和156号马克笔画出投影，用156号马克笔为箭头上色，最后用黑色铅笔刻画皮革材质的线缝特征，用白色铅笔刻画高光。

9.12　练习任务

要求：参考本章的生活用品类产品设计效果图，选取其中一个案例临摹，可以主观变换视角和配色。

第**10**章.
交通类产品绘制案例

扫描二维码
看本章视频

10.1 方向盘设计

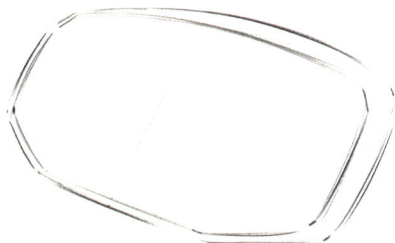

步骤01 画出方向盘的大致轮廓，透视效果可以适当夸张一点。

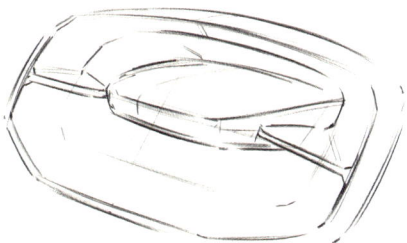

步骤02 根据中线画出方向盘里面的其他结构。

步骤03 将结构线条连接好，再画出方向盘的正视图。

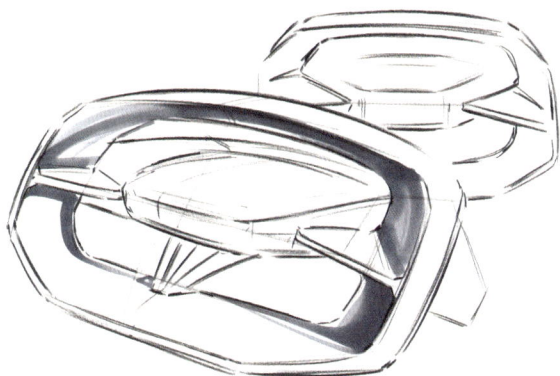

步骤04 用271号马克笔为第一个方向盘暗部铺色。

步骤05 用270号马克笔为第一个方向盘上色，上色时由暗部慢慢过渡到亮部。

步骤06 用同样的方法给正视图方向盘铺色。

步骤07 用272号马克笔加重两个方向盘暗部，要着重强调转折处。

步骤08 基本的明暗关系确定后，用273号马克笔来丰富整体笔触，可以根据结构转折特点使笔触的头尾连贯起来。

步骤09 用272号马克笔把两个方向盘上的结构之间的投影画出来，用铅笔修整一下整体的结构线并画出背景轮廓。

270　271　272　273　26

受光面留白处理

通透的背景笔触

环境色的刻画

区分主次，弱化对比

Tison
2020.2.26

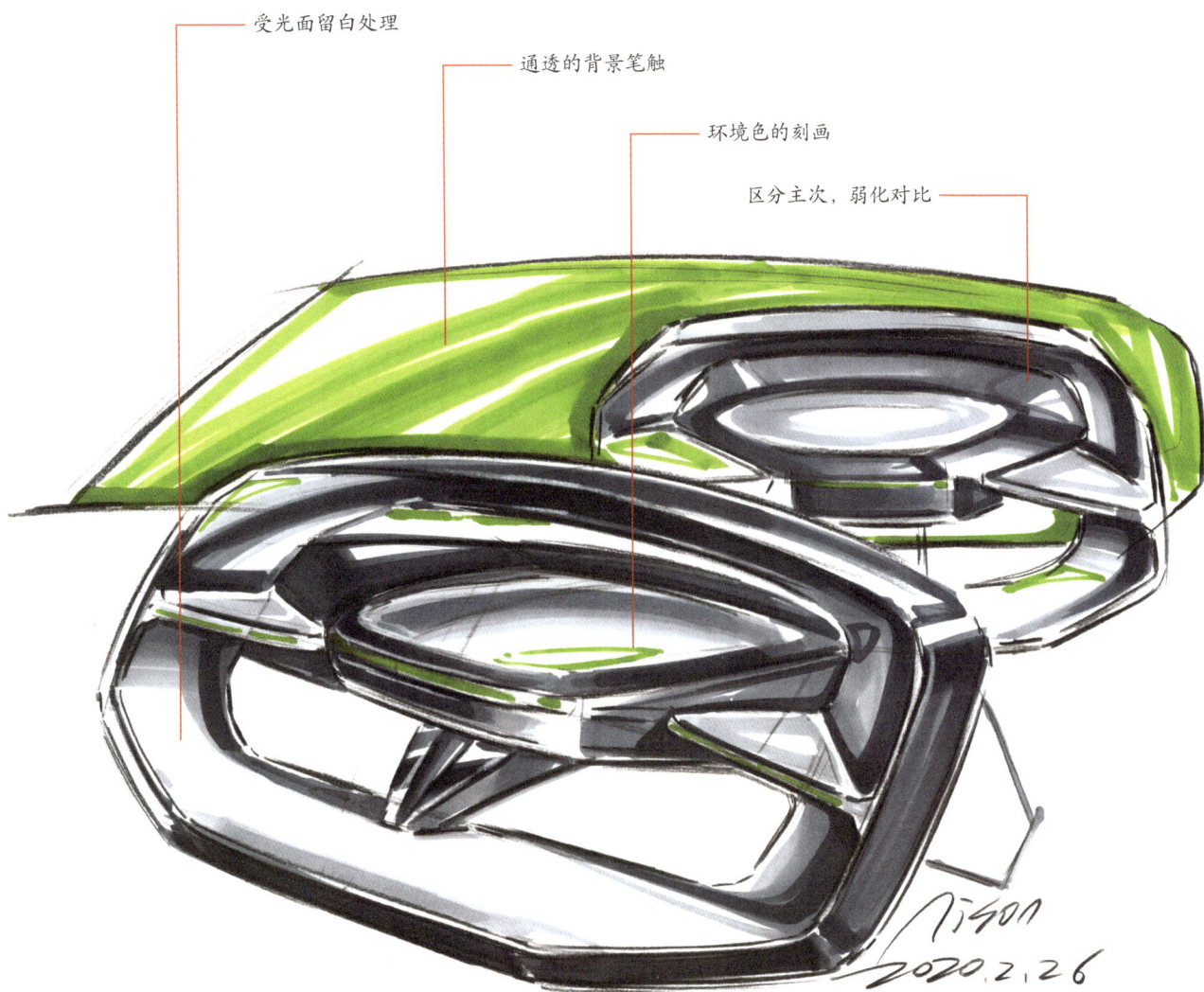

步骤10 用黑色铅笔刻画两个方向盘的结构分模线，用白色铅笔刻画高光，最后用26号马克笔为背景铺色以平衡画面。

10.2 单车座椅设计

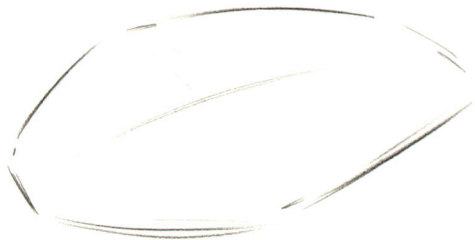

步骤01 画出单车座椅的大致轮廓。

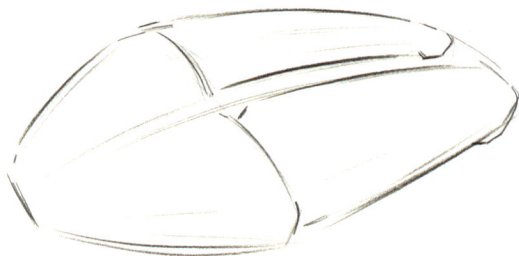

步骤02 大体画出中线，再根据中线画出相应结构。

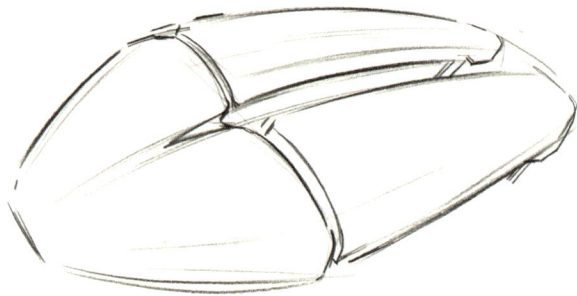

步骤03 调整并加重主要的结构线。

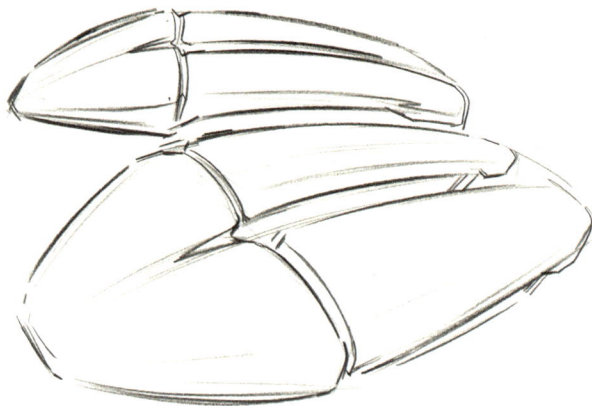

步骤04 画出单车座椅的侧视图。

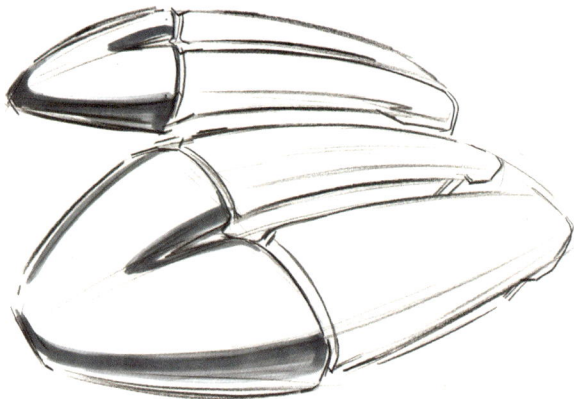

步骤05 定好光源方向，用271号马克笔为两个座椅暗部铺色。

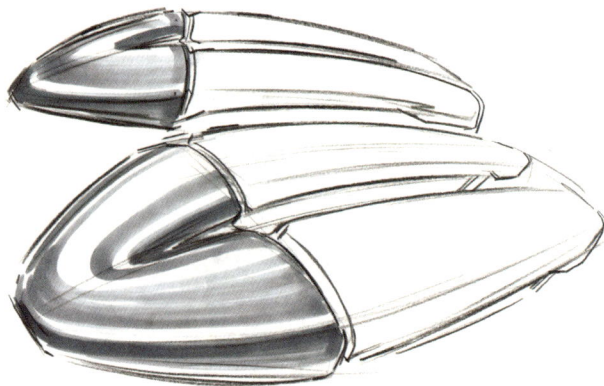

步骤06 用270号马克笔为两个座椅上色，上色时从暗部慢慢过渡到亮部，运笔时注意顺着结构走势，注意笔触。

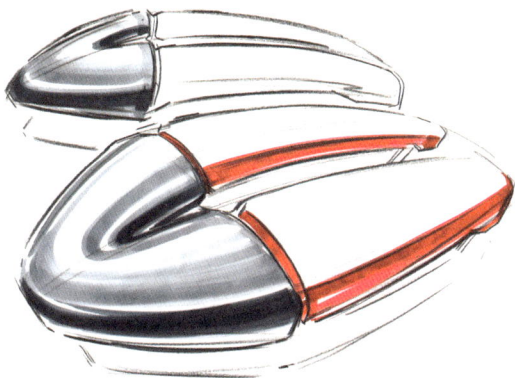

步骤07　用272号马克笔加重第一个座椅的明暗交界线，用137号马克笔顺着灰色笔触画出红色结构的暗部，用铅笔画出投影轮廓。

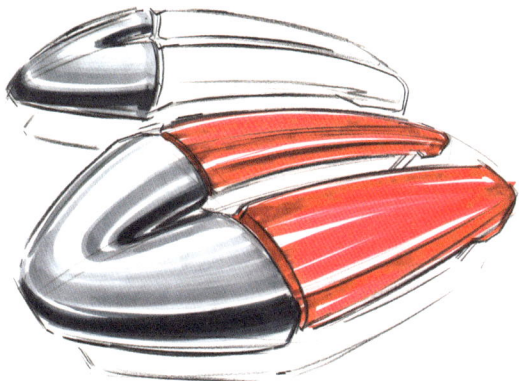

步骤08　用137号马克笔为第一个座椅的亮部铺色，结构转折的地方注意留白。

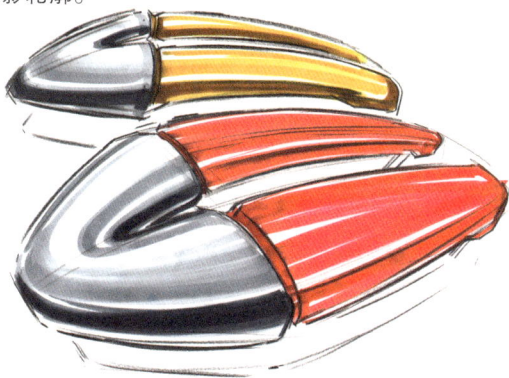

步骤09　用4号和5号马克笔为侧面视图铺色。

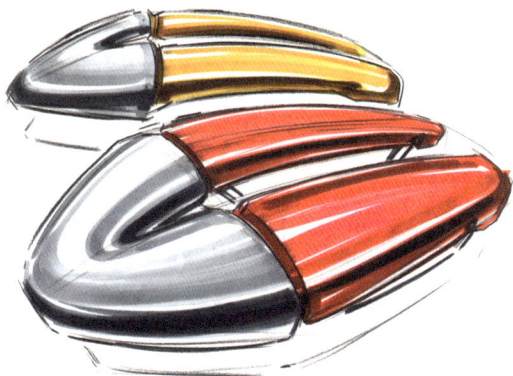

步骤10　分别用140号、273号和180号马克笔加重整体的明暗交界线。

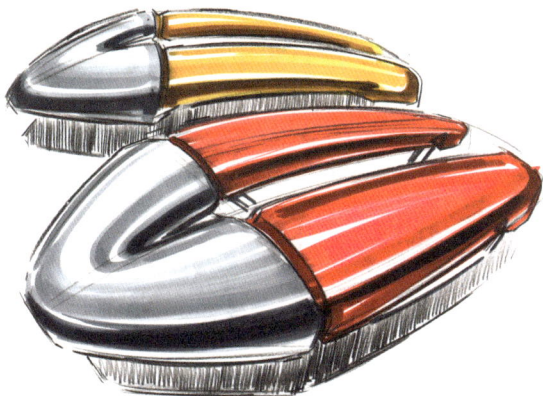

步骤11　用铅笔给两个座椅画出相应的投影。

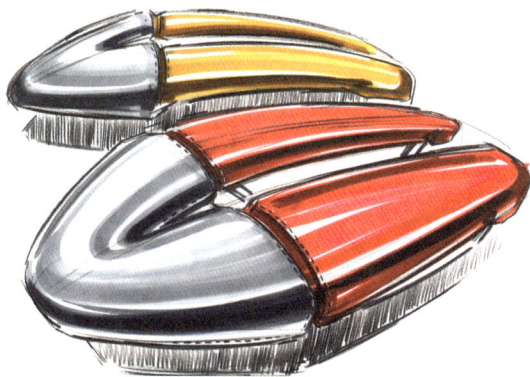

步骤12　用铅笔刻画皮革材质的线缝细节，注意近实远虚。

270	271	272	273	4	5	180	137	140	241

笔触的连贯控制

线缝细节刻画

快速运笔

明暗交界线的刻画可用深灰色

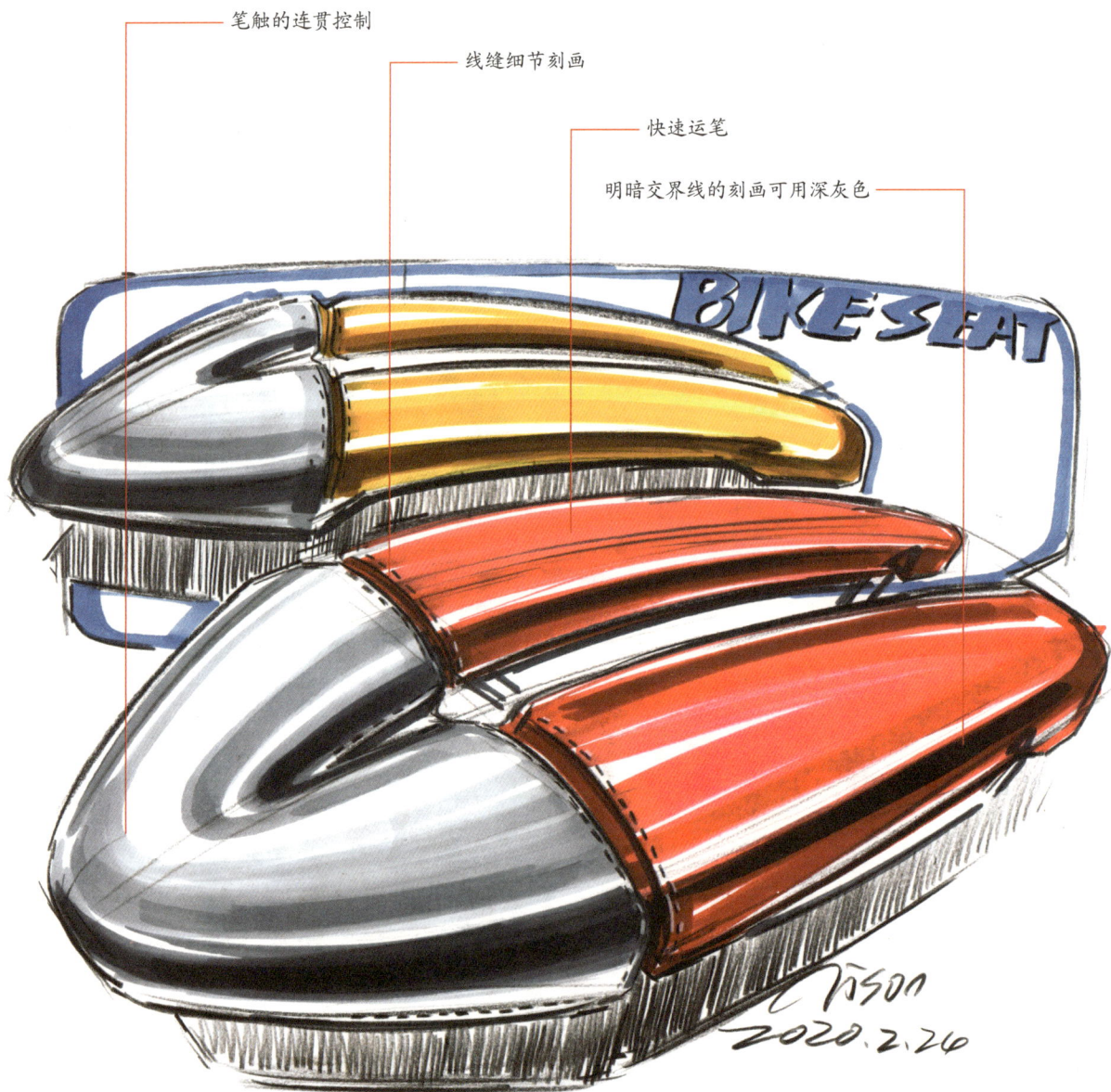

步骤13 用白色铅笔在线缝和转折处画出高光，用241号马克笔画个线框当作背景以平衡画面。

10.3 平衡车设计

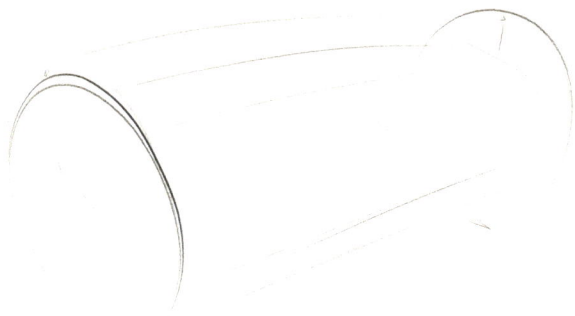

步骤01 把平衡车理解成圆柱，左右两个轮子为两个圆面，画出大致轮廓。

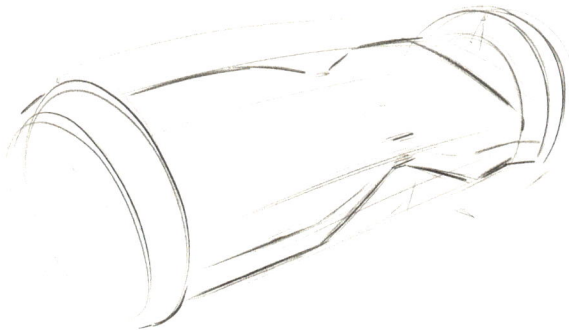

步骤02 画出轮子的形状，注意前后的大小对比和透视关系。

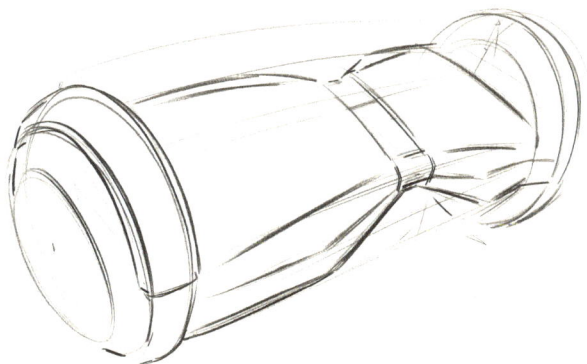

步骤03 确定踏板的形状，注意近大远小。

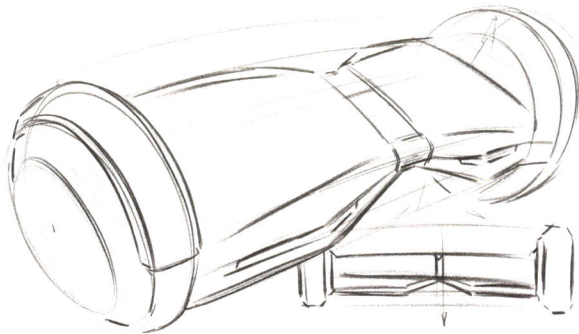

步骤04 修整整体的线条，暂时忽略小结构，注意近实远虚。再画出平衡车的正视图。

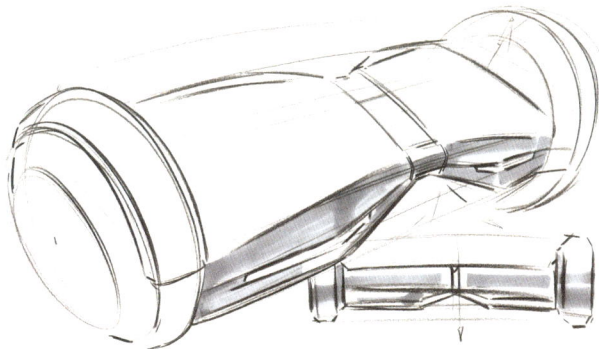

步骤05 用271号马克笔给所有暗面铺色。

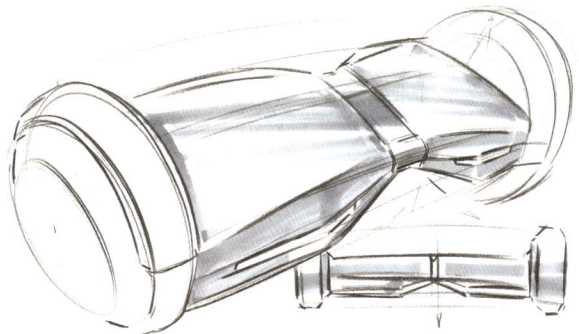

步骤06 用270号马克笔平涂踏板顶部区域。

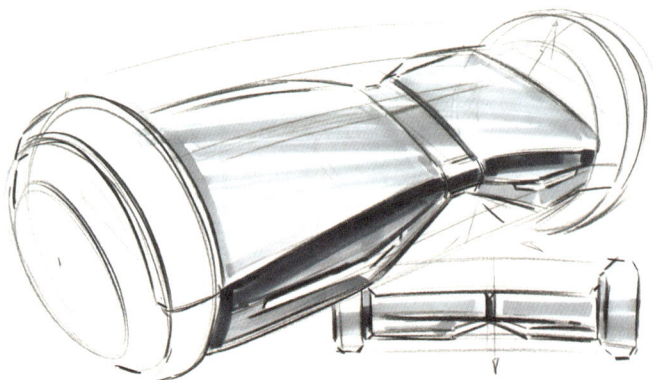

步骤07 用272号马克笔加重踏板的转折处，注意控制笔触的粗细。

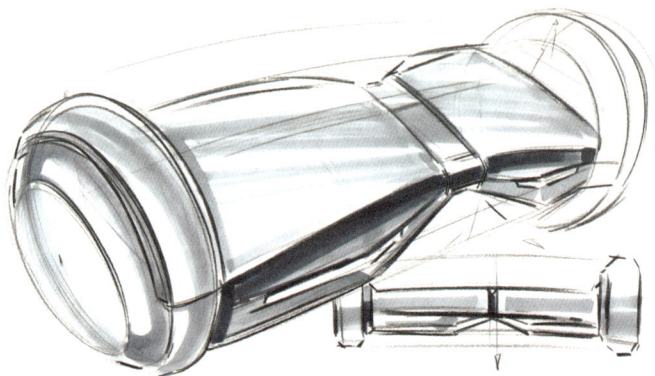

步骤08 用270号马克笔为轮子铺色，运笔时要注意顺着轮子的弧面形状。

步骤09 用271号马克笔过渡踏板顶部的颜色，可以来回运笔，使其过渡均匀。

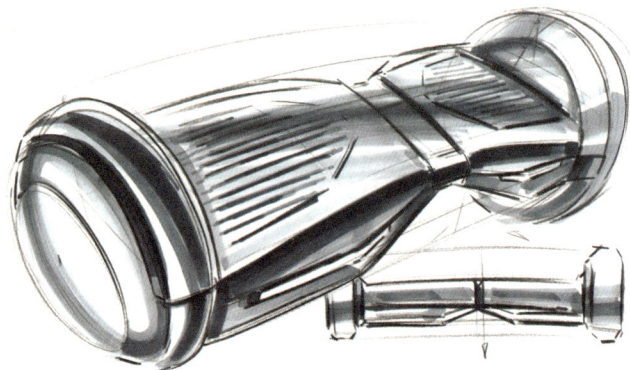

步骤10 直接用灰色马克笔刻画踏板顶部的肌理，再用铅笔强调比较靠前的肌理。

270　271　272　273　26

弧面的运笔方法

马克笔直接刻画

远处对比适当减弱

亮面的深浅变化

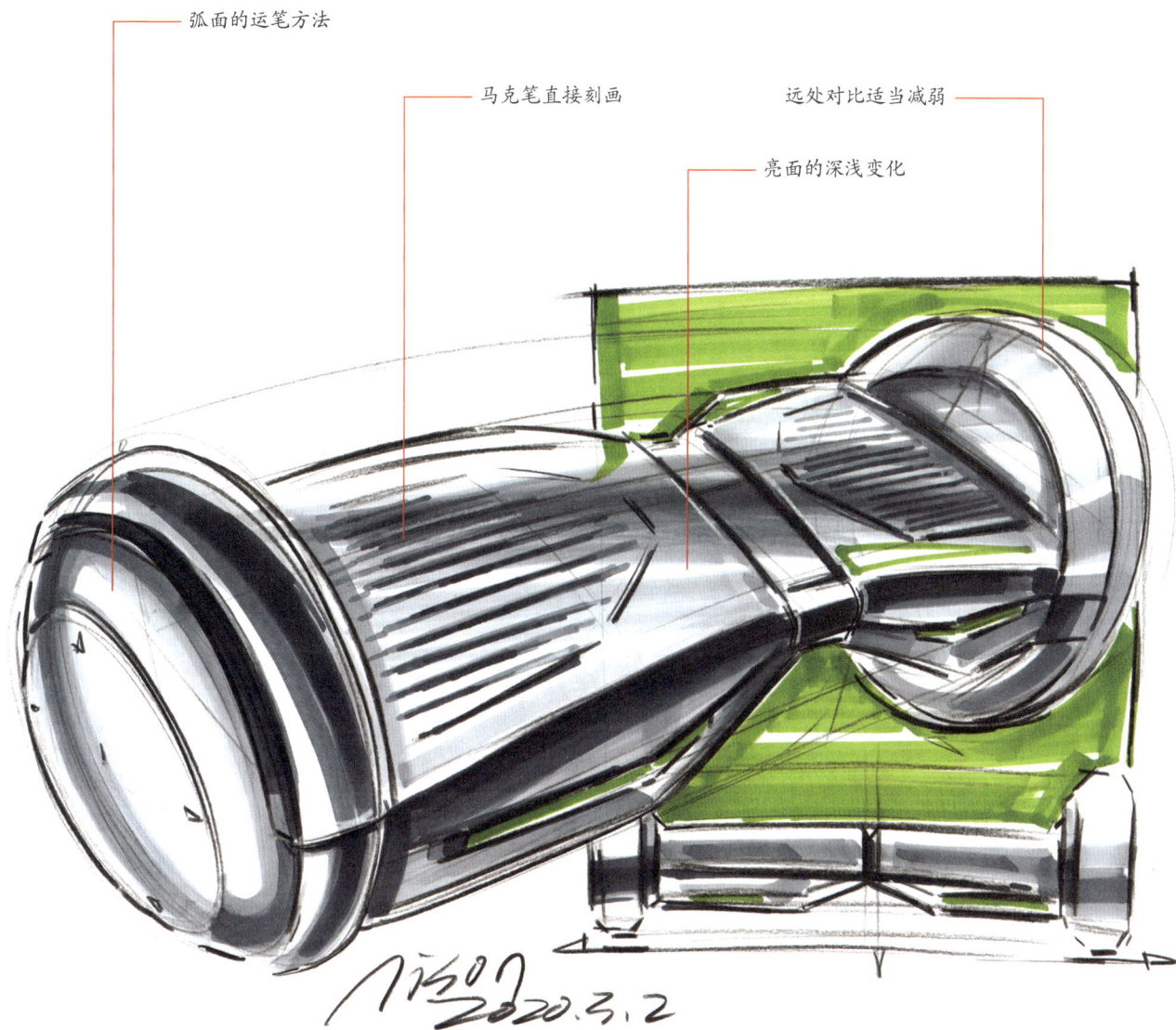

步骤11 用272号和273号马克笔进一步加重整体的明暗交界线，用26号马克笔画出背景以平衡画面，最后用白色铅笔刻画高光。

10.4 独轮车设计

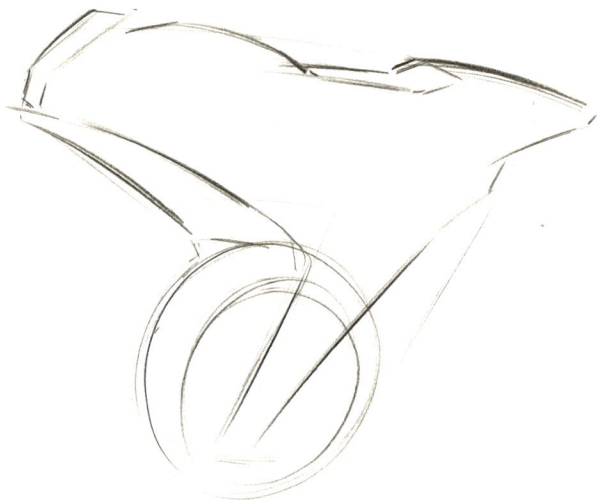

步骤01 用参考点的方法快速起稿，再用浅色线条连接各点就得到独轮车的大致轮廓。

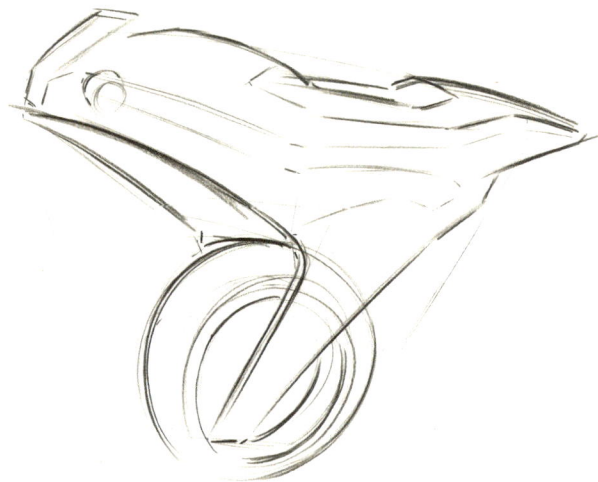

步骤02 确定独轮车整体造型并把主要的结构线加重。

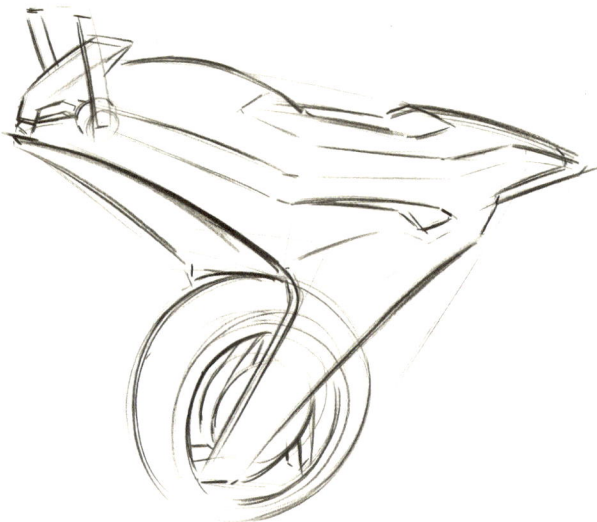

步骤03 将座椅和轮子的结构关系刻画清楚。

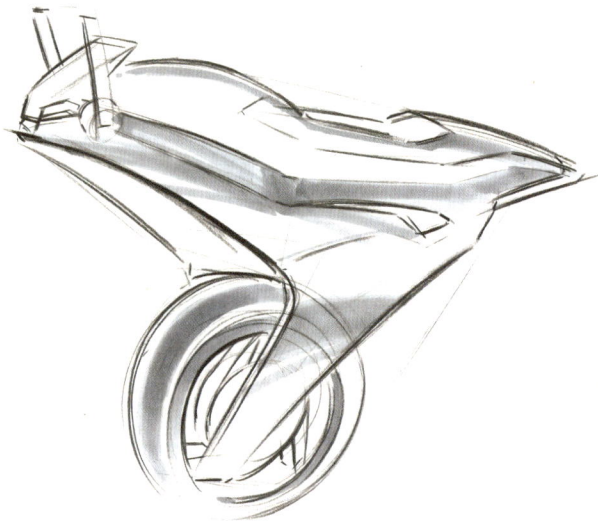

步骤04 用270号马克笔为独轮车的暗部铺色。

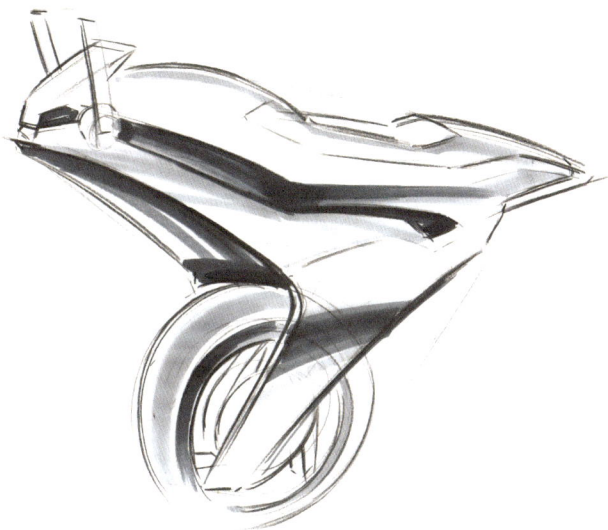

步骤05 用272号马克笔加重暗部，亮部留白，强调光影。

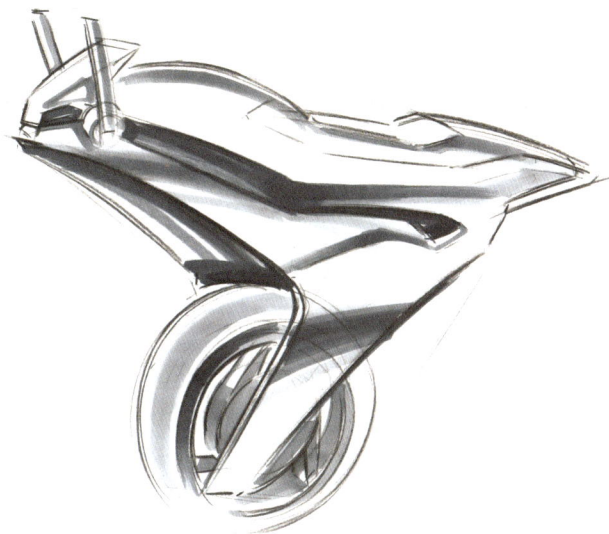

步骤06 用不同深浅的灰色马克笔（270号~272号）在明暗面之间过渡，注意运笔速度要尽量快一些。

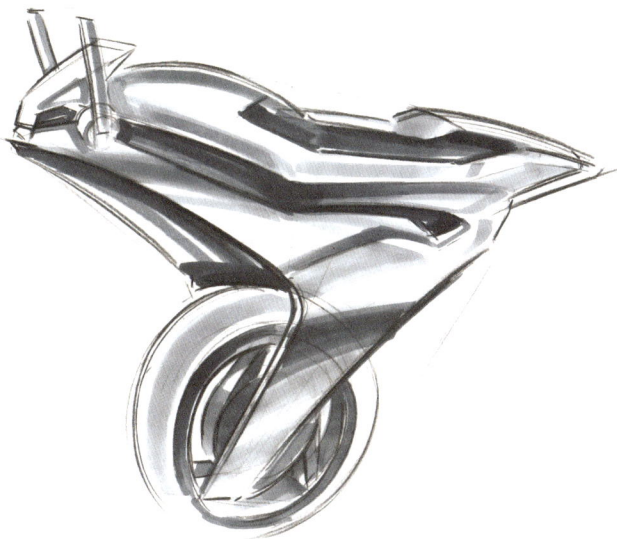

步骤07 用270号马克笔在亮部位置处理过渡，注意结合结构特点运笔，笔触的头尾连接要自然。

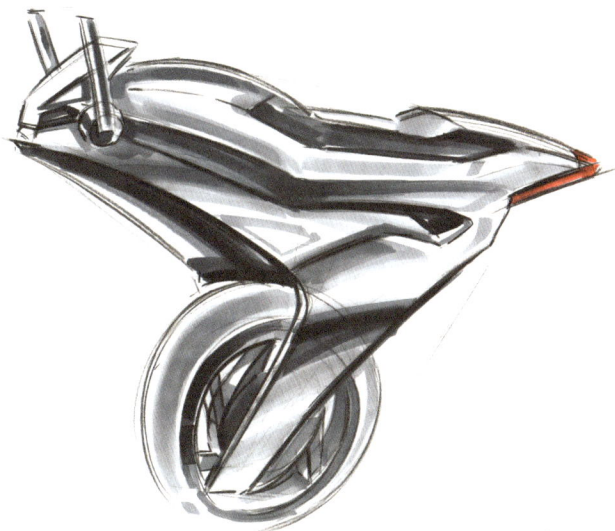

步骤08 用273号灰色马克笔加重明暗交界线，加强对比。尾灯用137号马克笔上色，作为点缀。

270　271　272　273　4　137

矩形背景平衡画面

颜色层次变化

亮部笔触概括

近实远虚处理

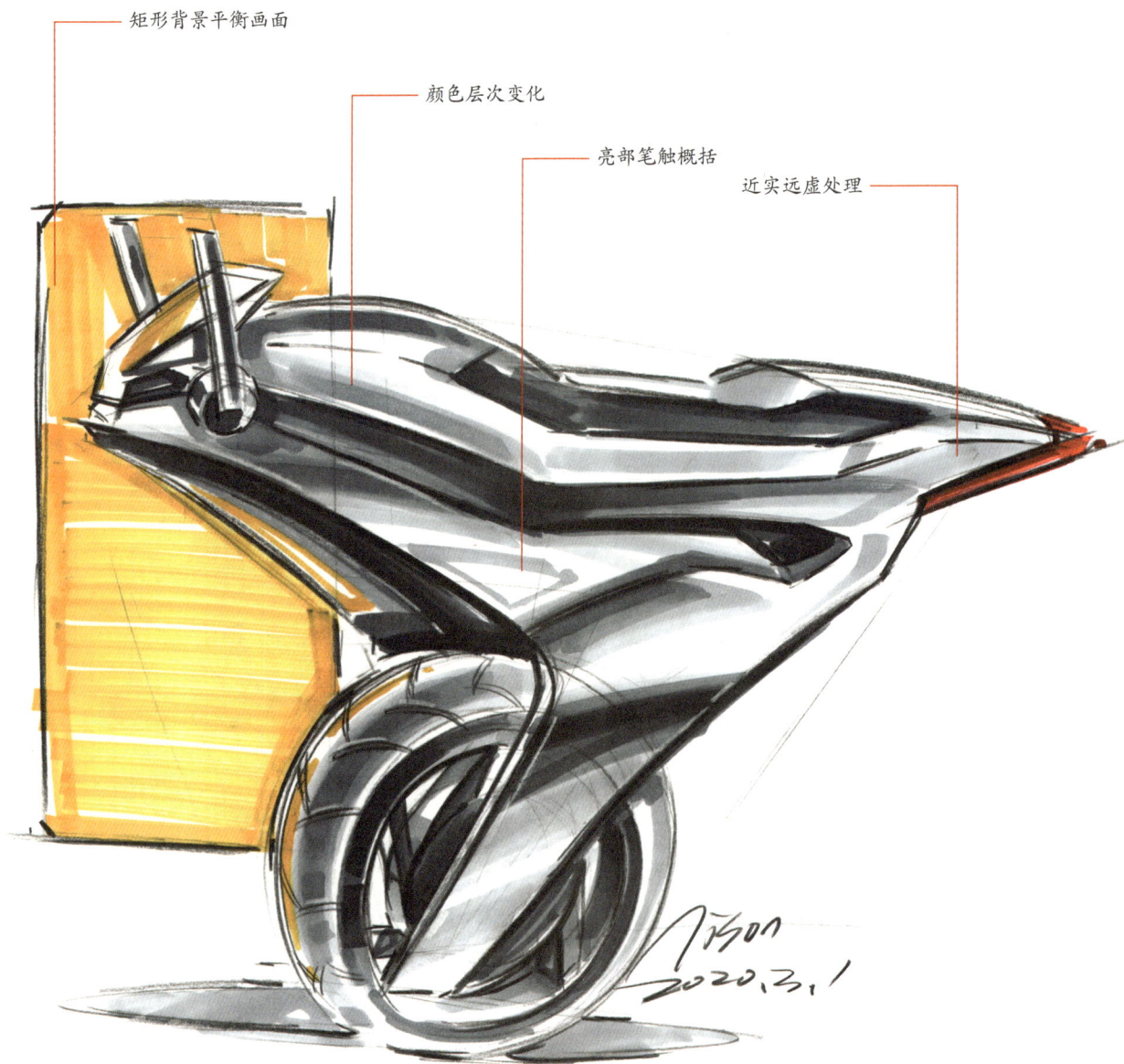

步骤09 用灰色马克笔铺画投影，用铅笔修整整体的结构线，刻画轮胎的纹理以丰富细节，用4号马克笔为背景铺色，在独轮车受光处适当画点环境色。

10.5 电动车设计

步骤01 画出电动车大致的轮廓，画轮子的时候可以借助辅助线。

步骤02 调整形体的轮廓比例和透视关系，确定每个结构的位置后加重线条。

步骤03 在大轮廓的基础上细化电动车的结构，表现出结构的厚度和曲面的变化。

步骤04 根据比例画出电动车的侧视图，简单概括即可。根据电动车的形状画出相应的投影轮廓，再画出背景轮廓。

步骤05 用137号马克笔为主体结构大面积铺色，这是第一遍颜色，平铺即可。

步骤06 用272号马克笔给整体暗部铺色，可以适当留白作为过渡。

步骤07 用270号马克笔为整体亮面铺色，给亮面铺色时尽量不要铺太满，注意刻画踏板上的细节。

步骤08 用140号马克笔在红色的基础上将明暗面过渡一下，用灰色马克笔为投影铺色。

270	272	273	137	140

深色背景衬托主体

交错用笔丰富笔触变化

侧面概括处理

小笔头刻画阵列纹理

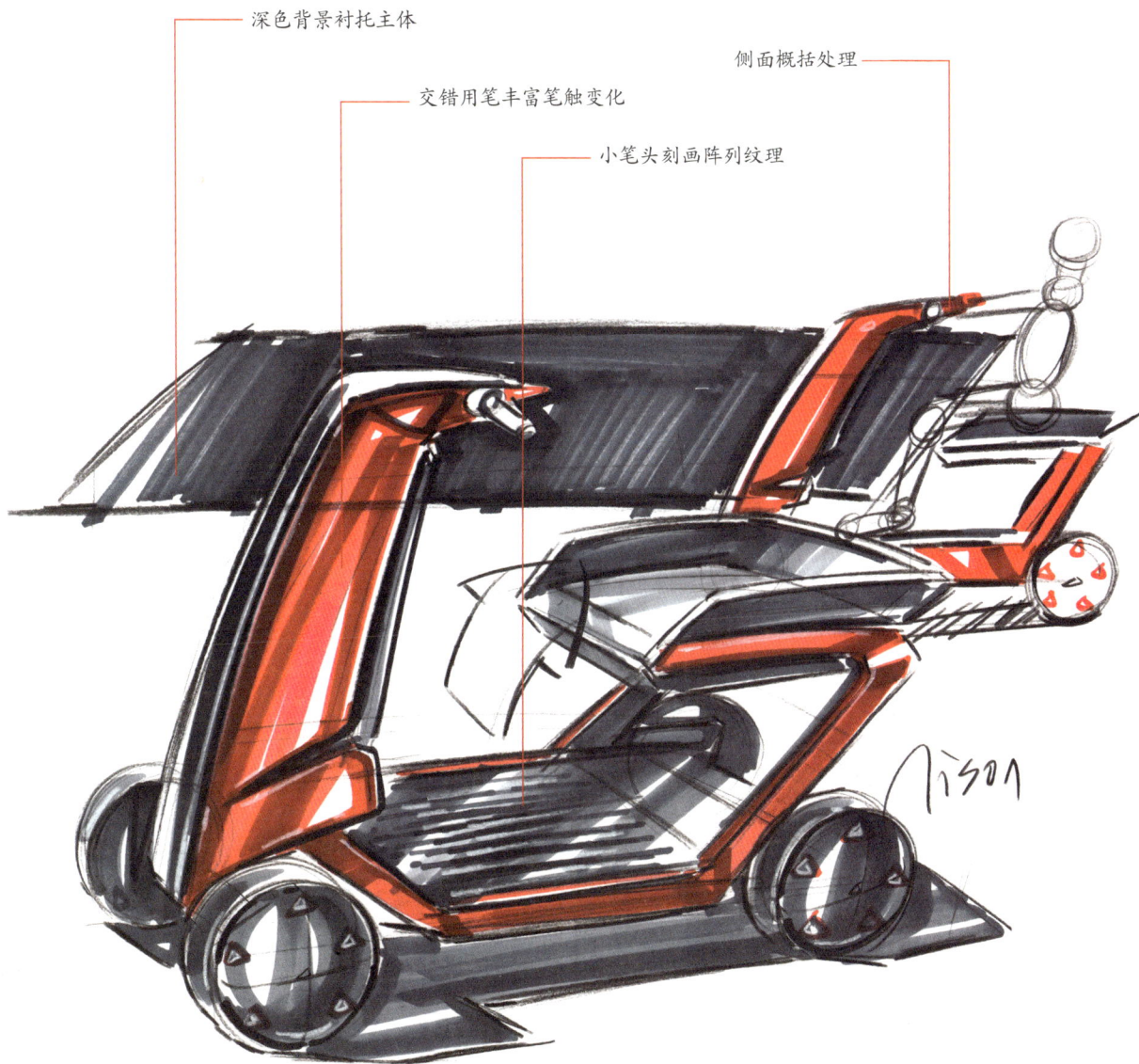

步骤09 用273号马克笔再一次加重整体暗部，强化亮暗对比。用灰色马克笔为背景铺色，用白色铅笔刻画踏板上的高光细节。

10.6 摩托车设计

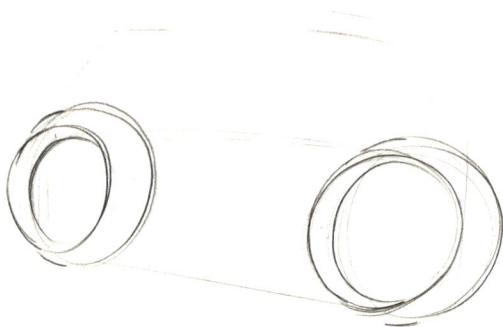

步骤01 根据透视关系定出两个轮子的位置。

步骤02 以轮子作为基准画出摩托车的大致外形，可以定点找形。

步骤03 将轮子与主体结构连接好。

步骤04 细化摩托车结构线，用272号马克笔为暗部铺色。

步骤05 用273号马克笔在暗部刻画相应的结构。

步骤06 用271号马克笔为座椅和车轮铺底色。

步骤07 用铅笔加重被马克笔盖住的结构线。

步骤08 用26号马克笔给油箱和摩托车侧面铺色，建议铺色的时候快速来回运笔，这样可以让颜色更通透。

步骤09 在26号色的基础上叠加27号和30号色，丰富一下颜色层次。

271   272   273   26   27   30

活跃的弧线背景

颜色的深浅变化

暗部的高光刻画

纹理刻画

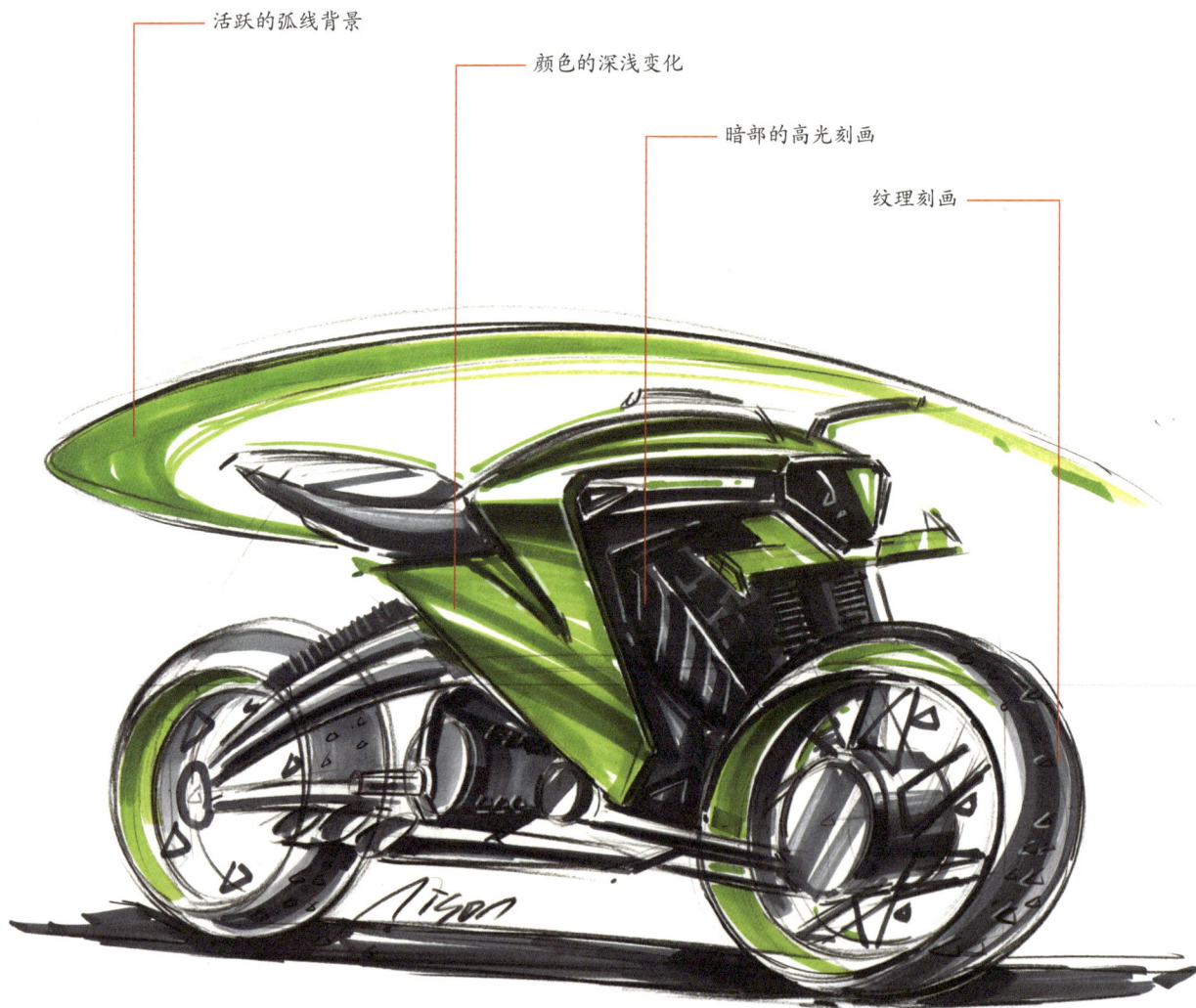

步骤10 用273号马克笔细化发动机结构和投影，用绿色马克笔画出弧线背景，最后用白色铅笔刻画纹理和高光。

10.7 农用车设计

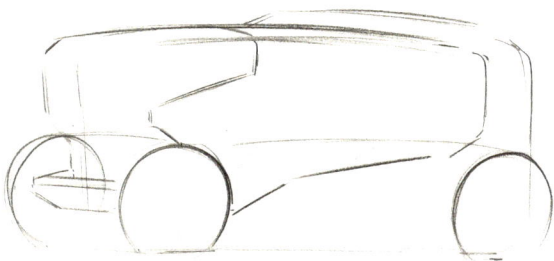

步骤01 画出轮子的位置，再根据比例画出车体的大致轮廓。

步骤02 调整造型后把主要的结构线加重。

步骤03 用浅色线条表达出车面的转折。

步骤04 用铅笔刻画轮子的细节，加重主要的分模线。

步骤05 用270号马克笔为暗部铺底色。

步骤06 用156号马克笔为另一种材质的暗部铺色。

270　271　272　273　156

虚化处理

亮暗对比加强

受光面留白处理

笔触的连贯

笔触快慢控制颜色深浅

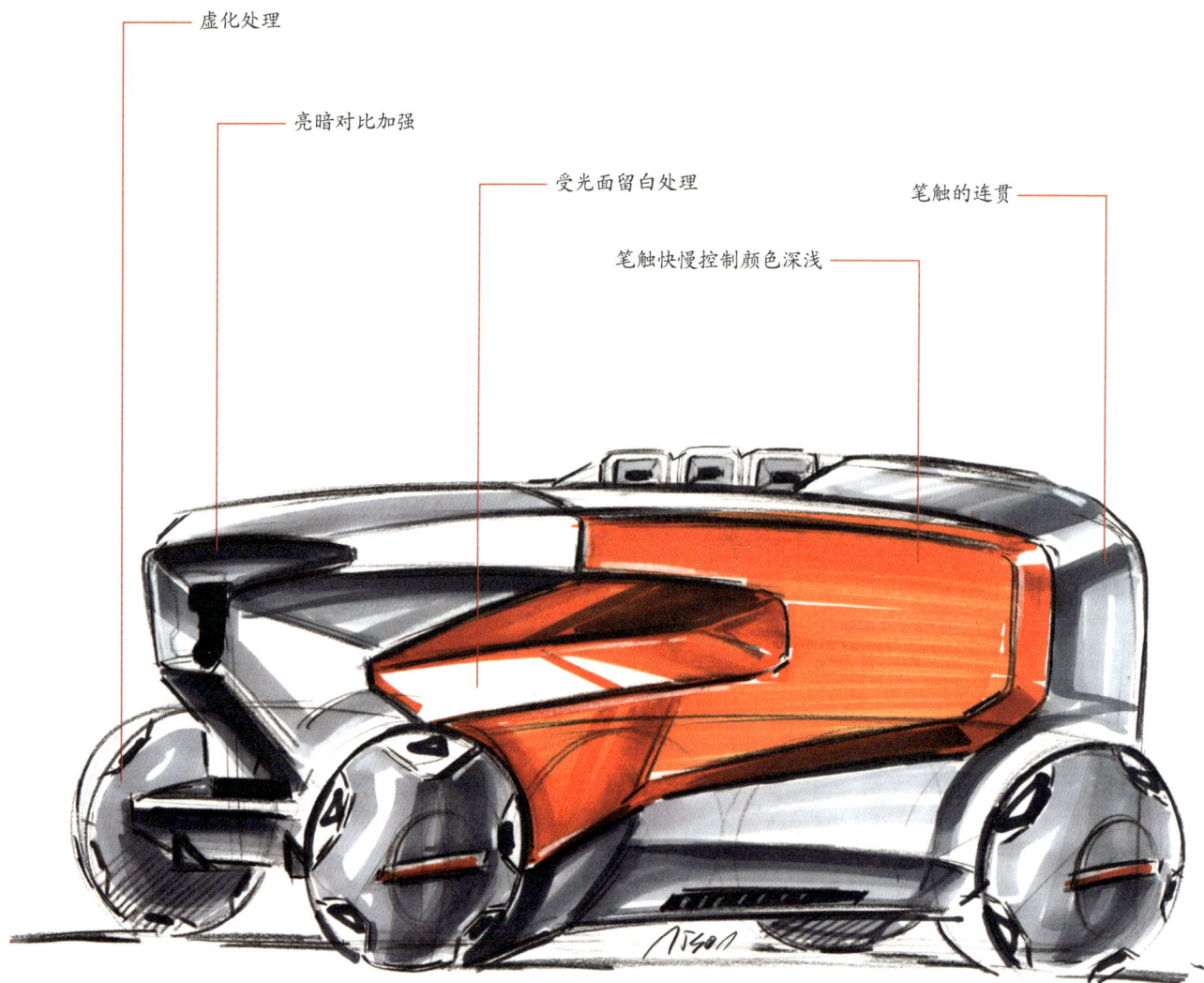

步骤07 用271号~273号马克笔丰富车体的颜色变化，明暗交界处可以用更深的颜色来强化对比。

10.8 挖掘机设计

步骤01 用几何形状将挖掘机的轮廓概括出来。

步骤02 调整整体的造型比例，暂时忽略细节部分。

步骤03 根据挖掘机的结构特征，慢慢把相应的主要结构画出来。

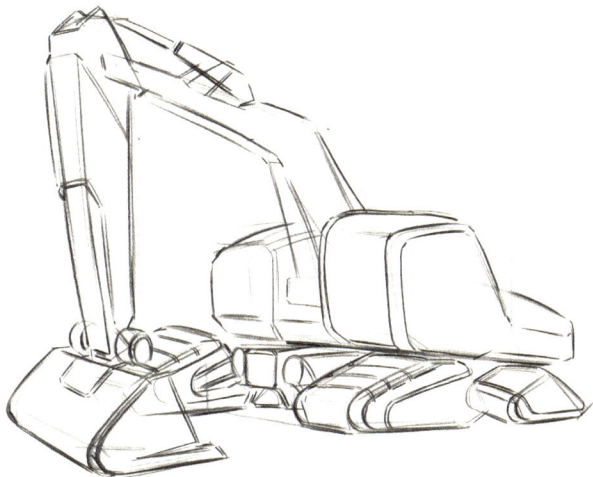

步骤04 用铅笔刻画挖掘机的铲斗，注意有些结构是圆角的。

步骤05 大致的线稿差不多完成后，用橡皮把画面上多余的杂线清理干净。

步骤06 用272号马克笔为滚动轮的暗部铺色，圆角转折的地方先留白处理。

步骤07 用浅一点的270号马克笔为亮部铺色，由于是平面，因此可以直接平铺。用铅笔画出挖掘机投影轮廓。

步骤08 用137号马克笔为驾驶舱铺色，注意运笔要顺着结构的走势。

步骤09 用140号马克笔加重红色区域上结构转折的地方，注意笔触的粗细变化。

步骤10 用273号马克笔为挖掘机投影上色，再用铅笔修整滚动轮与投影接触的地方。

270 272 273 137 140

线稿部分

运笔干脆，体现金属质感

近实远虚处理

光影笔触

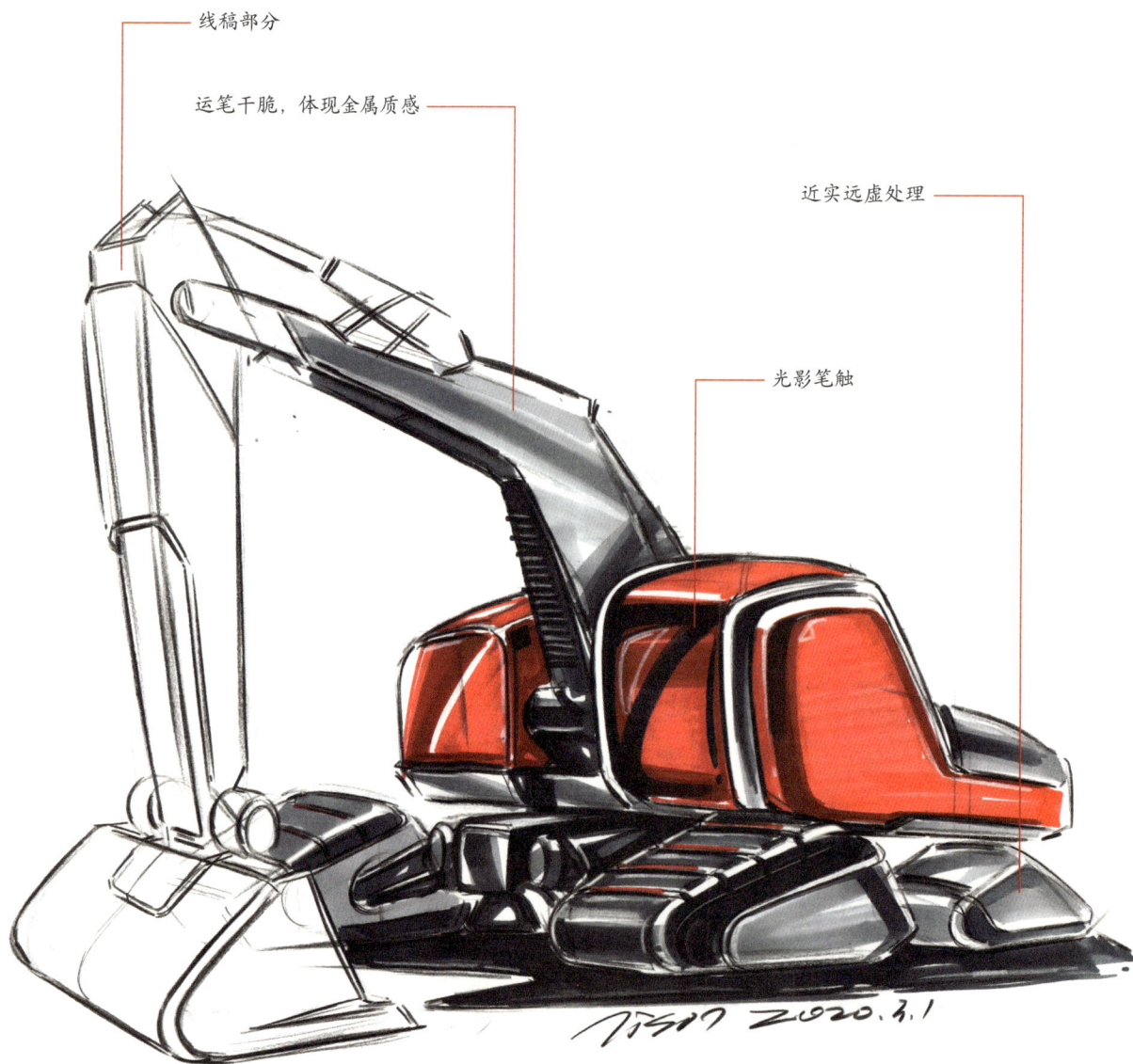

步骤11 用白色铅笔刻画高光和细节，其他结构可以不铺色，使焦点定在挖掘机的主体上。

10.9 概念车设计

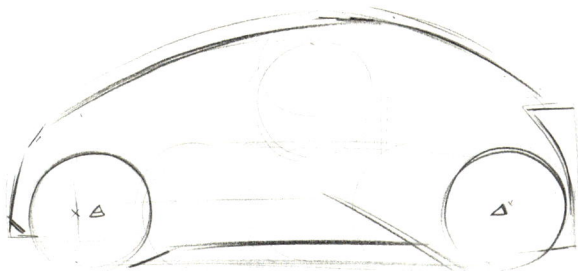

步骤01 定好长宽比例，画出车体的大致轮廓。

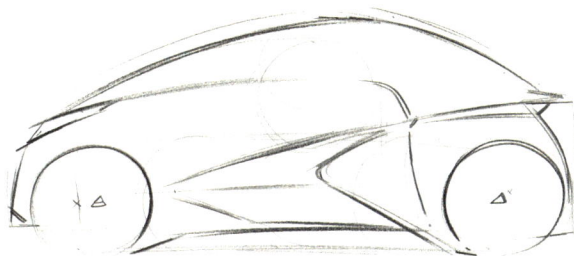

步骤02 调整车身比例，修整线条。

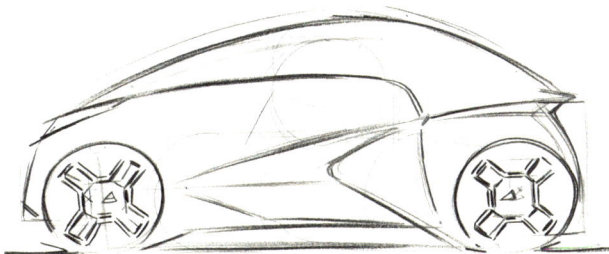

步骤03 用铅笔刻画出轮子细节。

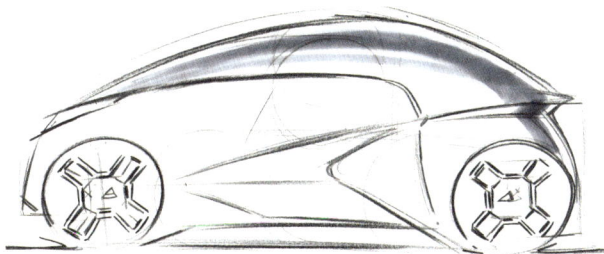

步骤04 用271号马克笔画出车顶部的明暗交界线。

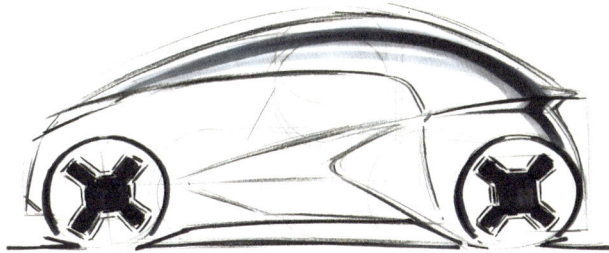

步骤05 用272号马克笔加重明暗交界线，用273号马克笔填充轮毂区域。

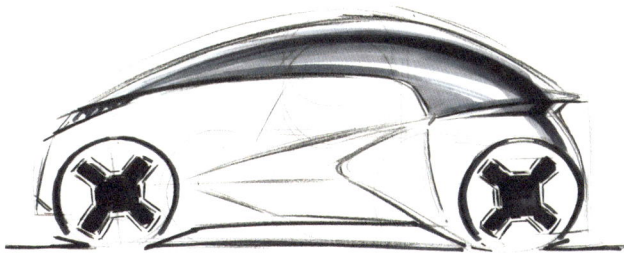

步骤06 用颜色浅一点的270号马克笔从明暗交界线过渡到灰面。

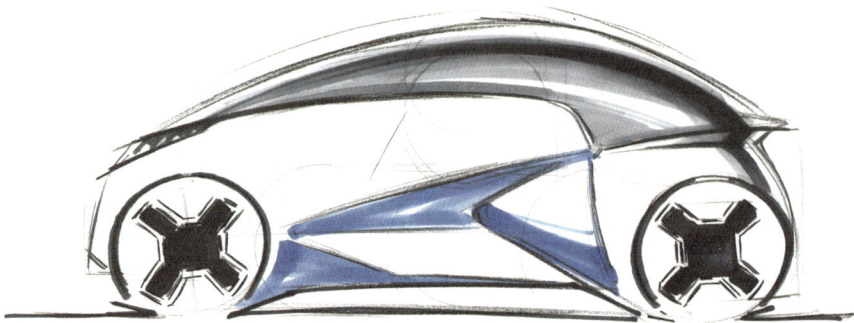

步骤07 用241号马克笔划分出腰线部分的暗部区域。

步骤08 用241号马克笔为腰线部分铺色，铺色的时候注意曲面的转折变化，适当留白作为高光。

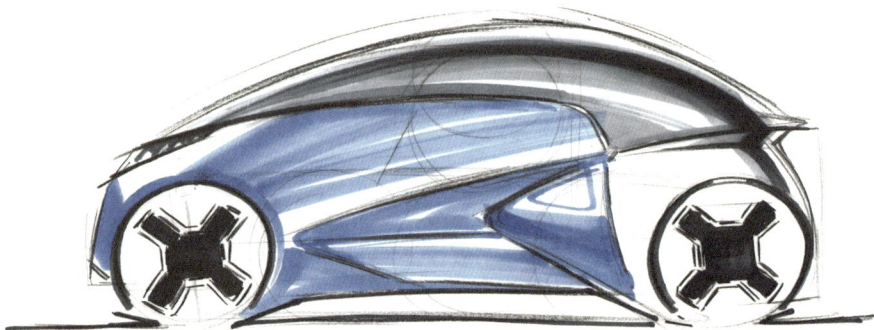

步骤09 用242号马克笔画出明暗交界线并加深暗部。

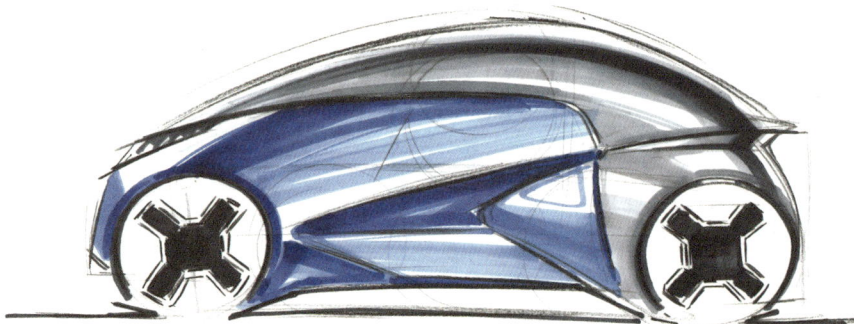

步骤10 为了强化明暗对比和体现质感，可以用272号马克笔在蓝色的明暗交界线上加重。用铅笔画出背景轮廓。

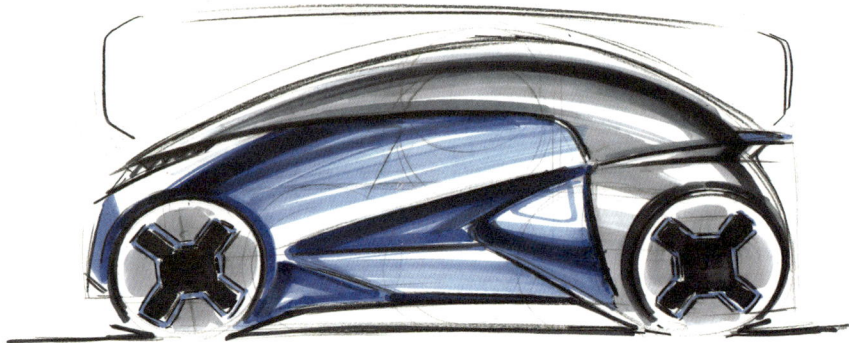

270	271	272	273	241	242	4

环境色　　　　强化明暗交界线　　　　小笔头的应用　笔触的连贯

留白的笔触控制

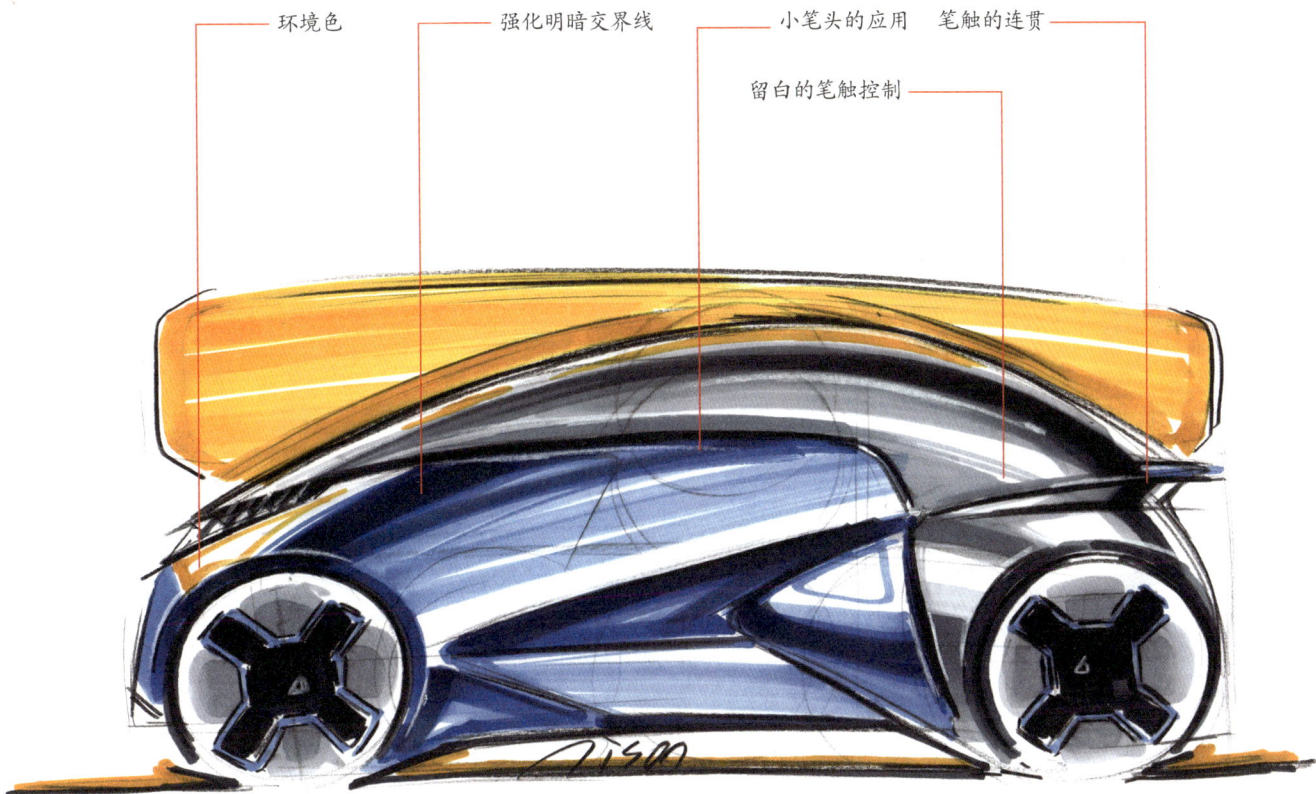

步骤11 用同色系的马克笔在型面上画出过渡的笔触，丰富汽车主体的颜色变化。用4号马克笔为背景铺色，最后用白色铅笔刻画高光。

10.10 练习任务

要求：参考本章的交通工具类产品设计效果图，选取其中一个案例临摹，可以主观变换视角和配色。

第11章.
学员作品

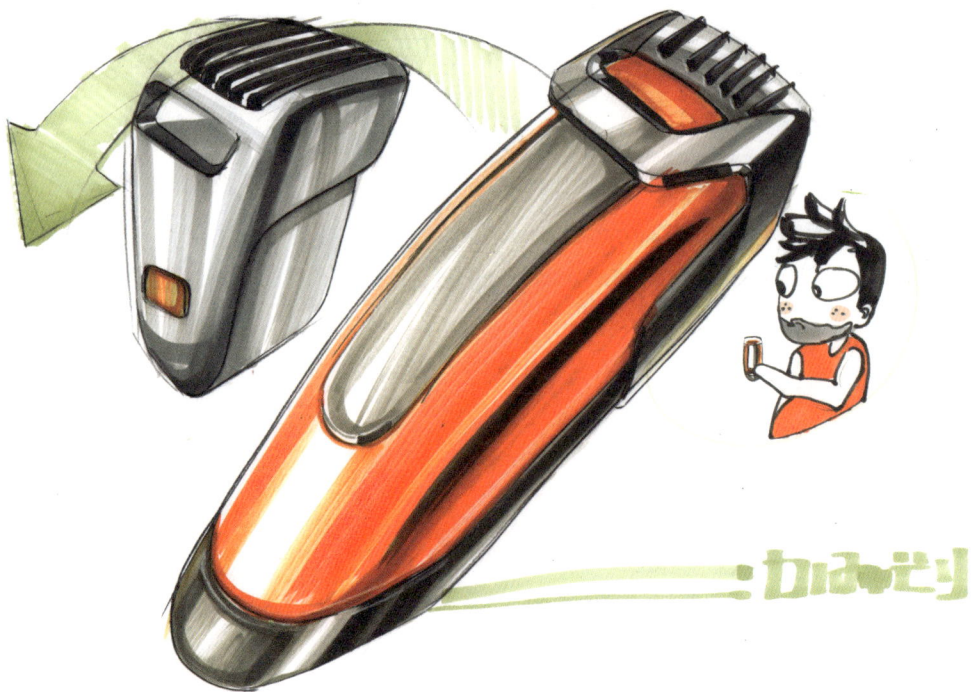

　　本章展示的手绘作品选自往届学员的课堂作品。往届学员来自各地高校，他们汇聚到一起，学习工业设计手绘基础课程。大部分学员都是零基础，甚至是跨专业，但他们依然画得很好。在学习过程中，应注重基本功的练习，以理解为前提，能举一反三的应用与实践。

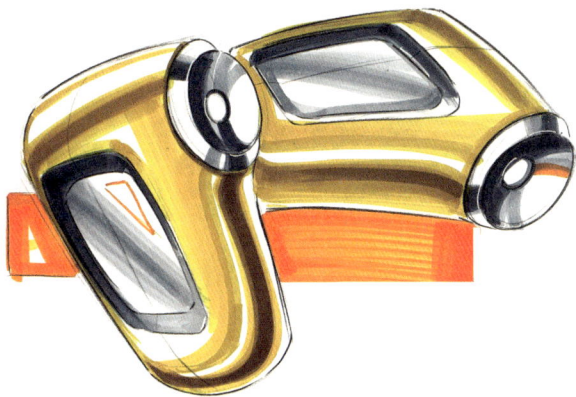

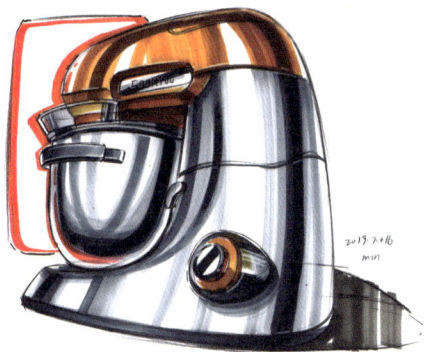

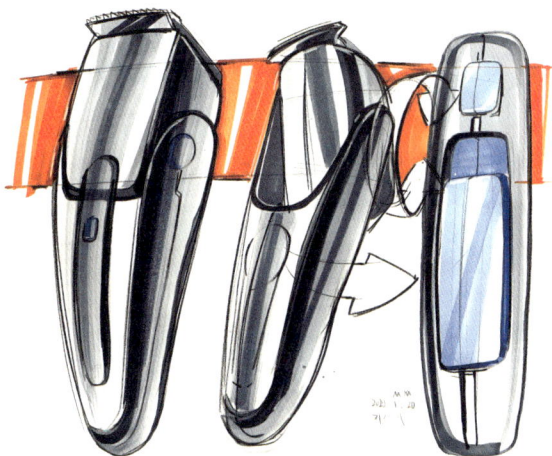

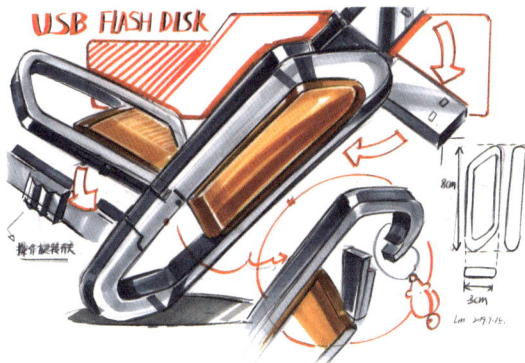

USB FLASH DISK

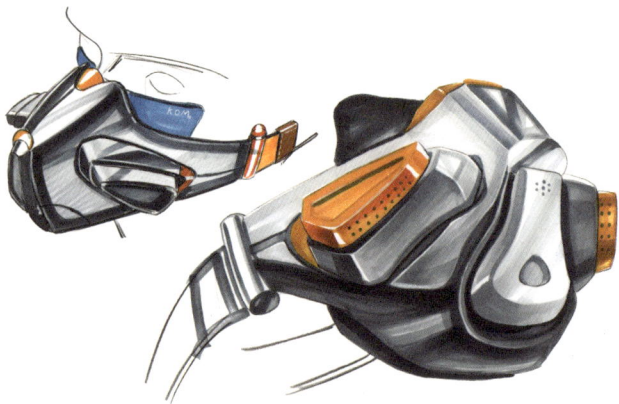

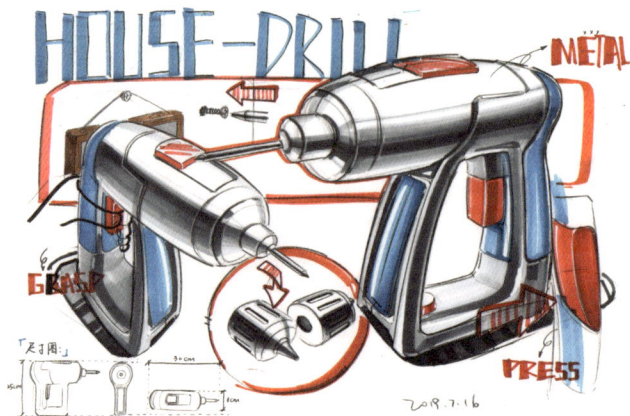

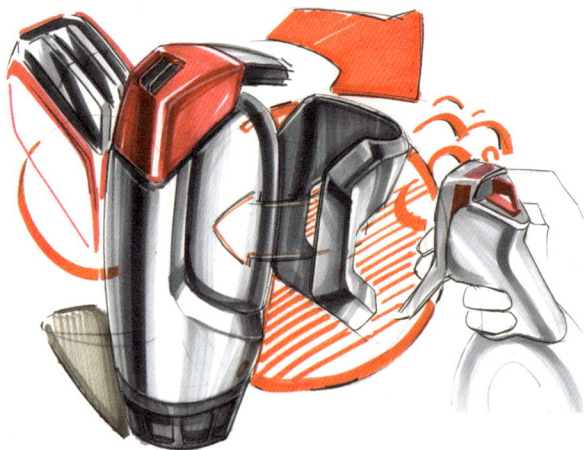

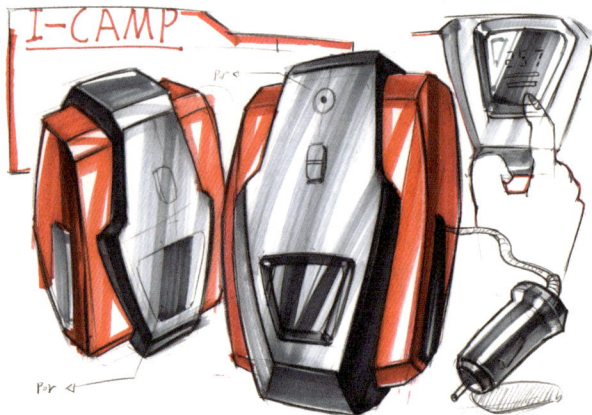

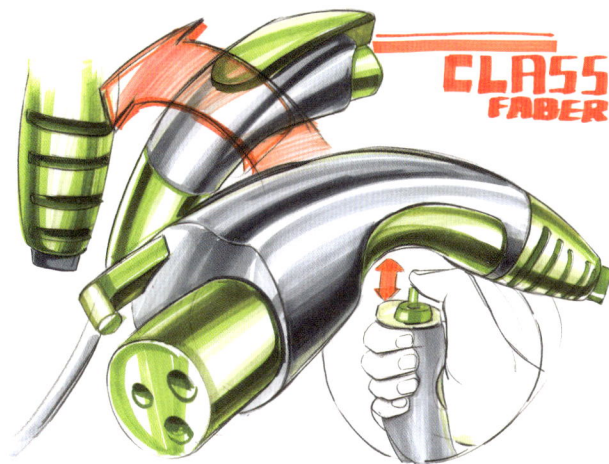

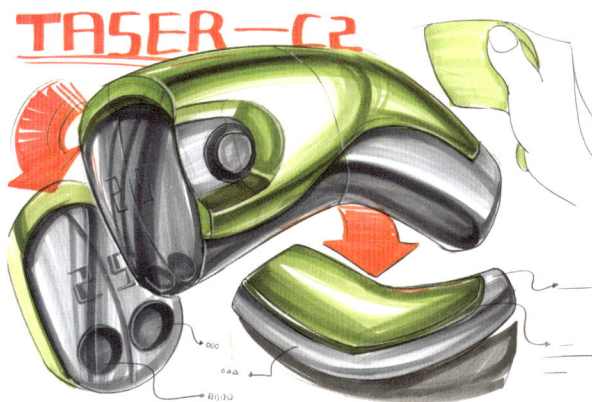